JN006881

［電力・エネルギー産業の新たなアーキテクチャと50のテーマ］

　断絶的な変革、今まさに電力・エネルギー産業はその真っ只中にあります。変革は発送電分離や電力市場などの事業形態や制度に留まりません。技術史的にも、動力革命と電気利用との結びつきが終わりを迎えています。代わりに再生可能エネルギーと分散型エネルギー資源が経済性を高めています。情報技術とデータサイエンスの進展は、これまでの不可能を可能にしました。エジソンやインサル、あるいは我が国の電気事業の先達が築き洗練してきた、垂直統合型のビジネスモデルは既に過去のものとなりました。我々は根本的な見直しを迫られているのです。

　社会のニーズも大きく変わりました。脱炭素化は全地球的な潮流です。2050年のネットゼロエミッションの世界は、技術的にも社会的にも、もしかすると文明的にも現在の延長線上にはないかもしれません。東日本大震災をはじめとする自然災害は、安全・安心とレジリエンスに対する要求を格段に高めました。加えて、電力・エネルギー産業は、広く社会経済活性化のドライブフォースとしての期待も大きく、これまでにない多様なプレーヤが参入しています。ならば、日本の目指す2050年のネットゼロエミッションと経済性、エネルギーセキュリティ、さらにはレジリエンスの向上をも可能とする新たな電力・エネルギー産業のアーキテクチャとは何でしょうか？

　多層多機能の複合的構造こそ新たなアーキテクチャではないでしょうか。すなわち、従来の設備・インフラの物理層を第一層とし、新たなエネルギーサービスや市場制度やそれに絡む金融工学の第三層、それらを繋ぐIoTやビッグデータを司るサイバー層を第二層とする多層多機能の産業構造です。この視点は、大きく変貌しつつある電力・エネルギーの産業全体を見渡すと共に、事業の予見性を得る上で有用に思えます。

本書の企画意図と構成

　2011年の震災以降、様々な時代変革の新たなキーワードが注目され、また、具現化しつつあります。本書が新たな電力・エネルギー産業を知る上で必読の書となるよう、客観的視点でそれらの項目を抽出しました。断絶的変革を先導するデジタルトランスフォーメーション、次世代系統運用技術、分散型エネルギー資源、先進環境技術、電力市場、Utility 3.0といった新分野や新潮流の中から鍵となるであろう50のテーマを選びました。また、Peer to Peerやブロックチェーンなど尖ったものも選び、多層多機能な産業構造アーキテクチャも意識し、7つのカテゴリーに分類しました。

　ハンドブックや技術便覧、技術入門書のような基礎・基盤技術ではなく、技術の最新動向を取り上げ（実用化まで遠い技術は除外）、知っておくべき電力・エネルギー分野に関する技術動向や市場情報を広範囲に収集するために最適な1冊とすることを意図しました。それぞれのテーマはコンパクトで分かりやすい解説として完結させ、効率的に理解できるよう工夫しました。

　執筆は、そのテーマの第一人者、もしくは主導的機関に依頼しました。個々の記載内容については執筆者の知見を尊重しています。したがって、本書の記事は単なる技術の解説ではありません。第一人者の深い知見と視点、そして思いが織り込まれています。読者の皆様と共に本書があり、お役に立てれば幸甚です。

監修者一同

注）本書では、各テーマについて電力・エネルギー分野における応用・活用という観点から解説しています。

Ⅰ 分散型エネルギーを統合する

「マイクログリッド」より　東北福祉大学エネルギーセンター／東北福祉大学

Ⅱ エネルギー事業のデジタルトランスフォーメーション

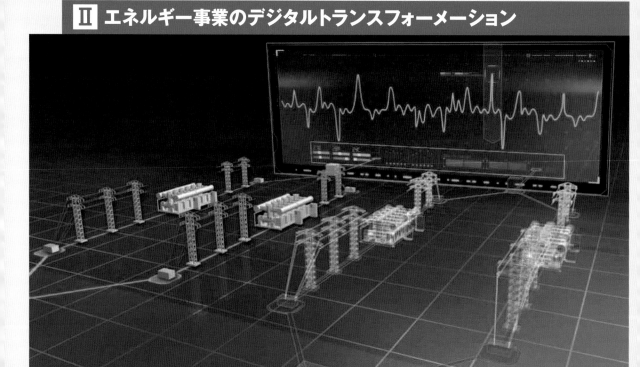

「デジタル変電所」より　変電所のデジタル化／東芝エネルギーシステムズ(株)

Ⅲ 熱と交通を脱炭素化する

「超電導リニア」より
超高速鉄道・超電導リニア／東海旅客鉄道(株)

Ⅳ 脱炭素化された電気をつくる

「水素エネルギー」より　アンモニア合成実証試験装置／(国研)産業技術総合研究所

Ⅴ 送る・届ける技術を変革する

「HVDC」より
直流 500kV 変換所／
東芝エネルギーシステムズ（株）

Ⅵ 電気を支える基盤技術

「代替 SF$_6$ ガス」より
145kV エコタンク形真空遮断器／（株）明電舎

Ⅶ 電力市場の最先端

日本卸電力取引所（JEPX）／（一社）日本卸電力取引所

電力50編集委員会 監修
オーム社 編

電力●エネルギー産業を変革する50の技術

Ohmsha

電力・エネルギー産業を変革する 50 の技術　目次

[監 修 者]

横山　明彦　東京大学

岡本　　浩　東京電力パワーグリッド(株)

根本　孝七　(一財)電力中央研究所

髙本　　学　(一社)日本電機工業会

[執 筆 者]

VPP　　　　　　　　　　　　　　石田　文章(関西電力(株))

グリッドフォーミングインバータ　餘利野　直人、造賀　芳文、佐々木　豊、関﨑　真也(広島大学)

コネクト&マネージ　　　　　　　電力広域的運営推進機関

スマートグリッド　　　　　　　　横山　明彦 (東京大学)

マイクログリッド　　　　　　　　渡辺　雅浩 ((株)日立製作所)

系統柔軟性　　　　　　　　　　　安田　陽 (京都大学)

出力制御　　　　　　　　　　　　九州電力送配電(株)

EMS　　　　　　　　　　　　　南　裕二 (東芝エネルギーシステムズ(株))

蓄電池　　　　　　　　　　　　　小林　武則 (東芝エネルギーシステムズ(株))

次世代パワーエレクトロニクス　　大熊　康浩 (富士電機(株))

AI　　　　　　　　　　　　　　　塚本　幸辰 (三菱電機(株))

IoT　　　　　　　　　　　　　　合田　忠弘 (愛知工業大学)

P2P　　　　　　　　　　　　　　石田　文章 (関西電力(株))

ブロックチェーン　　　　　　　　所　健一 ((一財)電力中央研究所)

デジタルツイン　　　　　　　　　北内　義弘、川村　智輝 ((一財)電力中央研究所)

気象予測　　　　　　　　　　　　由本　勝久 ((一財)電力中央研究所)

スマートメーター　　　　　　　　平井　崇夫 (グリッドデータバンク・ラボ有限責任事業組合)

IEC 61850　　　　　　　　　　大谷　哲夫 ((一財)電力中央研究所)

デジタル変電所　　　　　　　　　小坂田　昌幸 (東芝エネルギーシステムズ(株))

サイバーセキュリティ　　　　　　嶋田　丈裕 ((一財)電力中央研究所)

脱炭素化　　　　　　　　　　　　山地　憲治 ((公財)地球環境産業技術研究機構)

ヒートポンプ　　　　　　　　　　佐々木　俊文 ((一財)ヒートポンプ・蓄熱センター)

V2G	岡本　浩（東京電力パワーグリッド(株)）
電動化	志村　雄一郎、山口　建一郎、河岸　俊輔（(株)三菱総合研究所）
超電導リニア	北野　淳一（東海旅客鉄道(株)）
CCS	木原　勉（日本 CCS 調査(株)）
アンモニア混焼	山内　康弘（三菱パワー(株)）
水素エネルギー	高木　英行（(国研)産業技術総合研究所）
風力発電	上田　悦紀（(一社)日本風力発電協会）
核融合	鎌田　裕（(国研)量子科学技術研究開発機構）
太陽光発電	井上　康美（(一社)太陽光発電協会）
高効率火力発電	坂本　康一、藤井　貴（三菱パワー(株)）
新型原子炉	三菱重工業(株)、日立 GE ニュークリア・エナジー(株) 東芝エネルギーシステムズ(株)
燃料電池	太田　健一郎（横浜国立大学）
HVDC	高木　喜久雄（東芝エネルギーシステムズ(株)）
ダイナミックレーティング	真山　修二（住友電気工業(株)）
アクティブ配電網	彦山　和久（中部電力パワーグリッド(株)）
非接触給電	居村　岳広（東京理科大学）
LVDC	廣瀬　圭一（(国研)新エネルギー・産業技術総合開発機構）
超電導	大崎　博之（東京大学）
代替 SF$_6$ ガス	榊　正幸（(株)明電舎）
アセットマネジメント	重次　浩樹（東京電力パワーグリッド(株)）
災害レジリエンス	石川　智巳（(一財)電力中央研究所）
大規模停電防止	岡本　浩（東京電力パワーグリッド(株)）
廃炉(福島第一)	松本　純一（東京電力ホールディングス(株)）
需給調整市場	電力広域的運営推進機関
非化石価値取引市場	國松　亮一（(一社)日本卸電力取引所）
ダイナミックプライシング	浅野　浩志（(一財)電力中央研究所）
容量市場	電力広域的運営推進機関
広域運用	電力 50 編集委員会

※掲載順

VPP

VPP の概要

　従来の電力需給運用においては、電力会社等が電力需要を様々な断面で想定した上で大規模電源を準備し、系統運用者が時々刻々と変動する電力需要に対し、供給側を調整して電圧と周波数を維持することで安定供給を実現してきた。しかしながら、再生可能エネルギーの固定価格買取制度(FIT：Feed-in Tariff)の導入により、太陽光発電(以下：PV)や風力発電といった変動電源が急速に導入拡大され、需給調整はより複雑化してきている状況にある。

　一方、近年、電気式ヒートポンプ給湯器(以下：エコキュート)、蓄熱槽、蓄電池および電気自動車(以下：EV)といった蓄エネルギー機器の普及が進んできており、さらなる普及拡大が見込まれている。また、IoT(Internet of Things：モノのインターネット)化の進展により、需要家側の機器間をネットワークで繋ぎ利便性を高めることが多種の分野で浸透しつつある。

　このような状況下で、需要家側に分散して存在する各種機器(エネルギーリソース)を、インターネット等を経由して遠隔・統合制御することで需要家側を調整し、あたかも1つの発電所のように機能させて需給調整等に活用するものが「バーチャルパワー

プラント(VPP：Virtual Power Plant)」である(図1)。

VPP の目的

　VPP の必要性として、まず挙げられるのは、経済的な電力システムの構築である。VPP により、ピーク時間帯の需要量を下げたり、別の時間帯に移したりすることで、電力需要の負荷を平準化することが可能となる。ピーク時間帯の電力需要を抑制することができれば、維持費や設備投資を抑えることが可能となるわけである(図2)。

　次に、系統安定化コストの低減がある。従来、電気を安定的に供給する系統安定化対策として、火力発電や揚水発電等のピーク電源が活用されてきた。VPP は本来、別の目的を持った需要家側の設備(蓄電池の場合：昼夜間値差による電力料金軽減やFIT 切れ PV の自家消費増加等)を電力品質確保のために活用できるので、低コストに系統安定化を図ることが可能となる。特に、PV や風力といった再生可能エネルギーは、天候等の影響によって短い時間の中で発電出力が急激に変動するため、需給バランスを保てるように出力抑制を実施せざるを得なくなり、再生可能エネルギーの導入拡大に伴い、系統安定化対策の重要性は高まっている。

　最後に、再生可能エネルギーの導入拡大がある。PV や風力といった再生可能エネルギーは、日射量や風の強弱等により発電設備の出力が変動するため、VPP により需要を創出することができれば、需要と供給のバランスを保つことができ、より多くの再生可能エネルギーの導入に貢献することが可能となる(図3)。

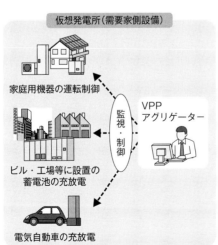
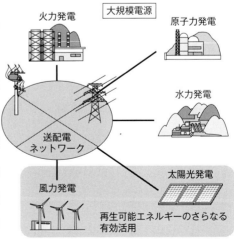

図1　VPP (バーチャルパワープラント) のイメージ

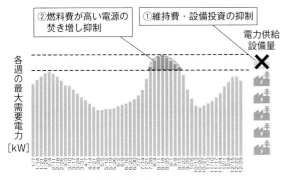

②燃料費が高い電源の焚き増し抑制

①維持費・設備投資の抑制

電力供給設備量

各週の最大需要電力[kW]

図2 電力供給設備等の抑制
出典：経済産業省資源エネルギー庁ホームページ

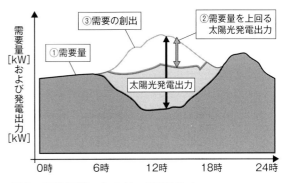

③需要の創出

②需要量を上回る太陽光発電出力

①需要量

需要量[kW]および発電出力[kW]

太陽光発電出力

0時　6時　12時　18時　24時

図3 再生可能エネルギーの導入拡大
出典：経済産業省資源エネルギー庁ホームページ

表1 各種市場の導入時期

各制度	2017年度	2018年度	2019年度	2020年度	2021年度〜
ベースロード市場			★取引開始	★受渡開始	
容量市場				★取引開始	★容量契約発効
非化石価値取引市場		★取引開始(FIT電源のみ)		★取引開始(全非化石電源)	
需給調整市場	★調整力公募開始				★市場創設

VPP ビジネス

VPP の事業化には、提供サービスコストの革新と VPP の能力を反映できる市場制度面の整備が主要課題である。すなわち、VPP がビジネスとして成立するには、需要家自身へのサービス提供に加えて、分散型電源保有者や蓄電池保有者の利益を最大化するように、卸電力市場のみならず、容量市場や需給調整市場等に参加し、エネルギーリソース毎の種類や特性に応じてサービスを提供することが必要である。こうした統合されたサービスを提供することで、VPP アグリゲーターとしてのビジネス基盤が強化され、ひいては需要家サービスも向上していくことになる。

日本においては、VPP ビジネスとして、最初に2017 年度から送配電事業者のための調整力公募が開始され、2021 年度に需給調整市場の三次調整力②の市場が創設される予定である。このほか、ベースロード市場は、既に 2019 年度から取引開始され、あらかじめ必要な供給力を確実に確保するための

容量市場も 2020 年度に取引開始がなされる（**表1**）。このように、VPP ビジネスとしてサービス対価を受けるために必要な各種市場制度が順次整ってきている。

VPP の概要

VPP の概要について、関西電力が 2016 年度から経済産業省の「バーチャルパワープラント構築実証事業」で複数の企業と協力し、実施している「関西VPP プロジェクト」を例として説明する。

VPP 全体のシステム構成を**図4**に示す。系統運用者や小売事業者等からの需要調整依頼を受信し、その依頼量を最適に配分する「統合サーバー」、統合サーバーから依頼量を受信し、配下の需要家側リソースに依頼量を再配分して監視制御する「リソースサーバー」、リソースサーバーとリソースの間の監視制御の通信プロトコルの変換等を行う「ゲートウェイ（GW）」、および各種の「需要家側エネルギーリソース」によって構成される。

取り扱うエネルギーリソースは、蓄電池（産業用、家庭用）、エコキュート、EV、各種エネルギーマネジメントシステム（EMS）、空調、ポンプ等を対象として多種多様である。通信プロトコルは、階層毎に異なる仕様で連携を行っており、サーバー間はOpenADR2.0b、サーバー〜ゲートウェイ（GW）間は主として OpenADR2.0b 等、ゲートウェイ（GW）〜リソース間は ECHONET Lite や Modbus/TCP等を採用している。

関西 VPP プロジェクトの取り組み概要

関西 VPP プロジェクトの各年度の取り組みを通して、最新の動向について説明する。

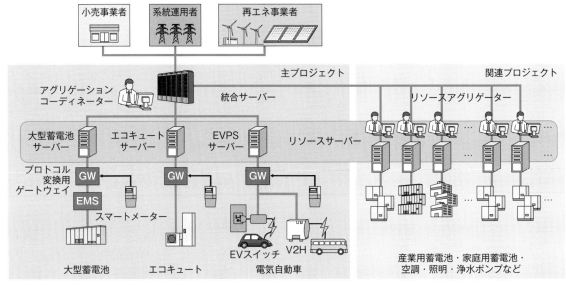

図4　VPP のシステム構成図

（1）2016 年度の取り組み

　主プロジェクトでは、実験環境下でリソースの設置およびシステム全体の構築を行い、統合サーバー〜リソースまでの通信・制御機能を確認した。また、関連プロジェクトでは、各リソースサーバー〜リソース間のシステムを構築し、リソースサーバー以下での通信・制御機能を確認した。

（2）2017 年度の取り組み

　システム面では、統合サーバーの機能拡張（調整力公募の電源 I-b 相当 DR 対応等）を実施した上で、統合サーバーと上位サーバー（系統運用者）および統合サーバーと全リソースサーバーとの連携を確認した。また、リソース面では、蓄電池を中心に、実証に活用可能なリソースのフィールドへの設置展開を進めた。

（3）2018 年度の取り組み

　システム面では、共通実証メニュー（需給調整市場の二次調整力②、三次調整力①、②）への対応として 1 分値のリアルタイム報告や指令値変更の機能追加に加え、前年度実証で課題となっていた制御精度を向上（目標値に対する乖離を縮小）させるための機能（制御値把握、フィードバック制御等）を統合サーバーに追加して、上位サーバー（系統運用者）および全リソースサーバーとの連携を確認した。

（4）2019 年度の取り組み

　2018 年度の共通実証試験で課題となっていた「フィードバック制御のチューニング不足」に対して、フィードバック制御仕様の見直しおよびポートフォ

リオに合わせた最適なチューニングを検討し、統合サーバーを一部改良した。

　以上のように、技術的課題を解決しながら実用化へ向けて実証試験を着実に進めている状況にある。

VPP のサービス

　需要家側エネルギーリソースの統合制御によって提供しうる VPP のサービスとして、提供先別に次のようなものが挙げられる（**表 2**、**図 5**）。

　アグリゲーターは、需要家の設備を遠隔で一括制御し、需要の抑制または創出を行うことで、小売事業者、系統運用者、再生可能エネルギー発電事業者、需要家・コミュニティ等に対して、多様なサービスを提供する。

　送配電事業者(系統運用者)は、調整力の提供により、需給バランスおよび周波数、電圧等を調整することができる(系統安定化、電力品質の維持)。将来的には DSO（配電事業者）向け系統安定化やオフグリッド、マイクログリッド向けサービスを提供できる。

　小売事業者は、電源調達、電力需要の抑制、ネガワットによる（低価格の）電力供給やインバランス（需要計画−需要実績間、発電計画−発電実績間の差分の調整に関わる料金）の回避が可能となる。将来的には、ポジワットアグリや小規模エネルギーリソースアグリ等や供給力、予備力の供給を受けることができる。

　需要家・コミュニティは、エネルギーコストが低減され、再生可能エネルギーの自家消費（再エネ有

表2　VPP事業で想定されるサービス

便益の受け手	便益内容		概要
送配電事業者	系統安定化	周波数調整	需要家側の分散電源発電、蓄電池充放電、負荷制御・需要抑制量等を集め、送配電事業者に対してリアルタイム市場（2020年創設）等を通じ、各種サービスを提供
		需給バランス	
		その他（配電網の電圧調整等）	
	投資最適化		蓄電池等の活用により、系統・変電所等の更新・増強を回避
小売事業者	電力調達インバランス回避		リソースアグリゲーター（小売事業者含）が、調達した電力量/ネガワットを市場（スポット市場、1時間前市場（2017.4〜））経由あるいは相対取引にて供給
需要家	電力料金削減		• 契約電力削減（ピークカット） • 電力購入タイミング及び電力購入量を最適化 （エネマネ、利用時間シフト、省エネ）
	設備の最適利用による収益化		供給余力のある需要家の分散電源、蓄電池を活用し、電力量/ネガワットを販売
	BCP		災害時においても、分散電源や蓄電池からの電力を活用
	DR参加インセンティブ		需要家がDRに参加する場合、インセンティブを提供
再エネ発電事業者	出力抑制回避		出力抑制が発動する場合に、蓄電池等により需要創出することで、再エネ発電を最大限活用

出典：エネルギー・リソース・アグリゲーション・ビジネス検討会、第1回、平成28年1月29日

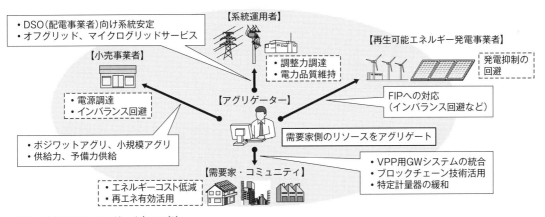

図5　将来のVPPサービスの例

効活用等）が図られる。将来的には、ブロックチェーン技術を活用した電力取引を行える。

　再生可能エネルギー発電事業者は、PV等の余剰発電に伴う出力抑制指令に対して、電力需要の創出（「上げDR」と呼ばれる）により、出力抑制を回避できる。将来的には、FIP（Feed-in Premium（フィード・イン・プレミアム））電源へのインバランス回避等への対応が可能となる。

VPPの課題と展望

　VPPの技術的課題としては、エネルギーリソースの多様性の拡大が挙げられる。需給調整市場（三次調整力①や②）へ参入するために必要な制御精度と市場参入要件の1つである最低容量1,000kWを満足するようアグリゲートする必要がある。具体的には、家庭用蓄電池やエコキュート等、その他のリソースは、VPPリソースとして活用できる可能性はあるものの、多種多様なリソースを組み合わせた状況での制御精度向上に向けた取り組みが必要であること、1台当たりの容量が小さく相当数集めなければならないことといった課題がある。また、従来の「受電点制御」では一般負荷の需要予測の精度に依存するため、要求される制御精度を満たすことが難しいことが分かってきた。制御精度の高いリソースの拡大は、依然として課題となっている。

　制度的な課題としては、どのようにマネタイズする（稼ぐ）のかという事業性の問題がある。VPPは、それぞれの事業者や需要家にとってメリットがあることは明確であるが、その対価をどのように得るかという事業性については各種市場が整備されつつあるが、現時点では、さらなる検討が必要である。

〈関西電力(株)　石田　文章〉

グリッドフォーミングインバータ

概要

　グリッドフォーミング（GFM：Grid-forming）インバータは、回転型同期発電機に近い特性を持ち、電圧源として電力系統に同期連系が可能で、独立電源としてブラックスタート機能やグリッド構築機能を持つ新型の交直変換器である。

　現在、世界各国で再生可能エネルギー（再エネ）の大量導入が進んでおり、一方で従来型の同期発電機の比率が減少し、その結果、回転エネルギーに相当する慣性力が低下して大停電を経験するなど、電力系統の安定性維持が課題になっている。このような状況の中で、新型のGFMインバータには、回転型発電機が担う系統安定化効果や、電力供給の強靭化、その一環としてのマイクログリッド独立電源としての機能など、将来の再エネの主力電源化に向けて大きな役割が期待される。

新型インバータに対するニーズ

1．電力系統安定性への貢献

　現在、世界各国で再エネの大量導入が進んでおり、これら再エネ電源の多くはインバータを介して電力系統に接続される。一方、従来型の同期発電機の比率が減少し、回転エネルギーに相当する慣性力が低下することで、外乱に対し周波数が大きく変動する周波数安定性が課題となり、大停電に至る事例も経験するようになった。このため、英国、アイルランド、オーストラリア、米国（PJM）では0.5～2秒以内の応答を規定した高速な周波数応答電源の調達など新たな対応策が導入され始めている。したがって、今後は分散電源を含めた電源側とネットワーク側の両者で対策が必要となるが、その際にRoCoF、周波数Nadirといった周波数特性値の管理が重要な課題となる（**図1**）。このことから、再エネや蓄電池等に用いられるインバータにも、既存の同期発電機が担っていた電力系統安定性への貢献、特に周波数安定性への貢献が求められる。

2．起動電源としての機能

　一方、新型インバータには、独立電源としての機能も期待されている。大停電時の起動電源としてのブラックスタート機能など従来型の同期発電機を補完する機能である。

3．自立電源としての機能

　最近は、これに加えて、大災害に対する電力供給の強靭化が重要な課題となり、非常時に電力系統の一部を切り離すような構想も含めて、マイクログリッドに関連する様々なプロジェクトも進められている。このような状況下でインバータ電源が既存電源を代替できる機能は、強力な電力供給のレジリエンス強化策となり得る。

GFMインバータ制御方式

1．GFMとGFLの概要

　従来型の電力変換器は、系統側に同期発電機などの強い電源（電圧源）が存在することを前提に、電流源としてこれに追従する制御方式が採用されており、これを新型のGFMと対比して、ここではグリッドフォロイング（GFL：Grid-following）方式の変換器、あるいはGFLインバータと呼ぶ。GFMとGFLの分類に関して、開発者、研究者により主張が異なり、定義が曖昧な部分はあるが、制御法の視点では概ね**表1**のような特徴を持つインバータとして記述してよいと考えられる。性能面ではGFMは同期発電機に近い独立電圧源としての特性を装備

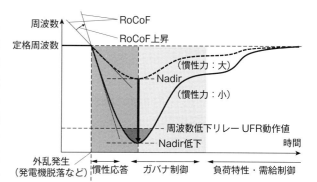

図1　再エネ大量導入下での系統周波数特性

表1　GFMとGFLの特徴

	GFM（Grid-forming）	GFL（Grid-following）
基本機能	系統構築型電源	系統追従型電源
電源特性	電圧源	電流源
同期方式	電力・電圧位相角特性による同期	PLL
オフグリッド運転	可	自立電源が必要
高度な慣性応答	○	×
周波数応答（Nadir）	○	○ または ×

し、高速に過渡電流を供給できることから、疑似慣性としてRoCoFとNadir両者の改善に貢献し得る。ただし、GFMにも様々なタイプがあり、設計により性能に幅がある。一方、GFLは系統内の独立電源の存在を前提として系統連系運転を行う電流源型インバータであり、従来型の分散電源はこの型に属し、前述のように種々の課題を引き起こしている。このため近年は周波数応答特性を実装した様々な方式の新型GFLが提案されているが、一般にGFLは応答速度に限界がある。このためNadirには十分貢献できるが、従来型発電機のような高速なRoCoFへの貢献は期待しにくい。

同期方式としては、GFLインバータは系統電圧位相を検出して系統と同期するためのPLL等が原理的に必須であるのに対し、GFMインバータは、補助的に用いるとしても、PLLを必要としない。GFMインバータは、power-synchronizationと呼ばれる方式など、出力電力と電圧位相角の特性を利用して系統と同期できる。

2．GFMの回路構成

GFMインバータの代表的な回路構成を**図2**に示すが、この中で「GFM制御器」の部分が方式固有の内部電圧(大きさと位相角)特性を実装する重要部である。この部分に実装されるモデルとしては、

- 同期機モデル(仮想同期機)
- 有効電力−周波数ドループモデル

が代表的なものであるが、それ以外にも、誘導機モデル、Virtual oscillator（非線形発振回路モデル)、Matching control（直流リンク電圧と慣性エネルギー協調）など、様々な方式が提案されている。同期機モデルには、Parkモデルやその低次元化簡略モデルが含まれ、VISMA、VSM、Synchronverterなど様々な呼び方のものが含まれる。著者らは従来の研究に基づき、同期機を用いた系統安定化効果を

重視し、以下の発電ユニットモデルを採用している。

X_d'同期機モデル、AVR、ガバナ、PSS、LFC

以下では同期機モデルの核となる、（1）式の発電機の動揺方程式を用いて、GFMインバータの制御の手法と特性について説明する。

$$M\frac{d^2\theta}{dt^2} + D\frac{d\theta}{dt} = P^* - P(E, \theta)$$

$$\frac{d\theta}{dt} = \omega \qquad (1)$$

電力系統に接続された同期発電機は、端子から見るとリアクタンス背後の電圧源（大きさE、位相角θ）と等価である。電圧位相角θは物理的には角速度ωで回転する発電機回転子の位置角を表しており、上記の動揺方程式右辺の加速力（すなわち機械入力P^*と電気出力$P(E, \theta)$の差）に応じて加減速する特性を持っている。この時、左辺第1項のMは回転子の慣性モーメントに相当する定数、第2項のDは制動係数である。また、AVRなど一連の発電機制御系は発電機端子等における計測値を内部電圧Eと機械入力P^*にフィードバックし、発電機と電力系統を安定な状態に維持する。このような制御系を伴う動揺方程式は、電力系統の安定性に寄与する慣性力や同期化力、制御系による系統安定化効果など、同期発電機の特性を表現している。

そこで、この同期発電機内部電圧が、インバータ等価起電圧と一致するよう高速にリアルタイム制御を行うと、インバータは仮想発電機として振る舞う。GFM制御においては、端子電気出力瞬時値Pを直接観測し、常時（1）式を数値積分して、内部状態（θとω）を保持しながらインバータを運転する。

以下では重要な共通項目について補足しておく。

（1）運転モード

GFMインバータは、GFLと異なり広い用途での運転が想定される。まず、系統連系時には無効電力を供給しない運転など、GFLと同様の系統に追従する運転が必要である。また、独立運転時には自ら適正電圧を確立する必要が生じ、さらにマイクログリッド運転においては、電圧維持に加えて複数GFMインバータの安定運用を保証する協調制御が重要となる。一般には、このような運転条件に対して、運転モードを切り替えて対応する。特にマイクログリッド運転においては、様々な特性の負荷に対して安定性を維持することが重要となる。

（2）過電流抑制回路

GFMインバータは電圧源として系統故障・瞬低・

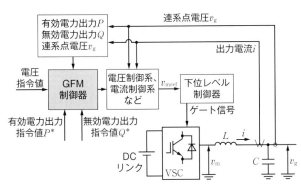

図2　GFMインバータの基本的な制御ブロック

位相跳躍発生時に瞬間的に大電流を供給する性質があるため、インバータ回路を破損させないための過電流抑制機能が必須である。一般には、高調波電流の抑制や電流指令値への追従のため電流制御を行うフィードバック制御を付加するが、不適切な過電流抑制方式を採用すると、高調波共振などの不安定性を引き起こすことが知られている。このため過電流抑制方式は、重要な研究課題である。

（3）FRT

接続要件として必要となる場合は、系統側故障に対してインバータ一斉停止を防止するためのFRT

（Fault Ride Through）やLVRT（Low Voltage Ride Through）機能を付加する。

（4）下位レベル制御器

上記の全てを勘案した付加的な制御系を含め、最終的に計算された出力電圧指令値は、下位レベル制御器に入力され、半導体素子への入力信号がゲート信号として生成される。

3．単相GFMインバータの動作特性

ここでは、GFMインバータの事例として、前述の（1）式に基づく単相同期化力インバータ（SSI：Single-phase Synchronous Inverter、**図3**）の動作特性について簡単に触れておく。著者らは、一般家庭での太陽光および蓄電池インバータとしての使用を想定し、電力系統の安定化とマイクログリッド構築を意図して、単相100／200VでのSSI実験機を開発している。低圧配電線への接続を模擬した瞬時値シミュレーションでは、電力系統の遠方での故障に対して理論通りの動作特性が得られている（**図4**）。故障発生と同時にSSIからローカル負荷への電力供給が増加し、このためSSIは減速（周波数が低下方向に変動）するが、故障除去後は元の平衡状態に振動しながら収束している。単相マイクログリ

図3　単相同期化力インバータ SSI

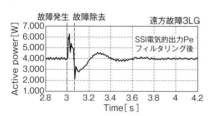
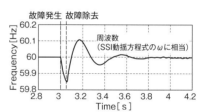

図4　系統側遠方故障時シミュレーション

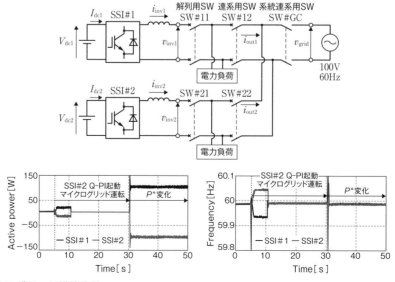

図5　単相マイクログリッド構築実験

ッド実験（**図5**）では、2機のSSIで独立運転に移行した後、SSI#1の蓄電池（放電）からSSI#2（充電）に電力供給を行った際の状況を示している。

研究開発の状況

GFMインバータについて、これまでに多くの研究があり、関連する実証プロジェクトが実施され、様々な適用が期待されている。

まず、洋上風力の大量導入が進む欧州では、直流送電システム（HVDC）に関するプロジェクトが実施され、特に複数の洋上風力送電点と受電点を結ぶ、多端子直流送電システムの技術開発に力点が置かれている。PROMOTioN（2016年1月〜2019年12月）プロジェクトでは、Best Pathsプロジェクト（2014年10月〜2018年9月）と連携しながら、風力発電機へのGFM機能の適用が検討された。ここでは洋上サイトのGFM発電機群で交流系統を構成し、HVDC変換器にダイオード整流器を採用して、低コスト化を図るものである。

一方、米国では、DOE主導のもとで、電力網の近代化に関する研究コンソーシアム（GMLC）が進めている比較的小規模な複数のプロジェクトが動いている。例えば、SuNLaMPプログラムからの補助でNREL（National Renewable Energy Laboratory）が進めるプロジェクト（Project 16、2016年〜）が挙げられる。この中で、GFMインバータに関して、太陽光発電のインバータにGFM機能を付加し、電力系統の同期化力低下の影響を緩和させると共に、既存の太陽光発電用インバータとの相互運用性を図ることを見込んでいる。

また、豪州でも大型蓄電池とGFMインバータを組み合わせたARENA（Australian Renewable Energy Agency）による実証プロジェクト（Powerlink Cost-Effective System Strength Study、2019年8月〜）が開始されている。

GFMインバータの開発状況としては、ある程度限定された環境での使用に関しては実証研究が進んでいるが、例えばマイクログリッドの構築など使用環境を限定できないケースでは、欧州のプロジェクト（MIGRATE、2016年1月〜2019年12月）などでも多くの研究課題が残されている。

将来の適用分野と課題

1．周波数安定性への貢献

これまでに述べてきたようにGFMインバータには様々な適用分野が想定されるが、現在、逼迫した状況にある周波数安定性への貢献は、最も期待される分野と考えられる。

この時、インバータには厳格な電流上限があるため、不測の外乱に対して系統安定化機能を発揮させるためには、上げ余力を常時確保する運転が必要となる。言い換えれば、GFMインバータがその能力を発揮するためには、通常の負荷定格容量に対して大きめの機器を使用する必要が生じ、高価な機器となる。今後、併用する蓄電池と共に低価格化に向けた環境整備や、普及のための制度設計が重要な課題と考えられる。

分散電源の接続要件に関しても、現状の系統連系規程の下では単独運転検出機能を具備する必要があるが、特に能動方式は系統不安定化の要因となるなどの課題がある。このため再エネ大量導入を前提とした、系統全体の安定化の視点で要件を整理していく必要があると考えられる。

2．研究途上の技術的課題

従来型のGFLインバータでは系統側で発電機が減少すると、PLLや電流制御部が不安定要因になり、高調波共振等を含めインバータ自体が不安定になる状況が報告されている。GFMインバータはGFLに比べれば頑強であると考えられるが、従来型インバータとの共存を含め、想定外の運転条件における設計にはまだ課題が存在する。

電力系統は様々な状態で運用されるため、実証プロジェクトなどでも想定外の不安定性に直面するケースが報告されている。また、マイクログリッドにおいては、負荷特性の影響を強く受けるため運用が難しくなるケースも報告されている。従来型の発電機は、運用状態の変化に対して十分ロバストであったが、GFMインバータにおいて同等のロバスト性を実現することが今後の目標と考えられる。

まとめと将来展望

再エネの大量導入に対し、GFMインバータは電力系統の課題を解決する強力な役割を演ずることは間違いない。今後、応用領域の拡大レベルに応じて解決すべき課題も残っていると考えられるが、再エネの主力電源化やマイクログリッド構築に必須の技術として、将来の低炭素社会の実現と電力供給の強靱化に対し、大きな貢献が期待される。

〈広島大学　餘利野　直人、造賀　芳文、佐々木　豊、関﨑　真也〉

コネクト＆マネージ

日本版コネクト＆マネージ導入の背景

　新たな再生可能エネルギー電源の接続に伴い送電線などの設備容量を超過する場合は、設備を増強した上で接続する必要があるが、増強には費用と時間を要することから、系統制約の要因となっていた。風況が良好な地域など再生可能エネルギー電源の立地ポテンシャルの大きい地域の系統は、系統制約が生じやすく、再生可能エネルギー電源の導入進展を目指す上で、系統制約の解消は喫緊の課題となっている。

　エネルギー基本計画において掲げられたエネルギーの自立化、脱炭素化実現のためには、再生可能エネルギーの主力電源化が必要であり、これを進める上で、系統制約の解消と流通設備への投資増大による電気料金上昇（つまりは国民負担の増大）の抑制の両立を図る効率的かつ合理的な設備形成が重要となってくる。このため、電力広域的運営推進機関（以下：広域機関）では、既存系統の最大限の活用を目的に既存系統の空容量を柔軟に活用するなど従来の系統利用を見直す「日本版コネクト＆マネージ」の検討を開始し、統一したルールによる公平な系統利用を念頭に、3つの仕組み（想定潮流の合理化、N−1電制、ノンファーム型接続）（図1）について検討を行ってきた。これらの仕組みは、重要な取り組みとして位置づけられ、国の審議会等で、早期実現、全国大への展開に向けた議論がなされており、広域機関においても仕組みの具現化に向け、広域系統整備委員会にて議論を進め、可能なものから順次導入を開始し

ている。
　本稿では、それぞれの仕組みの概要およびその導入の効果などについて概括する。

想定潮流の合理化

1．想定潮流の合理化の目的

　想定潮流の合理化は、電源接続や設備形成の検討に際しての想定潮流の合理化および精度向上を図り、系統混雑が発生しない範囲で新規連系を認める基準についての早期具体化が国において論点整理されたことも踏まえ、従来一般送配電事業者各社が独自の基準により行っていた想定潮流の考え方を統一し、最低限達成すべき基準を定めることで全国大で空容量の有効活用を行うことを目的とする。

　想定潮流の合理化の具体的考え方は、従来、潮流による制約が最も過酷になる電源構成、発電出力、需要、系統構成で行っていた潮流の想定断面を細分化し、自然変動電源の実績に基づく出力評価や需要断面に応じた電源の稼働の蓋然性評価等に基づき潮流を想定するというものであり、これにより系統評価を行うことで空容量の拡大を図るものである（図2）。

2．適用の効果について

　東北北部電源接続案件募集プロセスにおいて、70〜170万kWの空容量拡大効果が確認されている。その他個別系統の空容量拡大効果については、既に空容量マップに反映済のものが一般送配電事業者各社のHPで公表されている。

N−1電制

1．N−1電制の目的と基本的な考え方

　我が国に限らず、電力設備は、系統の信頼性の観点等から、単一設備故障（1回線故障等）発生時でも安定的に送電可能な容量を確保した形で設備形成を行うことが基本となっている。N−1電制とは、N−1故障発生時にリレー装置により瞬時に電源を電制（遮断または抑制により発電を制限すること）し、故障発生後の潮流を1回線の熱容量以内に抑えることを前提に、平常時に流せる潮流（運用容量）を拡大し既設設備を有効活用することにより、さらに電源接続を拡大させることを目的とする取り組みである（図3）。

　N−1電制は、本来、設備対策すべきN−1故障時の対応をリレーシステムで対応するものである。また、電制により周波数低下や発電供給能力が低下するなど、一定程度の信頼度低下を許容した仕組み

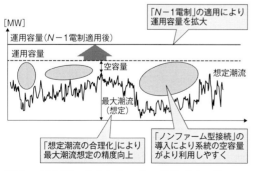

図1　日本版コネクト＆マネージのイメージ

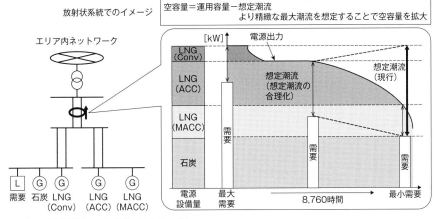

図2　想定潮流の合理化のイメージ

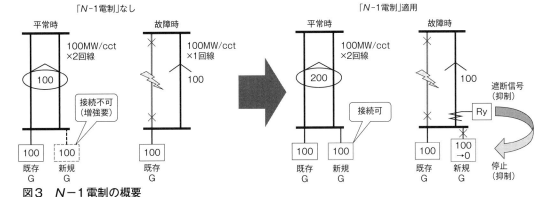

図3　N－1電制の概要

であることから、電制システムには高い信頼性が求められる。

2．N－1電制の具体的運用方法

2.1　適用系統

　基幹系統（各エリア上位2電圧）にN－1電制を適用すると必要になる電制量が多くなり、供給信頼度へ与える影響が大きい。また、電制する電源数が多くなることやループ系統を構成している場合は、システム構成が複雑となることなどが懸念される。このため、原則としてN－1電制は、基幹系統以外の特別高圧系統に適用することとしている。

2.2　許容される電制量

　電制量が多くなると、周波数維持や供給予備力確保等、信頼度に大きな影響が生じることとなる。

　流通設備のN－1故障の発生頻度は、発電所故障よりも多い（約30倍）ことから、常時の周波数変動範囲内に収めることを考慮しておく必要がある。また、大容量火力電源などを電制した場合、再並列までに時間を要し、供給予備力不足になることも懸念されるため、各エリアの供給予備力についても考慮しておく必要がある。

表1　対象設備当たりの許容電制量の一例

エリア	常時の周波数変動内にする電制量 [MW]（注2）	各エリアの予備力を考慮した電制量 [MW]（注3）
系統規模大 （56,530MW（注1））	400（上限）	2,550
系統規模小 （5,210MW（注1））	500	250（上限）

注1）2018年最大電力需要
　2）常時の周波数変動（低下側）－0.2Hz（北海道、沖縄は－0.3Hz）
　3）軽負荷期の各エリア需要（2017年度供給計画）をもとに算出（7％）

　このため、許容する電制量は、常時の周波数変動範囲内に収まる量と各エリアの供給予備力の小さい方とすることを基本としている（表1）。

2.3　N－1電制対象電源

　N－1電制は、故障時対応のため、対象電源を迅速かつ確実に電制する必要があることから、小規模電源が多い高圧以下の系統に接続される電源を対象とすることはできない。このため、電制対象電源は、特別高圧以上の系統に接続される電源の中から、潮流軽減効果や供給信頼度等を考慮して選定される。

3．適用の効果について

　自らが電制対象電源となることを前提に、特別高

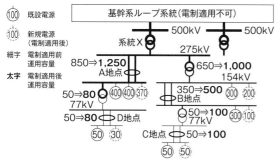

図4　N−1電制の適用事例

地点	電圧	電制適用前運用容量	電制適用後運用容量	拡大量
A地点	275kV	850	1,250	400
B地点	154kV	350	500	150
C地点	77kV	50	100	50
D地点	77kV	50	80	30
系統X合計	—	—	—	630

圧以上に接続する電源を対象に、2018年10月より先行的にN−1電制の適用を開始しており、上位系を含めて空容量0であった系統においても、増強ではなく電制装置を設置することで新規電源の接続が可能になるなどの効果が見られている（**図4**）。

ノンファーム型接続および暫定接続

1．ノンファーム型接続の目的

従来、我が国では、混雑時に出力制御を行う運用は行われていなかったが、国の議論において、欧米で行われている、系統に空容量がある場合にのみ送電する接続方法（いわゆるノンファーム型接続）の導入等による既設設備の有効活用の必要性などについて言及された。この議論も踏まえ、日本においても、系統に空容量がある場合に運転し、空容量がない場合は出力制御を行うことを前提に、既設設備を有効活用することで増強を行わずに新規接続を可能とし、さらに電源接続を拡大させることを目的とする仕組みである。

2．ノンファーム型接続の具体的運用方法

2.1　適用系統

ノンファーム型接続は、既存系統を効率的に利用可能だが、平常時に出力制御が生じるだけでなく、作業時の制御量がノンファーム導入前より増加する可能性が高いなど、事業性に影響する。また、異なる電圧階級で複数の混雑系統が生じた場合の制御システムの複雑化など技術的な課題もあるため、現時点では基幹系のみを適用対象としている。

2.2　具体的な制御方法

系統混雑発生時は、系統に容量が確保されている

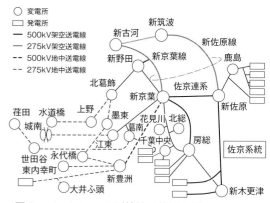

図5　ノンファーム型接続の適用事例

電源（以下：ファーム電源）の利用が優先され、ノンファーム型接続を前提に接続した電源（以下：ノンファーム電源）が制御される。制御は実需給以前の計画断面で行われ、一般送配電事業者が計算した想定潮流をもとに、系統混雑が発生する場合に、ノンファーム電源を一律に制御する。

3．暫定接続の基本的な考え方

今後、系統増強を行うべきか否かは、系統毎に費用便益評価に基づき判断されることとなるが、増強すべきと判断された系統へ工事完了まで接続できないのは、社会厚生上望ましくない。暫定接続は、このような系統に対し、工事完了前に新規電源の早期系統接続を可能とする仕組みである。増強工事中は、系統に容量が確保されていないため暫定接続電源はノンファーム電源となるが、増強完了後はファーム電源となる。また、暫定接続は基幹系統以外のノンファーム型接続が適用されない特別高圧以上の系統にも適用可能であるが、実際の適用は、一般送配電事業者がシステム費用や工事期間などから判断する。

4．適用の効果について

現在、東京電力パワーグリッドの佐京連系（新京葉線＋新佐原線）に対して試行的にノンファーム型接続の適用が開始されており、佐京系統（房総半島の大部分と東京都心部の一部）において新規接続を行う場合、適用前であれば佐京連系の増強が必要であったが、現在はノンファーム型接続により増強なしで接続することが可能となった（**図5**）。

基幹系統は工期、工費共に大きくなるケースが多く、電源接続量拡大を妨げる要因の1つになっていたが、ノンファーム型接続と暫定接続の導入により、空容量不足が原因で接続ができないということは、今後は基本的に生じない。

5．海外事例

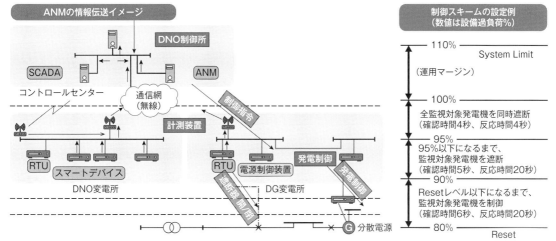

図6　ANMの制御イメージ

5.1　ノンファーム型接続

日本のノンファーム型接続と同様の仕組みに、英国のDNO（配電会社）により実施されているANM（Active Network Management）が挙げられる。

（1）ANMの概要

英国に14社存在するDNOの、系統へ接続する電源向けの接続メニューであり、系統混雑発生時に無償で出力制御されることを条件に増強を行うことなく接続できる一方で、日本同様既存のファーム電源が優先して発電する、先着優先の仕組みである。

制御は無線通信で行われ、設備の過負荷率に応じ出力制御に加え発電機の遮断も行われる（**図6**）。

（2）適用対象

英国のDNOが運用する電圧階級は日本の配電系統とは大きく異なり、132kVまでとなっているが、そのうちANMは、主に33kV以下の系統に接続された電源を中心に適用されている。

5.2　暫定接続

日本の暫定接続と同様の仕組みに、アイルランドにおけるノンファームアクセスが挙げられる。

（1）ノンファームアクセスの概要

増強完了までの間は暫定的にノンファーム電源として系統へ接続し、増強完了後はファーム電源となる仕組みである。新規電源が接続申込の際に申請する最大接続容量のうち、出力可能なファーム容量を決め、増強の進展によりどのくらいのファーム容量がいつ与えられるかも同時に通知される。最大接続容量に対してファーム容量が与えられていない部分がノンファームとなるが、増強の進展と同時にファームとなる（**図7**）。

（2）適用対象

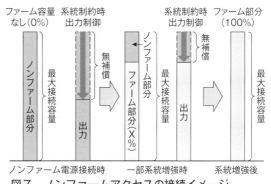

図7　ノンファームアクセスの接続イメージ

アイルランドにおいてノンファームアクセスが適用されるのは送電系統（110kV、220kV、440kV）に接続する電源である。配電系統（110kVの一部、110kV未満）については、混雑が生じない設備形成を行っており、新規電源接続時に空容量が不足する場合は、増強等を行ってから接続することとなる。

今後の展開

N−1電制については、2022年度中の本格的な実施を目指し、引き続き詳細な仕組みを広域機関で開催する広域系統整備委員会において議論すると共に、関連するルールや契約関係などについても整理を進めていく。ノンファーム型接続については、増強が不要となり系統の有効利用が可能となったものの、後着電源であるノンファーム電源が制御対象となり続けてしまうという課題もあり、地内系統の混雑管理に関する勉強会を2020年7月に新たに立ち上げ、先着優先の見直しやローカル系統への適用といったさらなる系統利用の効率化について今後も議論を進めていく。

〈電力広域的運営推進機関〉

スマートグリッド

基本概要

「スマートグリッド」は、英語の「Smart Grid」から日本語に直訳すると「賢い送電ネットワーク」となるが、昔から「スマートグリッド」の明確な定義はなく、このスマートグリッドでビジネスをしたい人が、それぞれ自分の構築システムに合った定義をしてきた。日本では、一応「従来からの集中型電源と送配電系統との一体運用に加え、情報通信技術の活用により、太陽光発電などの分散型電源や需要家の情報を統合・活用して、高効率、高品質、高信頼度の電力供給システムの実現を目指すもの」と考えられている。この日本型スマートグリッドの概念は**図1**のようになる。

国際電気標準会議（IEC）では、スマートグリッドを「電力ネットワークの利用者やその他の利害関係者の様々な行動を統合し、持続可能で安価で安定な電力を効率的に供給することなどを目的として、双方向情報通信・制御技術や分散処理機能やそのためのセンサーやその機能を実現する装置を備えた電力システム」と定義している。加えて、スマートグリッドが備える機能として、①系統運用の自動化、②電力品質の管理、③太陽光発電や風力発電などの分散型電源の管理、④電気料金などに反応して需要家が電気の消費量を増減させるデマンドレスポンス、⑤スマートメータリング、⑥停電を起こさないように設備をしっかりとメンテナンスする予防保全、⑦いったん停電が発生するとその範囲をできるだけ小さくしてできるだけ早く停電を解消する停電時の管理、⑧エネルギー貯蔵の管理、などを挙げている。

海外を眺めてみると、欧州では、2005年より「スマートグリッド（SmartGrids）」、米国でも2007年辺りから「スマートグリッド（Smart Grid）、インテリグリッド（IntelliGrid）」などと呼ばれるスマートメーターや双方向情報通信システムを活用した新電力システムの検討を国家レベルで開始している。**図2**に欧州の概念図を示す。

目的

CO_2排出量削減により地球温暖化問題を解決すると共に、省エネルギー、コスト削減、供給信頼度の維持などを実現するために、世界中で太陽光発電や風力発電、バイオマス発電などの再生可能エネルギー電源が大量に電力系統へ連系されてきている。我が国では、2018年7月に策定された第5次エネルギー基本計画において再生可能エネルギーの主力電源化が打ち出され、2030年のエネルギーミ

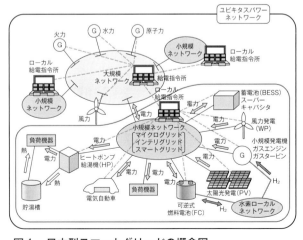

図1　日本型スマートグリッドの概念図

図2　欧州のスマートグリッド概念図

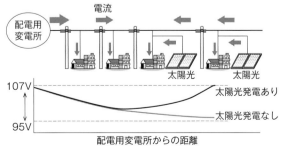

図3　PVによる配電系統の電圧上昇

ックスでは太陽光発電は6,400万kW、風力発電は1,000万kWという大容量を想定している。これらの太陽光発電や風力発電は、出力が天候に依存し、正確に予測できないため、自然変動電源とも呼ばれているが、大量の自然変動電源が連系された電力系統では、配電線の電圧上昇（**図3**）、余剰電力の発生（**図4**）、周波数調整力の不足（**図5**）、慣性力低下による系統安定度の悪化、短絡容量の増大などの問題が発生することが懸念されている。我が国では、欧米の電力系統と比べて系統容量が小さく、また各地

域の系統が疎に連系されているため、これらの問題は欧米大陸の系統より早く顕在化すると考えられている。

また、需要家サイドでは、省エネ、CO$_2$排出量削減を促進するために、高効率のヒートポンプ給湯機や、プラグインハイブリッドカー、電気自動車などの開発・導入が行われており、将来は大量に導入されるものと期待されている。

このような将来の系統において、出力が天候に依存する風力発電、太陽光発電、需要家がその意志で自由に使用する上述の電気自動車、負荷機器などを、蓄電池やパワーエレクトロニクス応用FACTS機器、制御可能な分散型電源と共に双方向情報通信ネットワークを利用して統合的に制御を行うことによって、この系統問題をスマートに解決するのがスマートグリッドである。

最近では、この双方向情報通信ネットワークに流れる情報を有効利用して、送電、変電、配電設備の補修、更新計画業務を経済的、効率的に行うこと、つまりアセットマネージメントをスマートに行うことも目的となっている。

取り組み

我が国でのスマートグリッド技術開発は、2009年辺りから本格的に開始され、これまでに宮古島、東大柏キャンパス、青森県六ヶ所村、新島などで、スマートグリッドに必要となる技術についての国家プロジェクトが行われている。ここでは、我が国のスマートグリッド構築に向けての代表的な実証の取り組みを紹介する。

1．次世代送配電系統最適制御技術実証事業

本事業では2010年から6年間にわたり、**図6**のように、送電系統側、配電系統側、需要家側の3つに問題を整理して研究開発が行われている。

配電系統側では、図3に示すように、太陽光発電の需要家への設置により逆潮流が発生し、配電線の電圧が上昇するのを抑制する制御技術の開発に加え、次世代変換器技術を応用した低損失・低コストの電圧制御機器の開発を行った。送電系統側では、中央給電指令所が、大量に連系される太陽光発電の発電量

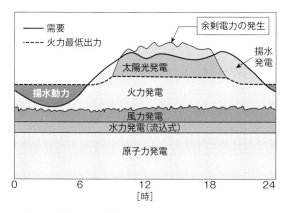

図4　余剰電力の発生

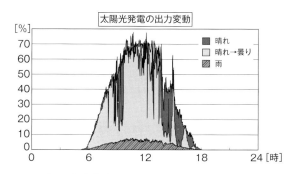

図5　短周期出力変動による周波数調整力の不足

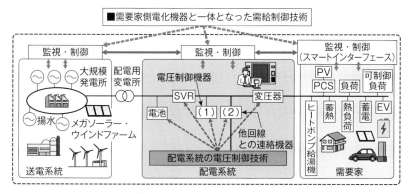

図6　系統と需要家の協調制御

を予測し、それを考慮した正味の需要の予測を行うと共に、この2つの予測に基づいて、火力発電所、揚水発電所、蓄電池の経済的な最適週間運用計画を立て、余剰電力が発生する場合には、需要側のスマートインターフェースへの太陽光発電出力抑制信号を送る次世代需給制御システムを開発し、その需給運用を社会的便益の観点から評価を行っている（図7）。

需要家側では、中央給電指令所から送信された太陽光発電出力抑制量をもとに、需要家内の需要やヒートポンプ給湯機の運転、EV の蓄電池の充放電を考慮し、実質的な太陽光発電量の最適抑制パターンを計画し実行する「スマートインターフェース」の研究開発を行い、需要家側機器と一体となった需給制御技術を構築した（図8）。

2．次世代型双方向通信出力制御技術実証事業

本事業では、2011 年から6年間にわたり青森県六ヶ所村で、データ送信・返信データ管理用のセンターサーバーを村の集会所に設置し、100 か所の住宅に設置した太陽電池インバータを、スマートインターフェースを通して制御する試験を行った。余剰電力の発生が予想されるゴールデンウィークなどの特異日における太陽光発電の出力抑制を、携帯電話や特小無線、PLC、WiMAX などを介した双方向通信によって行い、良好な性能評価を得ている（図9）。

3．電力系統出力変動対応技術研究開発事業

本事業では 2015 年から5年間にわたり、系統運用者による風力発電および太陽光発電の出力予測、出力制御・抑制、そして既存電源および蓄電池等の蓄エネルギー装置との協調運用・制御等の技術開発を行い、これらを統合した再生可能エネルギーを最大限受け入れ可能とするシステムを構築し新島の実系統に連系して試験を行った。試験は実系統を用いて、再生可能電源の出力状況に応じて事業用のディーゼル発電機まで最適に制御しているという点で我が国初の実証事

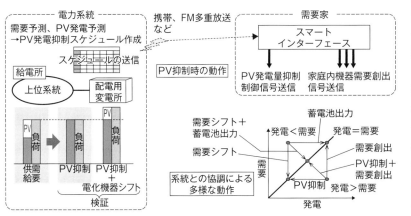

図7　最適需給運用制御システム機能

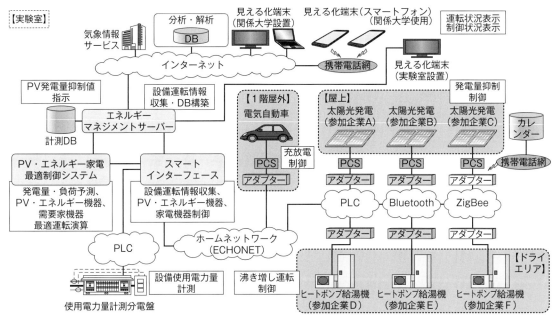

図8　需要家側実証システム

業である。

本システムは、**図10**に示すように、系統側蓄電池、事業用太陽光発電・風力発電、ヒートポンプ給湯機、小規模太陽光発電、小型蓄電池などの需要家機器を制御するリソースアグリゲーション分散型制御システムと従来型発電機を制御する発電機最適経済制御システム、そしてこれらを中央給電指令所で、再生可能エネルギー電源の出力予測を考慮し信頼性を維持しつつ経済的に制御する統合EMSから構成される。本事業の成果は、離島などの小規模系統だけでなく大規模系統にも適用可能であることは言うまでもない。

課題と将来展望

現在、世界中のスマートメーターに基本的に備わっている機能は、本来の電気料金精算業務に加えて顧客サービス向上のための電力量のデジタル計測・表示・データ伝送、引き込み線のオンオフ制御程度

で、需要家の分散型電源や可制御負荷機器と系統の統合制御などのよりスマートなグリッドを実現する「スマートインターフェース」機能は備わっていない。今後、これをどのように需要家に整備していくかがスマートグリッドを構築する際の課題となる。

また、最近では、インバータを介して系統連系される太陽光発電が増え、それに伴い回転体による慣性を持つ火力発電が減少するために、系統全体の慣性が低下し周波数安定性、過渡安定性の悪化が懸念される状況になっている。これに対して、太陽光発電のインバータに疑似慣性機能や、有効・無効電力制御機能を持たせて安定化制御を行うスマートインバータの開発も行われており、これらの機能を統合化することも必要である。

最初に述べた各人各様な定義でのスマートグリッド構築は、最近我が国では、国の補助金を用いて小さな地域レベルで多数行われている。蓄電池・再生可能エネルギー電源・可制御需要家機器制御装置費用、通信設備費用などのスマートグリッド構築費用と燃料費削減、CO_2削減の便益の兼ね合いで長期の事業継続性を考えると、まだ補助金に頼らざるを得ないのは否めない。今後、スマートグリッド普及には、このコスト負担について考えていくことが重要となる。

最後に、現在国を挙げてIoT、ビッグデータ、AIを活用したサイバー・フィジカル空間の融合したSociety5.0の実現に向けて取り組んでおり、「スマートシティ」はその1つであり、ここにエネルギー供給システムとしてのスマートグリッドをうまく統合していくことが望まれる。

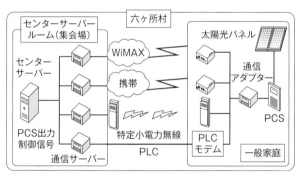

図9 双方向通信による太陽光発電制御

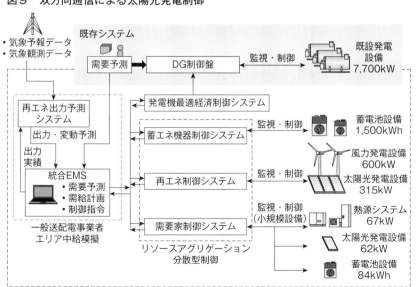

図10 分散型制御協調システム

◆参考文献◆
（1）横山明彦：よりスマートなグリッドの構築に向けて（Ⅰ），電気学会誌，Vol.130，No.2，pp.94-97，2010
（2）横山明彦：よりスマートなグリッドの構築に向けて（Ⅱ），電気学会誌，Vol.130，No.3，pp.163-167，2010
（3）横山明彦：新スマートグリッド－電力自由化時代のネットワークビジョン－，日本電気協会新聞部，2015

〈東京大学 横山 明彦〉

マイクログリッド

マイクログリッドとは

マイクログリッド（Micro Grid）の定義は、例えば米国のエネルギー省では、「グリッドという形で一元的に管理できる事業体として機能する電気系統の中で、負荷と分散型エネルギー資源（DER）を相互に接続したグループ。グリッドに接続した状態でも分離モードでも動作するように、グリッドとの接続と切り離しが可能」と説明されている[1]。1999年にローレンスバークレー国立研究所が中心となりCERTS（The Consortium for Electric Reliability Technology Solutions：電力供給信頼性対策連合）によって提唱された。

マイクログリッド導入の狙いは、各国の電力特性の違いに応じて異なるが、例えば**表1**のように整理される。

マイクログリッドの種類と構成

1．マイクログリッドの種類

マイクログリッドは、構成や機能によって次のように分類される[2]。

（1）電力系統接続型
　① 特定エリア・需要家（大学キャンパスなど）
　② 工場・商用建物/施設
　③ 集合・戸建住宅棟
（2）自立・独立型
　① 離島・遠隔地
　② 輸送機（車、船、宇宙船など）
　③ 無線基地局
　④ 未電化地域電源

（1）の電力系統接続型は、通常は電力系統に接続された状態で運用され、系統からの電力供給が困難になった場合などに自立運転に移行するものもある。

表1　マイクログリッド導入の狙い

目的	内容
供給信頼性	・電源の分散設置や自立運転による災害時等のセキュリティ向上 ・離島や未電化地域での電力供給
環境性	再エネ電源の変動を低減し活用、電源の脱炭素化を促進
経済性	・コージェネレーション電源利用によるエネルギー効率向上、エネルギーコスト低減 ・電力価格変動の影響回避
電力系統への貢献	ピーク負荷削減、デマンドレスポンスやVPP（Virtual Power Plant）による電力調整力提供

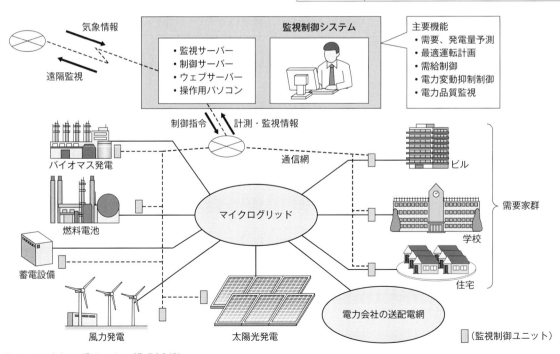

図1　マイクログリッドの構成例[3]

（2）の自立・独立型は、電力系統とは常時切り離された状態で需要と供給のバランスを保つ機能を持つ。

2．マイクログリッドの構成（3）

　マイクログリッドの構成例を**図1**に示す。再エネやコージェネレーションなどの電源、蓄電設備、需要、電力系統、運用・制御装置などで構成される。この例では常時系統に接続されて運用される。

　監視制御システムの例を**図2**に示す。監視制御システムは、分散型電源の運転計画を作成する運転スケジューリング機能、電力需要と発電量のバランスを制御する需給制御機能、発電や需要量および電力品質の監視機能などで構成される。運転スケジューリングでは、需要や分散型電源の発電量の予測に基づき、運転コストやCO_2排出量低減などの運用目的に応じた最適運転計画が作成される。また、再エネ電源の出力変動特性や発電・需要予測誤差を考慮して、電力系統からの受電電力を決定する。需給制御では、需要電力量と発電電力量の差を所定の範囲

に抑える同時同量制御と数秒程度の短時間の電力変動を抑制する制御が行われる。

マイクログリッドの事例

　国内外のマイクログリッドの構築・運用事例や特徴的な実証プロジェクトについて示す。

1．仙台マイクログリッド（2）、（4）

　独立行政法人（現：国立研究開発法人）新エネルギー・産業技術総合開発機構（以下：NEDO）の委託を受けた「品質別電力供給システム実証研究」で、2004年度から仙台市で構築された。東北福祉大学内の施設などにエネルギーを供給しており、2008年に実証試験が終了した後も引き続き運用された。

　2011年3月の東日本大震災発生後、同地域のエネルギー供給は数日間停止したが、その間マイクログリッドは大学と病院に電力と熱の供給を続けた。マイクログリッドの構成を**図3**に、外観を**図4**に示す。2つのガスエンジン、燃料電池、太陽光発電を電源に持つ。また、蓄電池を有する機能統合型高品質電力供給装置（IPS：Integrated Power Supply）を備えており、多種の電力品質の電力供給を行うことを可能としている。DC電力、Aクラス・B1クラスの負荷はIPSを通じて高品質の電力が供給される。

2．中部臨空都市マイクログリッド実証（5）、（6）

　NEDOの委託を受けて「2005年日本国際博覧会・中部臨空都市における新エネルギー等地域集中実証研究」が実施された。**図5**に対象システム構成を、**図6**に外観を示す。本実証研究では複数種の燃料電池、太陽光発電、NaS電池でマイクログリッドが構成されている。電源は回転機電源を含まず、複数台・異種の新エネインバータによる自立運転が実証された。複数の

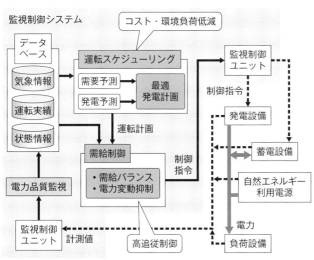

図2　監視制御システムの例（3）

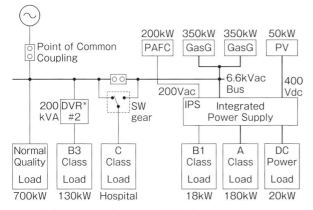

図3　仙台マイクログリッドの構成（4）

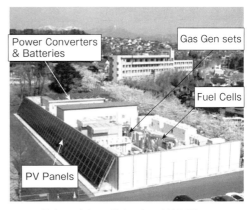

図4　仙台マイクログリッドの外観（4）

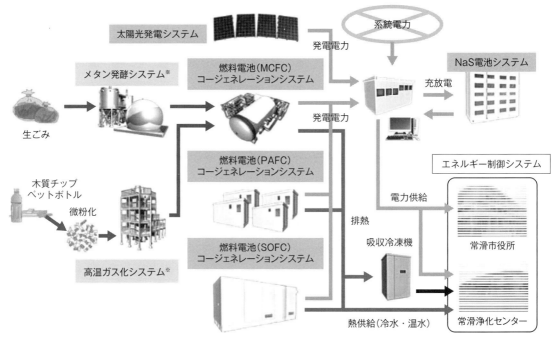

図5　中部臨空都市実証研究プラントの構成 [5]

図6　中部臨空都市実証研究プラントの外観 [5]

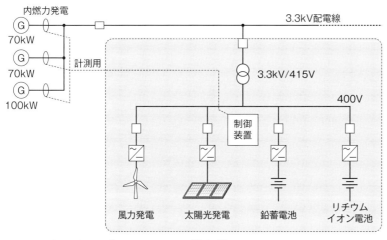

図7　黒島マイクログリッドシステム構成 [7]

インバータにより系統周波数と電圧を決めつつ、負荷の変化に合わせて需給調整を行う運転・制御を可能とした[6]。

3．離島マイクログリッド実証 [7]

エネルギーセキュリティと環境保全の観点から、離島に太陽光発電や風力発電と蓄電池を設置した実証試験が、経済産業省資源エネルギー庁の「離島独立型系統新エネルギー導入実証事業費補助金」の対象事業として、九州電力（株）により実施された。離島においては、石油価格高騰に対する燃料リスク回避、エネルギーセキュリティの確保が課題である。また、出力の変動する再エネの導入に際して、慣性エネルギーの小さい複数台のディーゼル発電機の制御が重要となる。限られた調整力による需給バランスの維持、負荷や再エネ出力変動時の周波数・電圧維持、予備力の確保が検討された。

実証試験の例として、鹿児島県の黒島の試験設備の構成を図7に、外観を図8に示す。新エネは

図8　黒島マイクログリッドシステム外観[7]

太陽光発電60kW、風力発電10kWが、蓄電設備は合計322kWhが設置されている。太陽光発電の昼間の余剰電力を蓄電池に充電し、夜間に放電する時間帯シフトや、再エネの出力変動を蓄電池で補償する制御が実証された。

4．米国の事例[1]

　海外の動向として、米国の取り組みを示す。米国ではインフラの老朽化、悪天候による障害など物理的要因で停電が起きやすくなっている。停電が発生した場合に、電力系統から分離して電力供給が継続できるレジリエンス（強靭性）への期待が大きい。例えば、2012年のハリケーン・サンディの被害で2週間の停電が発生したが、ガスコージェネレーションによるマイクログリッドが自立運転することによりエネルギー供給が継続された事例がある。以下、マイクログリッドの利用形態と機能の事例を示す。

（1）商用/産業用

　投資対効果の面から、普及が進みにくかったが、設備投資を必要とせずに導入できる、PPA（Power Purchase Agreement：電力購入契約）のようなビジネスモデルによって導入が進み始めている。停電時の電力供給の継続が効果として大きいが、悪天候時の燃料供給継続リスクが課題となる場合もある。

（2）大学/研究機関

　大学のキャンパスは電力と暖房の負荷が高いことからマイクログリッド制御の効果が発揮されやすい。また、電力・暖房インフラが整備され、また系統との接続ポイントが少ないことから、初期の導入を低予算で進められる効果がある。

（3）コミュニティ

　コミュニティでは、悪天候後などに重要施設のエネルギー供給を早期に回復できることが期待され

る。ハリケーンや猛吹雪で何日も電力が停止する事態において、住民の避難先へのエネルギー供給の継続や、市政サービス維持のために導入が検討されている。

（4）軍事

　米国陸軍では、SPIDERS（Smart Power Infrastructure Demonstration for Energy Reliability and Security）と呼ばれる計画が進められており、一般電力網の喪失や攻撃という事態が発生した場合にミッションクリティカルな施設への電力供給継続を目的に実証されている。バックアップ電源、再エネ、蓄電の組み合わせで、長期の電源供給と地球温暖化防止への貢献効果が期待される。

　国内外のマイクログリッド構築・実証事例を中心に紹介した。平常時は再エネの変動をマイクログリッド内で吸収、熱電の高効率利用によってCO_2削減に貢献しつつ、災害時にはエネルギー供給を継続できる機能は、需要家にもたらす効果は大きいと考えられる。今後は、需要側の電力調整（デマンドレスポンス）やEVの充放電機能の活用、電力調整力やインバータ電源の電圧維持機能の系統安定化への活用、水素などの新しいエネルギー貯蔵技術の活用など、さらなる進化が期待される。

◆参考文献◆

（1）Alizera Aram：米国におけるマイクログリッド，日立評論，Vol.99, No.2, 2017
（2）廣瀬圭一：分散型エネルギーシステムの最新動向と導入事例　https://www.hkd.meti.go.jp/hokpp/20191219/data01.pdf
（3）内山倫行ほか：配電系統と分散型電源の共存を目指した電力供給システム，日立評論，Vol.88, No.2, 2006
（4）新エネルギー・産業技術総合開発機構（NEDO），ケーススタディ：東日本大震災直後の仙台マイクログリッドの運用経験
　https://clicktime.symantec.com/3QmuRPy2C4EkUBJmYz5TRWJ7Vc?u=https%3A%2F%2Fwww.nedo.go.jp%2Fcontent%2F100640511.pdf
（5）新エネルギー・産業技術総合開発機構（NEDO），新エネルギー等地域集中導入技術ガイドブック別冊
　https://clicktime.symantec.com/3VgRXL2HiPbCi3RtnUV1Ymb7Vc?u=https%3A%2F%2Fwww.nedo.go.jp%2Fcontent%2F100083461.pdf
（6）角田二郎ほか：新エネルギー発電装置を用いたマイクログリッドの自立運転の検討，電学論B，127巻1号，2007
（7）石田和仁：離島マイクログリッド実証試験，電気設備学会誌，Vol.31, No.2, 2011

〈（株）日立製作所　渡辺　雅浩〉

系統柔軟性

風力発電や太陽光発電などの変動性再生可能エネルギー（VRE：Variable Renewable Energy）が大量導入された際に、その変動性をどのように電力系統で管理するかの問題は、現在国際的に活発な議論が進行中である。その中で重要なキーワードとして、柔軟性（flexibility）が挙げられる。柔軟性は、予備力や調整力といった従来電力系統の制御・管理に用いられてきた用語の上位概念に当たる（詳細な定義と説明は後述）。柔軟性の供給源は電源（発電所）だけでなく、電力系統内に既に存在する様々な構成要素を含むことが特徴である。

また一般に、VREに限らず新しいタイプの技術が市場参入する場合、参入障壁の要因になるのは参入する側の技術的未成熟性にあるのではなく、受け入れ側の既存市場の制度改革の遅れにある場合も多い。イノベーションは技術革新だけでなく、制度改革によって達成されることも多く、市場設計に関する議論は電力系統の柔軟性を向上させる一手段であると言える。

本稿では、再生可能エネルギー大量導入時の系統制御の在り方として、この柔軟性とそれに関連する技術・制度について論ずる。

柔軟性の定義と国際議論の経緯

「柔軟性」という用語は2000年代から既に電力系統の文脈で徐々に使われるようになってきたが、国際的にこの用語が注目され定着したきっかけは、2011年に発行された国際エネルギー機関（IEA：International Energy Agency）のGIVAR（Grid Integration of Variable Renewables）プロジェクトの報告書[1]が歴史的なマイルストーンであったと言える。

このGIVAR報告書では、**図1**のような柔軟性の選択肢に関する概念図が掲載されており、ここでは柔軟性の供給源として、①ディスパッチ可能（制御可能）な電源、②エネルギー貯蔵、③連系線、④デマンドサイドが提示されている。従来、予備力と言えば、①のディスパッチ可能な電源のみが想定され、日本では電力広域的運営推進機関の最新の定義である「調整力」でも、ようやく②と④が取り入れられたばかりである[2]。柔軟性の供給源には様々な系統構成要素があるという点が重要である。

また、柔軟性供給源の選択の優先順位として、図1では以下のような手順を踏むことが推奨されている。
（1）ステップ1：対象となる国や地域の電力系統の中で、柔軟性リソースを供給可能な電力設備がどこにどれくらいあるかを把握する。
（2）ステップ2：当該系統における利用可能な柔軟性リソースがどれくらい存在するかを計上する。
（3）ステップ3：今後、その地域にどのくらいのVREが導入されるかを予測する。
（4）ステップ4：必要となる量と利用可能な量を比較する。

このような手続きで合理的な柔軟性供給源を選択することにより、よりコストの安い既存の設備から順番に柔軟性を選択することが可能となる。

GIVARプロジェクトの最初の報告書である文献（1）は未邦訳であるが、その後の関連プロジェクトを含めたIEAの一連の報告書は、（国研）新エネルギー・産業技術総合開発機構（NEDO）によって翻訳が進み、日本語版が無料公開されている[3]～[5]。

柔軟性という用語および概念は、まだ歴史が浅

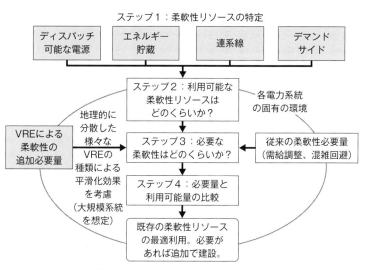

図1　IEAによる柔軟性の概念図　出典：文献（1）の図を筆者が翻訳

いがゆえに、国際議論の中でも合意形成された唯一の定義はまだなく、幾つかの研究者や組織による定義がそれぞれ提案されている段階である。国際再生可能エネルギー機関（IRENA：International RENewable energy Agency）による報告書[6]では、現在議論が進行中の柔軟性の諸定義について、以下のようにまとめている（※文献番号は本稿の番号に合わせて修正）。

- 「柔軟性」はVRE連系の鍵としてますます認識されるようになっている。しかしこの概念の定義はその範囲も詳細内容も多様であり、さまざまな数値により測定される(中略)。
- 文献(7)では、柔軟性には3つの区分があるとしている。安定度、需給調整、およびアデカシーである。定義の多くは、明示的であれ暗示的であれ、需給調整の文脈内で柔軟性を定義しており、主として周波数制御、負荷追従、および計画を意味している。需給調整は通常の運用条件下では周波数制御と関係しているが、安定度は偶発事象後に周波数と電圧を正常レベルに戻すための対応と関係する。
- 柔軟性のいくつかの定義では需給調整の要素が明示され、「想定される、またはされない変動性に対応し、電力系統が発電と消費のバランスを調整できる程度」[8]、あるいは「需給バランスを調整し系統信頼度を維持するため必要な調整を行う能力」[9]と説明されている。文献(10)で用いている運用柔軟性の定義はこの点に関してはより詳細であり、「最小コストで系統を確実に運用しながら時間および分単位のタイムスケールで需給バランスを維持するため、電源の出力調整と起動停止を行う能力」と説明している。
- 他の定義では、正常な運用条件のもとで「変動」や「変化」が起こることを暗に想定している。このような定義としては、「増大する供給と需要の変動に適応し、同時に系統信頼度を維持する電力系統の能力」[11]、IEA Wind Task25の風力発電連系研究の専門家報告[12]とによる「さまざまなタイムスケールの変化に対応する電力系統の能力」、米国立再生可能エネルギー研究所（NREL）による「電力需要と発電の変化に対応する電力系統の能力」[13]などがある。偶発事象による突然の変化（系統における発電ユニットの故障など）は明示的には除外されている。ここでの重要な区別は、正常な運用のもとでは気象条件が必要性を促進する

が、偶発事象後の必要性は必ずしもVREが原因であるとは限らないことである。

これらの諸定義は、国際的な議論を経て、いずれ統一的な定義に収束するものと予想される。なお、現段階で柔軟性の諸議論の中に含まれない慣性応答inertia responseについては、「グリッドフォーミングインバータ」のページを参照のこと。

VRE導入の6段階と柔軟性の選択肢

柔軟性の選択の方法論について簡単に紹介したが、ここではその方法論をより詳細に議論することとする。なぜならば、ある技術を選択するか否かはその技術の技術的優位性だけでなく建設コストや運用コストなどの経済性も考慮されるからである。

IEAが提案したVRE導入の6段階と移行への主な課題を模式的に示したものを表1および図2に示す。

図2に見る通り、現段階で「水素の利用」が必要となる第5〜6段階に到達した国・エリアは地球上で存在せず、最もVRE導入率が高いデンマークでもまだ第4段階に留まっている。IEAの分類に従うと日本はまだ「VREは電力系統の運用に僅かなもしくは中程度の影響を及ぼす」第2段階に過ぎず、日本の中でも太陽光発電の導入が先行している九州でも第3段階に到達したばかりである。このVREの導入の諸段階に応じて必要な対策を講じることが合理的であり、低い段階のうちに高い段階の方策を補助金などで市場投入してもコスト効率が悪く、また高い段階での課題を理由に低い段階でのVRE導入

表1 IEAによるVRE導入の6段階
出典：文献(14)より筆者翻訳まとめ

段階	説明	移行への主な課題
1	VREは電力系統に顕著な影響を及ぼさない	既存の電力系統の運用パターンの僅かな変更
2	VREは電力系統の運用に僅かなもしくは中程度の影響を及ぼす	
3	電力系統の運用方法はVRE電源によって決まる	正味負荷および潮流パターン変化の変動がより大きくなる
4	電力系統の中でVREの発電が殆ど全てとなる時間帯が多くなる	VRE出力が高い時間帯での電力供給の堅牢性
5	VREの発電超過（日単位〜週単位）が多くなる	発電超過および不足の時間帯がより長くなる
6	VRE供給の季節間あるいは年を超えた超過または不足が起こる	季節間貯蔵や燃料生成あるいは水素の利用

31

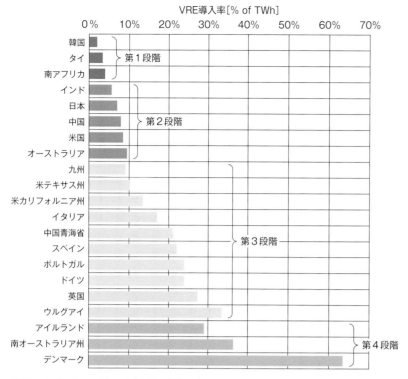

図2　主な国・エリアのVRE導入の段階　出典：文献（14）の情報より筆者まとめ

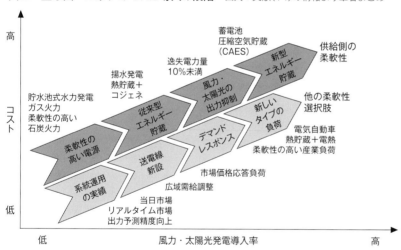

図3　系統柔軟性の向上の方法論[15]

が妨げられないように注意が必要である。

　柔軟性供給源の選択の方法論としては、国際エネルギー機関の風力技術協力プログラム第25部会（IEA Wind Task 25）でも各国の知見と経験に基づいた推奨基準（RP：Recommendation Practice）[12]やファクトシート[15]が発行されており、例えば**図3**に示すような柔軟性の選択順序が提案されている。

　特に蓄電池（「蓄電池」のページも参照）に関して

は、IEAの分類ではまだ第2段階に過ぎない日本においてVREの変動性緩和のために導入が盛んになりつつあるが、国際的な知見と経験に基づく議論によれば、蓄電池は最初の手段ではなくIEAによる分類の第4段階になってから必要とされるものである。蓄電池に関する国際的議論としては、次のようなものが挙げられる。

- 風力発電の導入率が電力系統の総需要の10～20%であれば、新たな電力貯蔵設備を建設するコスト効率はまだ低い[16]。
- 風力発電専用のバックアップを設けることは、コスト効率的に望ましくない[16]。
- エネルギー貯蔵は最初に検討する選択とはならない。なぜならば、20%までの適度な風力発電導入レベルでは、系統費用に対して経済的な影響は限定的だからである[17]。
- （エネルギー貯蔵は、風力の）導入率が20%以下では小さな離島の系統を除いた全ての系統で経済的に妥当となるとは言えず、導入率50%以上ではほとんどの系統で電力貯蔵が経済的に妥当となる[18]。

　図1でも見た通り、電力系統に既に存在する既存の柔軟性供給源から先に利用することが、コスト効率良く柔軟性を活用できる方法論であると言える。

　なお、出力抑制（「出力制御」のページも参照）もVREが自ら提供できる柔軟性の1つとみなされ、またスペインや英国では風力発電の下方予備力が需給調整市場で活発に調達されている[19]。

柔軟性と電力市場、分散型電源

　柔軟性向上の手段は技術革新だけではない。当日（時間前）市場の閉場時間や取引商品の短時間化によ

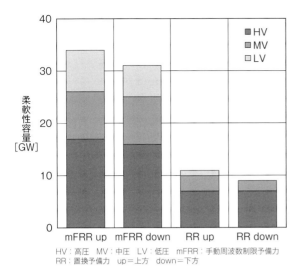

図4 欧州系統に接続された柔軟性容量
出典：文献(22)の図をもとに筆者作成

り VRE の予測精度が格段に向上する（同じアルゴリズムでも実供給までの時間がより短いほど予測精度が高い）ため、市場設計や制度設計の改革・改善による柔軟性の向上も可能である。事実、ドイツでは VRE 導入率が年々上昇する一方で、応動予備力が少なく済んでいるという現象が観測されており、「ジャーマンパラドックス」とも呼ばれている[20]。この要因の1つとして当日市場の短時間化が指摘されている[21]。

　柔軟性のうち、ディスパッチ可能な電源は、従来の大規模発電所からのみに限定されるものではなく、分散型電源から供給される柔軟性も重要である。欧州送電事業者ネットワーク（ENTSO-E）の報告によると[22]、系統に接続された予備力のうち、低圧（1 kV 未満）や中圧（1 kV 超 35 kV 未満）の配電線レベルに接続された分散型電源からも豊富な柔軟性が期待できる（**図4**）。欧州では、このようなローカルな柔軟性供給源を調達する柔軟性市場の創設が検討されており[22]、日本の将来の柔軟性向上にとっても有益な示唆を与えるものと考えられる。

◆**参考文献**◆
（1）IEA：Harnessing Variable Renewables—A Guide to the Balancing Challenge, 2011
（2）電力広域的運営推進機関 調整力等に関する委員会：中間とりまとめ，p.7, 2016
（3）IEA：電力の変革～風力，太陽光，そして柔軟性のある電力系統の経済的価値，NEDO, 2015
　https://www.nedo.go.jp/content/100643823.pdf
（4）IEA：電力市場のリパワリング～低炭素電力システムへの移行期における市場設計と規制，NEDO, 2016
　https://www.nedo.go.jp/content/100862107.pdf
（5）IEA：再生可能エネルギーのシステム統合～ベストプラクティスの最新情報，NEDO, 2018
　https://www.nedo.go.jp/content/100879811.pdf
（6）IRENA：国際再生可能エネルギー機関：再生可能な未来のための計画，環境省，2018
　http://www.env.go.jp/earth/report/h30-01/ref01.pdf
（7）IEA：Energy Technology Perspectives 2012—Pathways to a Clean Energy System, 2012
（8）IEA：Harnessing Variable Renewables—A Guide to the Balancing Challenge, 2011
（9）K.Dragoon, G.Papaefthymiou：Power System Flexibility Strategic Roadmap-Preparing Power Systems to Supply Reliable Power from Variable Energy Resources（No.POWDE15750），Ecofys Germany GmbH, 2015
（10）Electric Power Research Institute（EPRI）：Metrics for quantifying flexibility in power system planning, Technical Paper Series, 2014
（11）Council of European Energy Regulators（CEER）：Scoping of Flexible Response, 2016
（12）IEA Wind Task25：Expert Group Report on Recommended Practices—16.Wind Integration Studies, 2013
（13）National Renewable Energy Laboratory（NREL）：Sources of operational flexibility, NREL/FS-6A20-63039, 2015
（14）IEA：Status of Power System Transformation 2019—Power system flexibility, 2019
（15）IEA Wind Task25：ファクトシート No.1，風力・太陽光発電の系統連系
　https://www.nedo.go.jp/content/100923371.pdf
（16）IEA Wind Task25：第1期最終報告書，風力発電が大量に導入された電力系統の設計と運用，2012
（17）EWEA：風力発電の市場統合と系統連系～風力発電の大規模系統連系のための欧州電力市場の発展，2013
（18）T.アッカーマン編著：風力発電導入のための電力系統工学，第2章，オーム社，2013
（19）Calum Edmunds et al.：On the participation of wind energy in response and reserve markets in Great Britain and Spain, Renewable and Sustainable Energy Reviews, Vol.115, 109360, 2019
（20）L.Hirth, I.Ziegenhagen：Balancing Power and Variable Renewables：Three Links, Renewable and Sustainable Energy Reviews, Vol.50, pp.1035-1051, 2015
（21）安田陽，桑畑玲奈：ドイツ需給調整市場の市場取引分析～日本への示唆，電気学会新エネルギー・環境／高電圧合同研究会，FTE-18-020, HV-18-067, 2018
（22）ENTSO-E：Distributed Flexibility and the value of TSO/DSO cooperation—A working paper for fostering active customer participation, 2017

〈京都大学　安田 陽〉

出力制御

九州エリアでは、再生可能エネルギー（以下：再エネ）の固定価格買取制度（FIT：Feed-in Tariff 制度）の開始（2012 年 7 月）以降、太陽光発電等の導入が急速に拡大しており、太陽光発電の設備導入量は、2012 年度末に比べ約 8 倍に増加している（図 1、2）。

国の審議会において、九州エリアにおける再エネの接続可能量（30 日等出力制御枠）を、太陽光発電は 817 万 kW、風力発電は 180 万 kW としているが、これを超える申込み量となったため、国による再エネの接続可能量の検証が行われ、九州電力は、2014 年 12 月に太陽光発電、2017 年 3 月に風力発電に関する指定電気事業者^{注)}に指定された。

注）指定電気事業者：年間 30 日間を超えて出力の抑制を行わなければ、再エネ発電設備により発電された電気を追加的に受け入れることができなくなることが見込まれる電気事業者として、経済産業大臣が指定する電気事業者

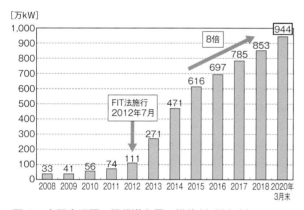

図 1　太陽光発電の設備導入量の推移（九州本土）

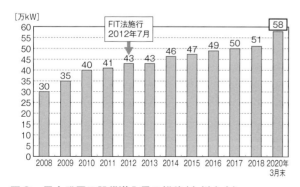

図 2　風力発電の設備導入量の推移（九州本土）

その後も引き続き、再エネ導入量は着実に増加し、火力発電の出力調整や揚水発電所の活用を最大限行ってもなお、太陽光・風力を含む発電電力が電力需要を上回り、需要と供給のバランスを維持することが困難となる見通しとなったことから、2018 年 10 月 13 日に、国が定めた優先給電ルールに基づき、本土では初となる太陽光発電の出力制御を実施した。

電力需給バランスを維持するための運用

1．優先給電ルールの概要

九州エリアへの再エネ連系量の拡大に伴い、電力需要が低い時期において、太陽光発電の出力が大きい昼間帯の供給力が、電力需要を上回る状況が発生している。

供給力が電力需要を上回る状況が見込まれる場合には、あらかじめ定められた国のルール（優先給電ルール）に基づき、九州エリア内の全ての火力発電所の出力を抑制すると共に、揚水発電所（揚水動力）の活用、関門連系線を活用した他エリアへの送電（長周期広域周波数調整）など、運用上の対応を行うこととなる。

【優先給電ルール】
① 揚水発電所の活用、火力発電等の出力制御
② 連系線を活用した他地域への送電（関門連系線の活用）
③ バイオマスの出力制御
④ 太陽光・風力の出力制御
⑤ 長期固定電源（水力、原子力、地熱）の出力制御

2．優先給電ルールの確実な運用

2.1　揚水発電の運用

太陽光の発電等により、供給力が需要を上回る昼間帯においては、太陽光で発電した電気を使って、揚水動力として上部のダムに水を蓄え、太陽光発電の出力がなくなる夕方以降に揚水発電として発電する運用を行っている（図 3）。

2.2　大容量蓄電池の活用

需給運用対策の 1 つとして、大容量蓄電池を活用して、揚水発電の運用と同様に、太陽光等の発電により供給力が需要を上回るような場合には、電力を蓄電池に充電し、太陽光発電の出力がなくなる夕方以降に放電し、需給調整を行っている。

九州電力は、国から「大容量蓄電システム需給バ

ランス改善実証事業」を受託し、世界最大級の大容量蓄電池システムを備えた豊前蓄電池変電所を2015年度に新設した。

その後、2016年度にかけて、蓄電池の効率的な運用方法等の実証試験を実施し、実証試験で得られた知見・技術を活用しながら、需給バランスの改善（再エネの出力制御量の低減等）に取り組んでいる。

2.3　火力発電等の出力制御

火力発電等については、太陽光発電の出力が減少する夕方の時間帯の供給力を確保することを考慮して、昼間帯は最低出力、もしくは停止の運用としている。最低出力まで下げる場合でも、電力品質維持のために必要なLFC調整力は確保することとしている。また、自家発火力については、自家消費相当まで抑制する運用としている。

2.4　関門連系線の送電容量拡大

太陽光発電等を最大限活用するため、九州と本州を繋ぐ送電線（関門連系線）を経由して、他エリアへ送電を行っている。

他エリアへ送電する電気の量を拡大するため、関門連系線の事故などが発生した際に、需給のバランスを保ち、周波数上昇を抑えるために瞬時に九州エリア内の電源を制限する次の取り組みを行っている。

① OF（周波数上昇）リレーを活用した電源制限量の確保

② 転送遮断システム構築による電源制限量の確保

2.5　バイオマス（専焼、地域資源型）の出力制御

専焼バイオマスについては、設備の保全維持や保安上の問題が生じない出力（最低出力）まで抑制する運用としている。

地域資源型バイオマスについても、設備の保全維

持や保安上の問題が生じない出力まで抑制する運用としているが、燃料貯蔵が難しく燃料調達体制に支障がある発電所は、出力制御の対象外としている。

2.6　太陽光・風力の出力制御

優先給電ルールの対策を行ってもなお、供給力が電力需要を上回る場合に、太陽光、風力発電の出力制御を実施する。

太陽光発電は出力制御の指令の点から、以下の2つに分類できる。

① オフライン設備：出力制御を実施するために操作員が現地で手動操作を行う。指令は一般送配電会社から前日に行う。

② オンライン設備：一般送配電会社からの指令に基づき遠隔で出力制御を行う。

オフライン設備は現地で操作員が手動操作する必要があるため、太陽光発電出力が想定より下回り、出力制御が不要となった場合も出力制御を行うことになる。一方、オンライン設備は実需給に応じた制御が可能であり、不要な出力制御を回避することができる。

出力制御量を低減するためには、全てオンライン設備で行うことが理想的であるが、現状、オンライン設備に比べて、オフライン設備が占める割合が大きいため、オフライン、オンライン設備を最適に組み合わせて制御することが必要である（出力制御の対象は、2020年3月末時点の導入量944万kWのうち、約6割に相当する約560万kWであり、オフライン制御333万kW、オンライン制御231万kW（**表1**））。

2020年の春までは以下の手順で出力制御を行ってきた（**図4**）。

① オフライン設備への制御指令（前日夕方）

前日の段階で、翌日の太陽光出力を予測。当日の

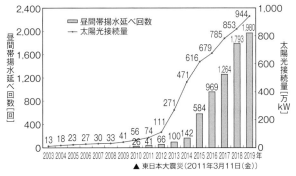

図3　太陽光連系量と昼間帯揚水回数の推移（2003年～）

表1　太陽光発電の出力制御ルール別の対象件数・設備容量（2020年3月時点）

		オフライン制御 （手動制御） （旧ルール事業者）		オンライン制御 （自動制御） （指定ルール事業者）	
特別高圧		53件	94万kW	40件	71万kW
高圧	500kW 以上	0.2万件	239万kW	421件	48万kW
	500kW 未満			475件	11万kW
低圧	10kW 以上			2.9万件	101万kW

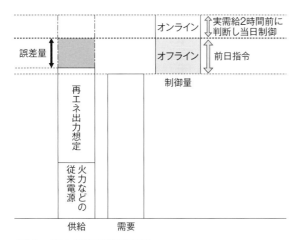

図4　出力制御量算出方法

表2　再エネ出力制御実績

[回]

	1/4期	2/4期	3/4期	4/4期	合計
2018年度	—	—	8	18	26
2019年度	30	0	13	31	74

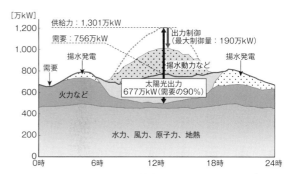

図5　2019年5月3日（祝）の需給状況イメージ

図6　再エネ運用システムのイメージ

天候変動による予測誤差が生じるため、ある程度の誤差を織り込んだ上でオフライン設備に指令。

②　オンライン設備への制御指令（当日）

実需給の2時間前断面で、予測誤差以上の太陽光が発生する場合にオンライン設備へ制御指令を実施。

なお、2020年の秋以降は、さらなる出力制御量低減のために、前日段階で織り込む想定誤差の考え方を見直す予定である。

3．再エネ出力制御の実施

九州本土において、2018年10月13日（土）に初めて再エネ出力制御を実施して以降、2018～2019年度のゴールデンウィークを含む春・秋および年末年始等の需要が低い時期において計100回出力制御を実施している（表2）。

3.1　2019年5月3日の需給状況（一例）

例えば、2019年5月3日は、電力需要が低く、太陽光発電出力が大きかったことから（図5）、昼間において、優先給電ルールに基づく対策を行ったとしても供給力が電力需要を上回る状況であり、再生可能エネルギーの出力制御を実施。

3.2　再エネ運用システムの構築

出力制御を確実に実施するために、再エネ事業者に対して電話連絡や制御指令値の配信等を行い、図6に示す「再エネ運用システム」を構築している。

66kV以上の送電線に連系している発電所に対しては、専用線によりスケジュールを送信しているが、システム全系ダウン時や通信回線異常時は、発電所が出力制御スケジュールを受信できなくなる。そのため、システムトラブルに備え、「現在時刻＋3時間先」のスケジュールを常時送信すると共に、日が変わるタイミングでも翌日1日分のスケジュールを予備スケジュールとして発電所へ送信することとしている。

22kV以下の配電線に連系している発電所に対してはインターネット経由でスケジュールを配信している。スケジュールには、30分周期で最新の出力制御指令値を配信する「更新スケジュール」と、あらかじめ年度末に翌1年分のスケジュールを配信する「固定スケジュール」が存在する。

更新スケジュールは、数万か所の発電所へ30分周期でスケジュールを配信するため、配信専用サーバ（スケジュール情報配信システム）など複数のシステムの連係が必要となっている。そのため、それぞれのシステムはトラブル時に手動操作が可能な構成となっており、またシステム間の通信で不具合が発生した場合にも対応できるよう、あらかじめ「7日分」のスケジュールをシステム間で連係するよう

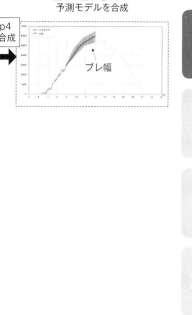

| | 実需給日 | | 実需給日に対する類似日 | | 精度(精度の高い順) | | 類似日と精度に基づく重み付け | | 重みに基づき3つの予測モデルを合成 |

図7　3社の予測データから太陽光発電出力を予測する方法

にしている。

　また、スケジュール情報配信システムで障害が発生した場合には、更新スケジュールが配信できなくなり、一時的に固定スケジュールへ移行してしまう可能性がある。そのため、スケジュール情報配信システムを2拠点化し、障害発生時にはサーバーを切り替えて配信継続できるようなシステム構成としている。

再エネ出力制御の低減に向けた取り組み

太陽光発電出力予測精度の向上

　太陽光発電出力の予測については、週間から当日の断面では、気象情報などから日射量を予測し、予測した日射量と太陽光発電設備導入量などから、太陽光発電出力へ変換する想定方法を採用している。太陽光発電の出力予測手法は、前日の需給バランス検討等に用いる「前日予測」と、実運用で用いる「数時間先の予測」の2つに分類される。再エネ出力が前日想定から外れた場合は、当日、オンライン制御を活用することで、需給バランスを保っている。当日の運用では実需給の2時間前にオンライン制御可能な発電所の制御実施判断を行っていることから、「数時間先の予測」は重要となる。

　従来、「数時間先の予測」は、雲の動きなどを予測するために使用する衛星画像の種類や日射量実績に

よる補正方法など、使用データや予測手法の違い等から3つの予測モデルを採用していたが、モデル間で予測のばらつきが大きい場合、どの予測モデルを選択して運用すればよいか判断に迷う場合があった。そこで以下の手法の開発を行った。

日射予測の信頼度評価に基づく出力予測手法

　画像解析技術を用いて当日の気象衛星画像データと過去の気象衛星画像データを比較し相関の高い過去日を選定し分析することで、予測の1本化を図った(図7)。具体的な内容は、以下の通りである。

① 画像解析技術を用いて当日の気象衛星画像データと過去の気象衛星画像データとの比較を行い、相関の高い過去日を選定。

② 過去日における3つの手法の予測精度を分析し、最も精度の高い手法をベースに加重平均することにより、予測を一本化。

　　　　◇　　　　　◇　　　　　◇

　再エネの出力制御は、電力需給バランスを維持するために必要な対応であると共に、より多くの再エネの受け入れが可能となる仕組みでもある。

　再エネ(太陽光発電・風力発電)の接続申し込みは続いており、当社としてもさらなる出力予測の精度向上や出力制御の低減のためのオンライン制御の拡大などについて取り組んでいく所存である。

〈九州電力送配電(株)〉

EMS

電力システムのエネルギーマネジメント

　本稿は、主に電力システムを対象とし、エネルギーマネジメントシステム（EMS）を「電力の需給調整により安定的に電力供給を図ること、または電力の見える化や制御などにより最適な電力利用を図るシステム」と定義する。前者は系統運用向けEMSであり、後者は需要家向けEMSである。我が国のEMSを俯瞰した構成を示す（**図1**）。

　送配電会社（一般送配電事業者）は、自社の中央給電指令所（自動給電システム：エリア中給）で管轄エリアの需給管理を実行する。エリア中給もEMSと位置づけられる。発電・小売会社（発電事業者・小売電気事業者）は30分毎の需要と発電の計画と実績を一致させるバランシンググループ（BG）を管理する電力需給管理システム（BG中給）を運用する。新電力などの発電・小売会社も電力需給管理システム（BG EMS：BG中給と区別するため別呼称）を運用する。また、電力広域的運営推進機関（OCCTO）が全国の需給を監視している。

　一方、配電系エリアでは、様々なEMSがある。マイクログリッド向けEMS（MG EMS）、地域エネルギーマネジメントシステム（CEMS）、需要家向けEMSとして、工場、ビル、住宅などを対象としたEMS（それぞれFEMS、BEMS、HEMS）がある。また、分散電源や需要家側エネルギーリソースを束ねる仮想発電所（VPP）が電力取引に参画することが期待されている。

電力のエリア需給管理

　送配電会社は調整力を調達し、エリア中給で需給をバランスさせることで周波数を維持し、電力の安定供給を行う。供給力を保有する発電・小売会社は、BG中給で、需要と発電の各々に対し30分同時同量の計画と実績を一致させる。なお、この計画と実績の差異（インバランス）は、精算（ペナルティ）の対象となる。

　発電・小売会社は、自社の発電所を運用することや、日本卸電力取引所（JEPX）および他事業者との取引により、自社の電力需要に対する供給力を確保する。また、送配電会社の調整力公募への参加、年間〜前日および需給当日1時間前までJEPXで電力取引を行う。エリア需給管理の電力取引概要を示す（**表1**）。発電・小売会社は、JEPXでの取引結果を含めた需要計画と発電計画をOCCTOに提出する。送配電会社はOCCTOから各BGの計画を受領し、エリア全体の需給計画を作成する。

　実需給の当日は、送配電会社のエリア中給で、インバランスに対する補給と30分より短い時間領域での瞬時瞬時の需給バランスを制御する。

　表1には2021年より開設される需給調整市場（送

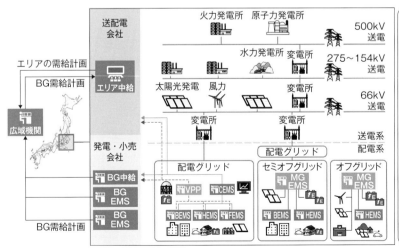

図1　我が国のエネルギーマネジメント（主に電力システム向け）
出典：総合資源エネルギー調査会基本政策分科会、持続可能な電力システム構築小委員会中間取りまとめ、2020年2月のp.16、図11、配電事業イメージをもとにエリアの電力需給管理、地域および需要家のEMSを加味して著者作成

表1 エリア需給管理：供給力確保から需給バランス調整まで

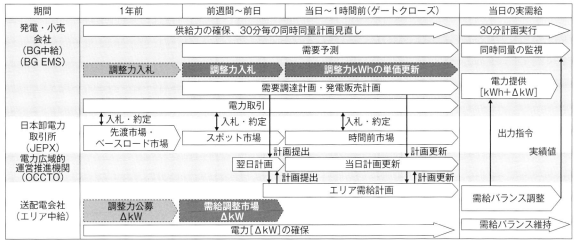

期間	1年前	前週間～前日	当日～1時間前（ゲートクローズ）	当日の実需給
発電・小売会社（BG中給）（BG EMS）	供給力の確保、30分毎の同時同量計画見直し →			30分計画実行 →
		需要予測		同時同量の監視
	調整力入札	調整力入札	調整力kWhの単価更新	電力提供[kWh+ΔkW]
		需要調達計画・発電販売計画		
日本卸電力取引所（JEPX）	電力取引			出力指令
	入札・約定 先渡市場・ベースロード市場	入札・約定 スポット市場	入札・約定 時間前市場	実績値
電力広域的運営推進機関（OCCTO）		翌日計画 計画提出	当日計画更新 計画更新 計画提出 計画更新	
			エリア需給計画	需給バランス調整
送配電会社（エリア中給）	調整力公募 ΔkW	需給調整市場 ΔkW		需給バランス維持
	電力[ΔkW]の確保 →			

～2023年度まで ▶ 2021年度：三次調整力②以降、順次拡大（2022年度：三次①、2024年度：二次②、二次①、一次）

配電会社による運営）を併記した。1年前公募で調達されている調整力（ΔkW）は、新市場開設により、前日までの取引（ΔkW登録＋kWh単価）となり、kWh単価はゲートクローズまで更新できる。調整力は、火力発電だけでなく、蓄電池やデマンドレスポンス（DR）も候補であり、給電の応動や継続時間で、即応性の高い順に、一次調整力、二次調整力①②、三次調整力①②と5つの商品に区分される。2024年度には全ての調整力商品を扱う需給調整市場が完備される。

次に、需給管理のシステム（BG中給）を説明する。BG中給システム（**図2**）は、発電・小売会社の社内関連システムとエリア中給などの外部システムとの情報をやり取りすることで需給管理を行う。需給計画・取引計画機能では、計画対象期間のJEPX取引の利益最大化と運用コスト（燃料費および起動費など）を最小化する計算を行う。これにより最適な発電計画策定が支援される。需要予測機能では、インバランス発生を抑制する上で、高い予測精度が求められる。需要予測には、気象予報値を説明変数とした統計的予測手法として、特徴的な需要パターンが繰り返される場合に適したパターンマッチ法と需要が複雑に変化する場合に適した回帰分析法などがある。近年では、ディープラーニングなどAIも活用されている。また、計画値同時同量監視・計画更新機能では、送配電会社から取得した需要実績と自社の発電実績から、今後のインバランス発生が予見される場合、発電計画変更やJEPX時間前市場を活用した計画変更を実行し、インバランスを抑制する。

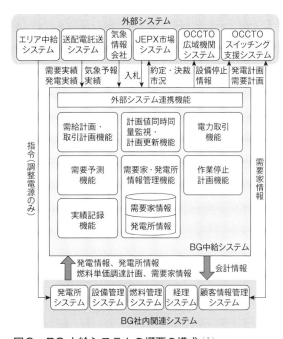

図2 BG中給システムの概要の構成 [1]

配電グリッド向けエネルギーマネジメント

1. マイクログリッド向けEMS（MG EMS）

MG EMSが具備すべき一般的な機能と周辺構成を示す（図3）。MG EMSは運用日の前日までに再生可能エネルギーの発電量（図3の画面例では太陽光発電量）と負荷（需要）を予測する。それらの予測に基づき、再生可能エネルギーの変動抑制と負荷ピークシフト等を基準に、定置用蓄電池の充放電計画

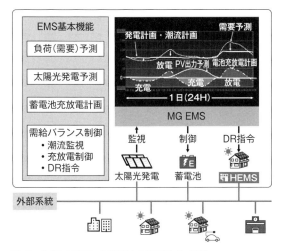

図3 MG EMS の機能と周辺構成（例）

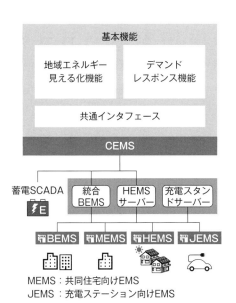

MEMS：共同住宅向けEMS
JEMS：充電ステーション向けEMS

図4 YSCP 向け CEMS 実証システムの構成
出典：「Webサービス技術を用いて地域需要家の連携を実現する
CEMS」(2) の図1をもとに著者作成。一部図示省略

を策定する。運用当日は蓄電池の充放電により、連系線潮流の計画値を維持する（セミオフグリッドの場合）。加えて需要家HEMSがある場合は、DR指令により、電力需要を調整できる。

　これらに類する実証として、新エネルギー・産業技術総合開発機構（NEDO）の海外初の「日本企業19社が参加したニューメキシコ州での実証（2009 ～ 2014 年）」がある。この実証では、潮流変動を長周期と短周期用の蓄電池で吸収するハイブリッド制御の有効性が確認されている。

　近年、マイクログリッドについては、国内外で実

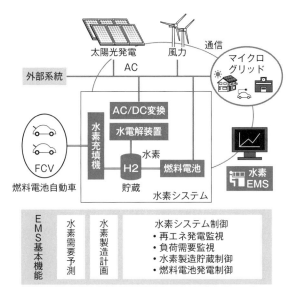

図5 再生可能エネルギー活用の水素システム（例）

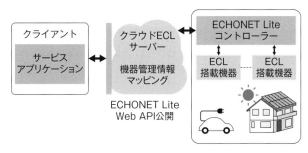

図6 ECHONET データ利活用（サービス拡大）
出典：ECL API ガイドライン(4) をもとに著者作成

証や助成案件が依然として多い。普及の課題（制度・政策面除く）は、蓄電池の導入コスト抑制など、その経済最適化にある。

2．地域向け EMS（CEMS）

　経済産業省から実証地域に指定された横浜市の横浜スマートシティプロジェクト（YSCP）（2010 ～ 2014 年）において、地域全体のエネルギー管理システムの大規模な社会実証が行われている。この実証におけるCEMSを中心とした構成を示す（**図4**）。地域エネルギー見える化機能では、需要家の電力実績を需要家EMS（BEMS、HEMS 等）からEMSサーバーを介して取得し、地域の消費状況などを需要家に提供する。DR機能では、需要予測に基づき、CEMSから需要家へDR指令（翌日・当日の電力ピーク時間帯の高額料金設定、電力消費削減のリベート提示など）を実行し、需要調整に向けて、需要家に行動を促す。また、共通インタフェースでは、

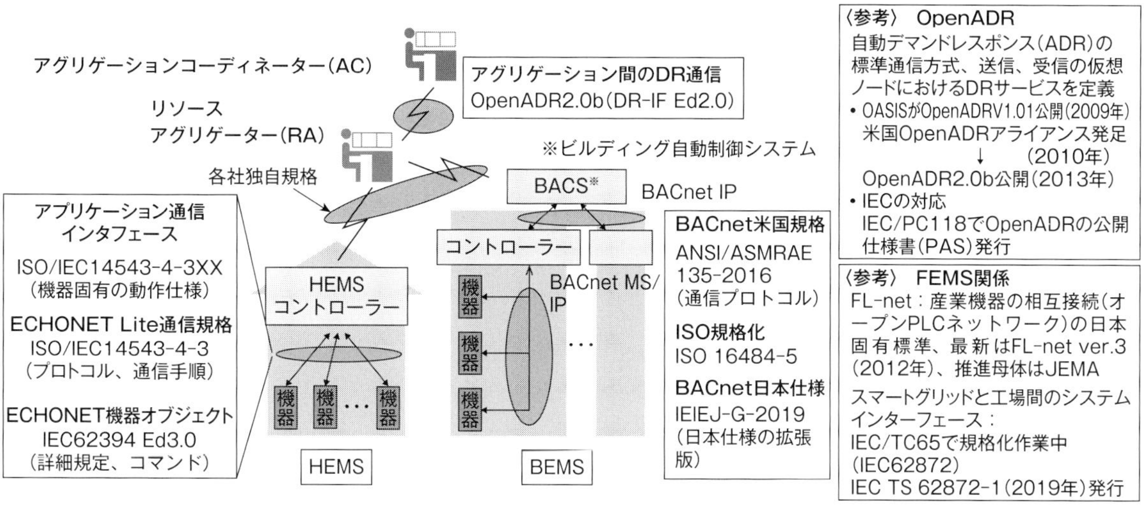

図7　需要家向け EMS とデマンドレスポンスの標準化

OpenADR※と整合性のあるプロトコルを構成し、BACnet※を Web サービス化している[2]。4 年間の検証で需要予測誤差 5 ％内を実現している。

※ OpenADR、BACnet については図7を参照のこと

3．水素システム向け EMS（水素 EMS）

再生可能エネルギーを活用した水素システム向け EMS 機能と周辺構成の例を示す（図5）。再生可能エネルギーを用いて水素を生成・貯蔵し、FCV に水素供給、再生可能エネルギーの余剰電力や貯蔵水素から燃料電池で発電した電力を隣接するマイクログリッドに供給する。水素 EMS は、これらの一連の制御を水素需要予測と負荷の監視に基づき実施する。これに類する実証では、750kW の風力発電、160kW の太陽光発電を活用する英国スコットランドでの実証プロジェクト[3]がある。

4．HEMS

（一社）エコーネットコンソーシアムがホームネットワーク基盤技術の標準仕様策定と普及を推進している。その通信規格である ECHONET Lite（ECL）は家電・設備機器を連携する。2011 ～ 18 年の活動（ECHONET 1.0）では、創エネ・蓄エネ（対象：住宅太陽光発電や IoT 家電など）の EMS を主なターゲットとし、アプリケーション・インタフェース（AIF）の第三者認証を開始し、エネルギー機器の ECL 搭載を推進している。エアコンなど ECL 搭載機器は約 9,400 万台（2019 年度末）まで普及している。現在の活動（ECHONET 2.0）では、ECL 搭載をエネルギー機器から医療健康機器などへの拡大や ECL データ利活用（図6）の Web-API ガイドライ

ンを策定、順次公開している。また、2020 年度からオントロジーによる ECL 体系化に取り組んでいる。オントロジーレベルでサービスアプリケーションの容易な構築を目指している。

5．需要家向け EMS の標準化動向

標準化の状況を示す（図7）。HEMS の国際標準化活動では、ECL 機器の AIF 仕様が順次、ISO/IEC 14543-4-3XX に NP 登録が進められている[5]。IEC 62394 は Ed 4.0 に改定作業中である。

BEMS 関係では、電気設備学会（IEIEJ）が BACS サブシステムの米国標準通信プロトコル BACnet の日本版（BACnet 135-2016 対応）を公開している。

また、HEMS や BEMS を束ねる DR サービスでは、経済産業省エネルギー・リソース・アグリゲーション・ビジネス検討会が米国 OpenADR 2.0b に準拠した DR インタフェース仕様（DR-IF 仕様：AC-RA 間）を公開している。

◆参考文献◆
（1）市川量一ほか：発送電分離に対応した電力需給管理システム，東芝レビュー，Vol.72, No.4, 2017
（2）松澤茂雄ほか：Web サービス技術を用いて地域需要家の連携を実現する CEMS，東芝レビュー，Vol.66, No.12, 2011
（3）佐藤純一ほか：水素エネルギーマネジメントシステム H2EMS，東芝レビュー，Vol.71, No.5, 2016
（4）エコーネットコンソーシアム：ECHONET Lite Web API ガイドライン API 仕様部 Version1.1.0, 2020.8
（5）エコーネットコンソーシアム：エコーネットコンソーシアム活動状況報告，2020 年 4 ～ 6 月

〈東芝エネルギーシステムズ(株)　南　裕二〉

蓄電池

益々高まる蓄電池の重要性

　2019年のノーベル化学賞がリチウムイオン電池の開発に貢献した吉野彰氏ら日米の研究者3名に贈られたことに象徴されるように、今日の我々の生活の中で蓄電池は必要不可欠なデバイスとなった。これまでの各所の技術開発の積み重ねにより、スマートフォンをはじめとする小型の民生機器から、ハイブリッド自動車や電気自動車（EV）などのモビリティ、さらには据置型の大型定置へと用途が拡がり、今や社会インフラをも支え始めている。

　特に定置用途における、この10年間の進展は目覚ましく、太陽光発電や風力発電などの再生可能エネルギー（以下：再エネ）の導入拡大対策、ピークカットやピークシフトなど電力需要のマネジメント手段、災害など非常時の電力供給手段などで蓄電池システムの実用化が進んだ。

　本稿では、蓄電池および蓄電池システムの概要を紹介し展望を述べる。

蓄電池の基礎知識

1．蓄電池とは

　充電することによって繰り返し使用可能な蓄電池は、使いきりの電池である一次電池（乾電池など）に対して二次電池とも呼ばれる。外部と直流電力で充放電を行い、電気化学反応によって電気エネルギーを化学エネルギーに変えて蓄え、逆に、蓄えた化学エネルギーを電気エネルギーに変えて放出するデバイスあるいは装置である。

　蓄電池の最小単位を一般に蓄電池セルと呼ぶ。蓄電池セルの内部には、電気化学反応を行う正極と負極、および正・負極間のイオン電導を担う電解質がある。蓄電池の種別や特性は正・負極と電解質の組み合わせで決まるが、電気的な基本機能は共通である。例えばリチウムイオン電池で

は、電解質は液体（電解液という）で、正極と負極の間に配置されたセパレータを介してリチウムイオンが移動することにより充放電が行われる（**図1**）。

2．各種の蓄電池

　電力系統で利用されている代表的な蓄電池の比較を**表1**に示す。同表は、電力系統における蓄電池利用技術と各種事例について網羅的に調査した文献からの抜粋である。同じ種別でも特性の異なる蓄電池が存在し、技術開発も日進月歩であるため、目安としての整理であることに留意されたい。

2.1　リチウムイオン電池

　正極活物質にリチウムイオンを含有した金属複合酸化物、負極活物質に炭素材料あるいは金属複合酸化物、電解液に有機溶媒を用いた電池である。正極、負極、電解液それぞれの材料の選択肢が広く、選定した材料系によって特性も大きく変わる。1991年に初めて商用化されたリチウムイオン電池は、正極にコバルト酸リチウム、負極に炭素系材料を用いたものであり、それ以降、これまで様々な種類が実用化されている（**表2**）。

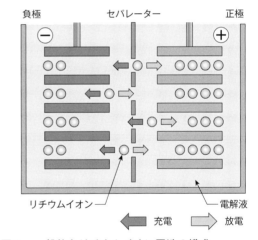

図1　一般的なリチウムイオン電池の構成

表1　代表的な蓄電池の比較

		リチウムイオン電池	ナトリウム硫黄(NaS)電池	レドックスフロー電池	鉛蓄電池
充放電効率	蓄電池	95％	90％	85％	85％
	システム	86％	80％	70％	75％
耐久性（寿命）	カレンダー	10年	15年	20年	17年
	サイクル	15,000サイクル	4,500サイクル	10万サイクル	4,500サイクル
体積エネルギー密度（括弧内は理論値）		176Wh/L（～3,350Wh/L）	83Wh/L（1,000Wh/L）	15Wh/L（182Wh/L）	62Wh/L（720Wh/L）
充電レート（実績）		0.50～5.0C	0.13C	0.25C	0.13～0.30C
放電レート（実績）		0.50～5.0C	0.17C	0.25C	0.13～0.43C

出典：電気学会技術報告、第1403号「電力系統における蓄電池利用・制御技術」、2017年5月

近年の市場調査等によれば、定置用途の蓄電池ではリチウムイオン電池が圧倒的に主流となりつつある。例えば、家庭用はリチウムイオン電池の独壇場である。また、2018年の世界市場で導入された系統用蓄電技術（揚水発電を除く）のうち、kWhベースで95％がリチウムイオン電池であったとの報告もなされている。

2.2 ナトリウム硫黄（NaS）電池

正極活物質に硫黄、負極活物質にナトリウム、両極を分離する固体電解質にナトリウムイオン導電性セラミック（βアルミナ）を用いた蓄電池である。運転時の温度が約300℃以上であり、昇温や温度維持のためにヒーターが必要となる。大容量の定置用途として、2000年代初めに早くから実用化された蓄電池である。

2.3 レドックスフロー電池

活物質を含んだ正・負極の電解液を循環させ、イオン交換膜で電荷をやり取りすることで充放電を行う。電解液を貯蔵する正・負極のタンクと、電解液を循環させるためのポンプや配管が必要であり、構造面で他の蓄電池と大きく異なる。電解液中の活物質として各種の金属イオンが提案されているが、バナジウム系が現在の主流であり、電解液には硫酸水溶液が用いられている。

表2　様々な種類のリチウムイオン電池

リチウムイオン電池の種類（正・負極）	
正極	コバルト酸リチウム（LCO：$LiCoO_2$）
	マンガン酸リチウム（LMO：$LiMn_2O_4$）
	リン酸鉄リチウム（LFP：$LiFePO_4$）
	リチウム複合酸化物 • NMC：ニッケル/マンガン/コバルト • NCA：ニッケル/コバルト/アルミニウム
負極	炭素系（黒鉛）
	チタン酸リチウム（LTO）

2.4 鉛蓄電池

正極活物質に二酸化鉛、負極活物質に鉛、電解液に希硫酸を用いた蓄電池である。発明以来、150年以上の長い歴史を持ち、主原料の鉛が豊富で安価な資源であることからいち早く実用化された。自己放電率が小さいため、電気設備のバックアップ電源用途では広く普及している。

蓄電池システムによる電力系統との充放電

1．蓄電池システムとは

蓄電池が直流の電気を充放電するのに対して、我々が日常使用している電気は電力系統から供給される交流である。蓄電池の直流電力を利用するには、直流と交流とを双方向に変換する仕組み（交直変換）が必要となり、そのような交直変換と蓄電池を含めたシステム設備一式を蓄電池システムという（図2）。ただし文献や文脈によって、本稿でいう「蓄電池システム」のことを「蓄電池」と呼ぶ場合もある。

蓄電池システムを構成する主たる装置は、電気エネルギーを貯蔵する蓄電池、蓄電池の直流電力を交直変換して電力系統との間で充放電するパワーコンディショナー（Power Conditioning System、以下：PCS）、そしてそれらの監視や保護を行いつつ充放電を制御するシステム制御装置である。加えて、蓄電池システムの機能を維持するための補機類（空調設備、各種制御電源、防火や消火などの安全対策装置など）や連系点の電圧階級に応じた連系用変圧器も必要となる。

図2の蓄電池部分は、多数の蓄電池セルまたは蓄電池モジュールを直並列に接続することで、所定の蓄電容量（kWh）を実現する。そして連系点に対してPCSを複数台並列接続することで、蓄電池システムとしての定格出力（kWあるいはkVA）を実現する。リチウムイオン電池を用いた大規模蓄電池システムの構築例を図3に示す。また、代表的な事例として、東芝製リチウムイオン電池SCiB™を搭載した20MW-20MWh（短時間40MW）蓄電池システムのレイアウトと主要設備外観を図4に示す。同システムは、東北電力（株）（現在は、東北電力ネットワーク（株））が実施した「西仙台変電所周波数変動対策蓄電池システム実証事業」において2015年2月に営業運転を

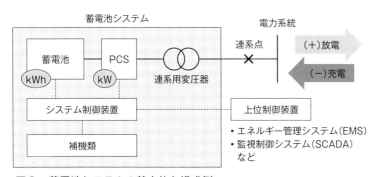

図2　蓄電池システムの基本的な構成例

開始し、2017年度までの事業期間が終了した後も、再エネの連系拡大に対応するための周波数変動対策として継続活用されている。

2．蓄電池システムが提供するメリット

2.1　優れた出力応答性能

出力ゼロの状態から1秒程度で最大充放電出力に到達可能であり、非常に高速である。

2.2　設備定格と制御の柔軟性

必要な蓄電容量と定格出力のシステムが容易に構築でき、またPCSによって有効・無効電力を自在に高速制御できる。

2.3　設置の容易さ

分散配置できるため、地理的な制約が少なく工事期間も短い。

3．蓄電池システムに求められる役割

3.1　ΔkWの調整（短周期の充放電）

電力系統の電力品質を維持するための役割であり、例えば、再エネの短時間の急激な出力変動に伴って生じる周波数変動の抑制などである。短時間で大きな充放電（ΔkW）を繰り返すことになるため、蓄電容量よりも高入出力性能に優れた蓄電池が求められる。

3.2　kWhの時間的なシフト（長周期の充放電）

主に電力コストや温暖化ガス排出を削減するための役割であり、例えば、電力需要の平準化や再エネ余剰時の需給アンバランス改善（再エネ発電量の最大化）などである。発電または消費されるエネルギー（kWh）を別の時間帯に移すように充電と放電を行うため、大容量の蓄電池が求められる。大容量であるがゆえに蓄電池コスト（kWh単価）

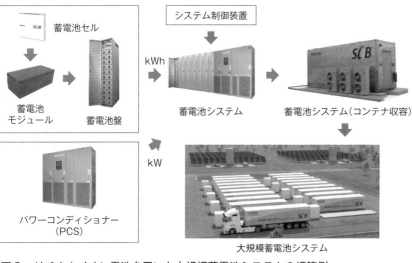

図3　リチウムイオン電池を用いた大規模蓄電池システムの構築例

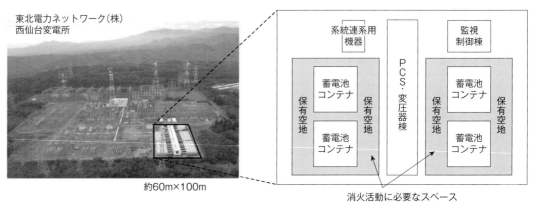

約60m×100m

消火活動に必要なスペース

蓄電池コンテナ

パワーコンディショナー　　　　　監視制御盤

図4　西仙台変電所20MW-20MWh（短時間40MW）蓄電池システム　出典：東北電力ネットワーク㈱

の低減がユーザーの投資対効果に大きなインパクトを与える。

3.3 kWhのバックアップ（万一に備えた蓄電）

停電時の代替電源としての役割であり、蓄えたエネルギーを維持し続ける性能（小さい自己放電率）と確実なバックアップ動作が求められる。比較的古くからの蓄電池の用途であるが、近年の頻発する自然災害を受けて、レジリエンス用途への期待が改めて高まっている。

課題と展望

1．蓄電池の高性能化

蓄電池システムの根幹を担うキーデバイスであることから、蓄電池の技術開発への期待は大きい。

1.1 蓄電池の基本性能の進化

普及拡大の最大のドライバとなる低コスト化に加えて、高エネルギー密度化、長寿命化、高耐久化、高効率化、高安全化が技術開発のポイントとなる。全固体電池をはじめとする次世代蓄電池への期待も大きい。

1.2 環境負荷低減への取り組み

EV用蓄電池市場の伸長が見込まれる中で、大量製造された蓄電池の廃棄や資源リサイクルの技術が今後は重要になる。また、期待されている蓄電池リユースの拡大に向けて、中古蓄電池の残存価値評価方法やリユースを前提とした製品仕様などの標準化、安定した中古蓄電池市場の形成に向けた制度化が望まれる。

2．蓄電池システムの高機能化

蓄電池をより安全に、より効率的に、より長期にわたり使いこなすシステム技術が求められる。

2.1 蓄電池の最適な運用管理技術

蓄電容量を有効に活用するためには、蓄電状態を正確に把握すると共に、充放電負担の増大による蓄電池の劣化リスクの管理が必要となる。蓄電池の能力を長期にわたり有効利用するシステム技術として、高精度なSOC（State Of Charge）の推定・管理技術や、蓄電池劣化の推定・予測技術が重要である。

2.2 安全性を基本とする設備監視技術

万全の安全性を担保しながらシステムの高稼働率を維持するために、IoT技術を活用した性能監視、異常監視、設備保守の高度化が進む。それら技術の普及を支える基盤として、日本が主導的に推進するIEC（国際電気標準会議）のTC120（電気エネルギー貯蔵システム専門委員会）による国際標準化の取り組みが重要な役割を担う。

3．蓄電池システムの利活用のマネタイズ

蓄電池システムの低コスト化や高機能化が進んでも、利活用が拡がらなければ普及は進まない。蓄電池システムの運用を通じてユーザーが収益を得る仕組みと制度が不可欠である。

3.1 まずは便益が見込める用途から

現状において有望と考えられるΔkW用途やバックアップ用途を中心にしつつ、マルチユースやシェアリングなどの新しいビジネスモデルの拡がりに期待する。

3.2 周波数調整力への活用

特にΔkW用途として、需給調整市場の周波数調整力（我が国では一次調整力、二次調整力①）において蓄電池システムの高速で正確な応答性能による便益が期待される。蓄電池システムを効果的に活用可能な調整力の調達・運用の制度化が望まれる。

4．電力供給の強靭化に向けて

平常時には役に立ち、非常時には頼れる蓄電池システムであることが望まれる。

4.1 万一の時こそ安全・安心に

特に需要家側に設置される蓄電池システムでは、必ずしも電気に熟練したユーザーだけとは限らないため、想定される使用方法に応じた保安基準の明確化と安全配慮設計が必要である。

4.2 EV搭載蓄電池の活用

災害はどこででも起こりうる。広く普及が見込まれて「移動できる」特性を備えたEV搭載蓄電池の活用が有効である。個々のEVのレジリエンス対応機能の進化に加えて、電力供給を面的に強靭化する観点からの体系的なインフラ整備が望まれる。

4.3 地域電力供給における再エネ電源のサポート

マイクログリッドなど地域電力供給への貢献として、不安定な再エネ電源による電力供給の安定化やブラックスタートのサポート機能など、非常時を想定した新たな役割に期待する。

5．脱炭素社会の実現に向けて

蓄電池は、再エネの主力電源化や、モビリティの電動化を含むエネルギー消費の電化の鍵を握る基幹技術である。電力系統における利活用の歴史もまだ浅く、電力系統側の諸技術との連携も今後さらに必要となるであろう。蓄電池システムとその利用技術のさらなる進化と発展に期待したい。

〈東芝エネルギーシステムズ（株）　小林　武則〉

次世代パワーエレクトロニクス

近年、電力システム改革以降、電力網のレジリエンス強化が進んでいる。一方、脱炭素化の流れにより、太陽光発電、風力発電等の再生可能エネルギーの大量導入が加速しており、度々、電力安定供給のために出力調整が実施されている。

このように、レジリエンス強化と再生可能エネルギーの導入を両立するために、産業用途を中心に発展してきたパワーエレクトロニクス技術を電力用途へ応用していくことが重要である。

そのためには、パワーエレクトロニクス装置の高圧化・高効率化・軽量化と高機能化が重要となる。さらに、これらの実現のためには、パワー半導体の進歩も欠かせない。

本稿では、再生可能エネルギーを支えるパワーエレクトロニクス技術の進歩を、パワー半導体材料の変化に伴うパワー半導体の性能改善、次世代パワー半導体として着目される SiC（Silicon Carbide）や GaN（Gallium Nitride）の動向、さらにはそれらを適用した次世代パワーエレクトロニクス技術の一例として、3つの事例について言及する。

次世代パワー半導体

1．開発経緯と棲み分け

パワー半導体は、省エネ化や低炭素化を牽引するパワーエレクトロニクス技術におけるキーデバイスであり、1950 年代にシリコン材料によるサイリスタが発明され使用されるようになり、その後、バイ

ポーラトランジスタや高速スイッチング分野においてパワー MOSFET（Metal-Oxide-Semiconductor Field-Effect Transistor）が使用されるようになった。1980 年代より IGBT（Insulated Gate Bipolar Transistor）が開発され普及するようになり、これまでパワー MOSFET が使用されていた小容量分野やサイリスタなどが用いられてきた大容量分野にも利用が拡大し、広く社会に浸透している。

さらに最近では、これまでに使用されてきているシリコンに加え、SiC や GaN などの化合物半導体の実用化が進み、これら新材料を用いたパワー半導体のさらなる性能向上が期待されている[1]、[2]。また、酸化ガリウム（Ga_2O_3）、ダイヤモンドなど、さらに優れた物性値を有する新材料を用いた新デバイスの開拓も検討されている[3]、[4]。

図1に出力容量と動作周波数におけるパワー半導体の動作範囲を示す。高速化としては、Si では IGBT で 20 kHz、MOSFET で 100 kHz であるが、SiC、GaN では、数 10 kHz から数 MHz での動作が可能となる。このような高速化により、パワーエレクトロニクス装置の制御性改善や受動部品の小型化に大きく寄与する。また、Si から SiC や GaN への移行により素子の出力容量が増大する。そのため使用されるパワー半導体の素子数が低減し、パワーエレクトロニクス装置の構成が簡素化できる。

2．SiC による高性能化

図2に SiC トレンチ MOSFET の断面構造とチップ外観を示す。トレンチゲート MOSFET とすることで微細化による低オン抵抗化を実現している。特に酸化膜の信頼性向上のためにトレンチ底のゲート酸化膜を p 型拡散で囲い、ゲート酸化膜への電界を緩和した（A 部）。さらにゲート横の p 型拡散（B 部）で挟まれた JFET（Junction Field-Effect

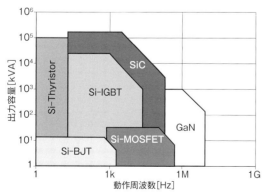

図1　出力容量と動作周波数におけるパワー半導体の動作範囲

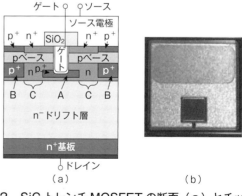

図2　SiC トレンチ MOSFET の断面（a）とチップ外観（b）

Transistor）領域の抵抗も低減し（C部）、オン抵抗の最適化を図った。この素子は MOSFET であるため IGBT 特有のビルトイン電圧がないので連続運転時の定常損失を低く抑えることができる。また、高速スイッチングが可能なため、スイッチング損失も大幅に低減できている[5]、[6]。

具体的な例として、いずれも 1,700 V/300 A All-SiC モジュールとシリコン IGBT/FWD（Free Wheeling Diode）モジュールのインバータ動作時のシミュレーション比較を**図3**に示す。All-SiC モジュールはシリコン IGBT/FWD モジュールに対し、約 78% 損失低減できる。また、動作周波数を約4倍の 20 kHz にした場合でも損失は 44% 低減する。さらに、動作周波数 40 kHz にまで増大させても損失はシリコンの場合と同等である[7]。

チップ性能を最大限に発揮するためには、パッケージ技術の改善が必須となる。SiC-MOSFET はスイッチングが高速になり、サージ電圧も高くなる。

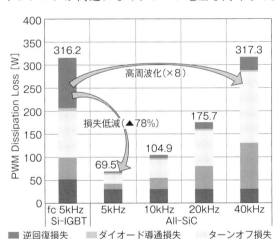

[Calc. condition] Vcc=900V、Io=100Arms、fc=vari.、cosφ=0.9、λ=1、Tvj=150℃、Ta=40℃、Vge=+15/-15V(Si-IGBT)、Vgs=+15/-3V(All SiC)

図3 インバータ損失、1,700V/300A IGBT/FWD モジュールと All-SiC モジュールの比較

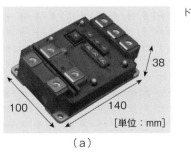

（a）

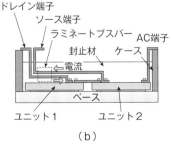

（b）

図4 All-SiC 大容量パワーモジュール「HPnC（High Power next Core）」（a）と断面ラミネート構造（b）

そこで、サージ電圧を抑えるため、モジュール内部のインダクタンスを低減する必要がある。**図4**に All-SiC 大容量パワーモジュール「HPnC（High Power next Core）」と断面ラミネート構造を示す[7]、[8]。このインダクタンスを低減するため、電磁相互誘導作用の効果を見込み、内部の端子構造をラミネート配線化し、従来の Si-IGBT 製品と外形および外部端子配置の互換性を確保した。この構造により、従来パッケージに比べて内部インダクタンスを 24% 低減できた。

このように SiC という新規半導体材料を適用したパワー半導体を低インダクタンスのパッケージに実装することで低損失かつ高速動作が可能となり、それを搭載したパワーエレクトロニクスシステムの飛躍的な性能向上が期待できる。

次世代パワーエレクトロニクス装置

以下では、再生可能エネルギー大量導入時に系統のレジリエンスを強化することに寄与する、高圧化・高効率化・小型化かつ高機能化を実現した、パワーエレクトロニクス装置に SiC デバイスを適用した3つの事例について紹介する。

1．静止型無効電力補償装置（STATCOM：Static Synchronous Compensator）

冒頭で述べた通り、再エネ大量導入に伴い電力系統の擾乱が生じる。その擾乱を抑制するために無効電力を制御する STATCOM の導入が検討されている。

図5に商用トランスを用いて系統連系する方式（a）、モジュラーマルチレベル変換器（MMC：Modular Multilevel Converter）方式（b）を示す。

商用トランスを用いた方式では、装置が大型化するため系統への設置が困難であった。一方、MMC 技術を適用し、系統に直接連系することで商用トランスが不要となり、軽量化が可能となる。また、図中の電圧波形から分かる通り、連系リアクトルも小型化できる。

さらに、**図6**に示す通り、SiC の適用によるパワー半導体の損失低減と高周波化により、一層の小型・軽量化と高効率化が実現されている[9]、[10]。

2．インテリジェント変電所

一般に変電所では商用トランスによる変圧と絶縁を実現している。一方、変電所の商用トランスの高機能化の研究が行われており、**図7**に示すようなインテリ

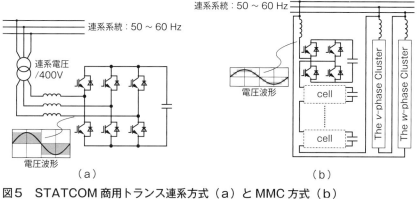

図5　STATCOM 商用トランス連系方式（a）とMMC方式（b）

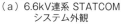

（a）6.6kV連系 STATCOM
システム外観

（b）STATCOM内観
1/3相

図6　SiC適用 STATCOM の一例

ジェント変電所のデモンストレーション回路構成が発表されている[11]。

この回路では、三相13.8kVから三相480Vに変圧し、双方向の電力フローの制御を実現している。高圧側のパワー半導体には耐圧15kVのSiC-IGBTを適用した3レベル回路を適用し、低圧側には耐圧1,200VのSiC-MOSFETを適用した2レベル回路を適用し、入出力系統に直接連系を可能としている。

さらに、入出力の絶縁と変圧は、Dual Active Bridge回路と高周波トランスを適用して実現している。

単純なトランスによる変圧・絶縁機能だけでなく、パワーエレクトロニクス技術を適用することで、双方向の電力フロー制御、電圧擾乱抑制や事故時の系統保護など、変電所のインテリジェント化を実現する。

3. パワーコンディショナー（PCS：Power Conditioning System）

PCSは太陽電池、燃料電池、蓄電池等からの発電力を系統電力に変換する機能を備えた装置であり、以下の機能を有する。

① 発電力の制御
② 運転制御機能（発電状況に応じた運転/停止）
③ 系統連系保護機能

図8は2レベルと3レベル回路を適用したPCSの代表的な主回路構成である。3レベルのPCSは2レベルに比べ、高効率化に有利であり、図9に示す通り、AT-NPCはスイッチング周波数を高くした場合も低損失を実現できるため、小型・軽量化に有利である[12]。また、一層の高効率化を実現するために図10に示すようなSiC-MOSFETを適用したチョッパ回路を用いた方式もある。装置外観を図11に示す[13]。本システムは、図8のAT-NPC回路の直流入力部にチョッパ回路ユニットを12並列

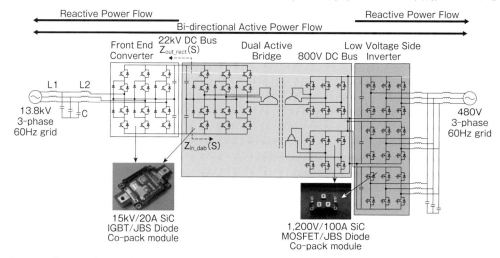

図7　インテリジェント変電所（三相13.8kV/480V）
出典：Medium Voltage Power Converter Design and Demonstration Using 15kV SiC N-IGBTs, APEC 2015[11]

接続している。その結果、最高効率98.8%を実現している。

◇　　　◇　　　◇

本稿では、再生エネルギー導入と電力系統のレジリエンス強化に貢献する、パワーエレクトロニクス技術とパワー半導体の進歩について紹介した。

次世代パワーエレクトロニクスのキーポイントは、高圧化・高効率化・軽量化と高機能化であることは言うまでもない。さらに、Siのパワー半導体からSiC、GaNといった高耐圧かつ高周波動作が可能なパワー半導体が早期に主流となることが必要である。

今回、電力用途を中心に論じたが、パワー半導体とパワーエレクトロニクス技術が両輪となり、今まで不可能であったことを可能とし、世の中の電力インフラ、産業を大きく変えていくことになる。

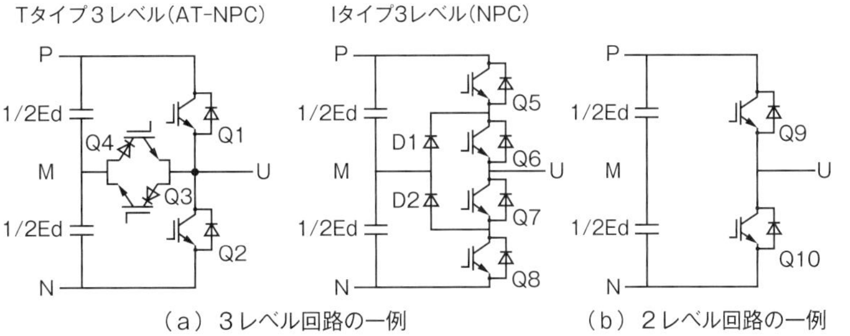

（a）3レベル回路の一例　（b）2レベル回路の一例

図8　PCS回路構成

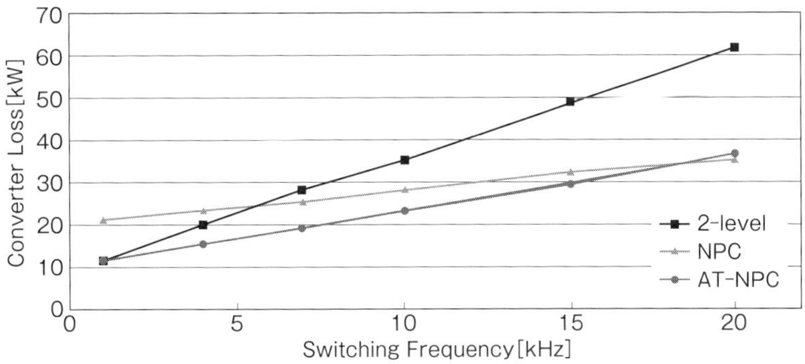

図9　回路方式による損失比較

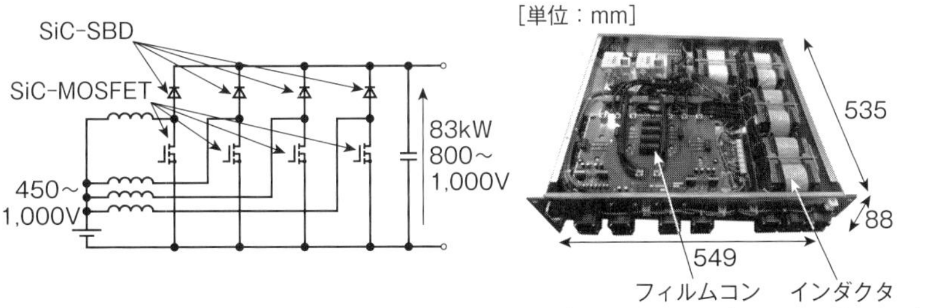

（a）SiC-MOSFET適用チョッパ回路　（b）適用チョッパ回路ユニット（83kW）

図10　SiCチョッパ回路

出力容量：1,111kVA/1,000kW

図11　外観

◆参考文献◆

（1）B.J.Baliga：Fundamentals of Power Semiconductor Devices, pp.1-21, Springer, 2008

（2）藤平龍彦ほか：富士電機技報, Vol.92, No.4, pp.212-218, 2019

（3）M.Higashiwaki et al.：Appl.Phys.Lett., 103, pp.123511-1-123511-4, Sep.2013

（4）鹿田真一ほか：産業技術総合研究所　Synthesiology, Vol.6, No.3, pp.152-161, Aug.2013

（5）奥村啓樹ほか：富士電機技報, Vol.92, No.4, pp.224-228, 2019

（6）M.Chonabayashi et al.：PCIM Asia, pp.115-120, 2019

（7）岩崎吉記ほか：富士電機技報, Vol.92, No.4, pp.229-233, 2019

（8）金井直之ほか：富士電機技報, Vol.91, No.4, pp.215-219, 2018

（9）葛巻淳彦ほか：東芝レビュー, Vol.66, No.12, pp.36-39, 2011

（10）Akito Toba：CIES Power Electronics Forum, S3 Industry and electric power systems, 2019

（11）Anun Kadavelugu et al.：APEC, pp.1396-1403, 2015

（12）Kansuke Fujii et al.：EPE 2013, PID2804569, 2013

（13）大島雅文ほか：富士電機技報, Vol.88, No.1, pp.13-17, 2015

〈富士電機（株）　大熊　康浩〉

AI

電力システムへの AI の適用

　化石燃料に対する再生可能エネルギーの台頭、規制の緩和に伴う事業体制の変革、さらにデジタル化 AI（Artificial Intelligence）技術の急速な進展によるデータ中心の社会の進展により電力システムは大きな変革期を迎えている。

　AI 技術は 1950 年代から理論面での研究が活発となり、幾度かのブームを繰り返し、情報処理技術の発展と相まって、現在まさに生活のあらゆる分野に適用され始め、多くの成果が出ている。

　AI の電力システムへの適用は 1980 年代の第二次ブームからその応用面での研究が盛んとなり、これまで、いくつかの適用事例もある。その後、一旦収束するが、昨今の AI 技術の進化は今後の電力システムの発展にさらなる貢献が期待できる。

　本稿では、AI 技術のこれまでの歴史、電力システムへの具体的な適用事例、今後の展望について説明する。

AI の発展

1．AI の歴史

　AI は脳科学と情報処理の発展が結びつき生まれてきたものであり、情報処理の急速な発展に伴い、AI もまたその飛躍的な発展が見込まれている。以下に、簡単にこれまでの段階的発展を示す。
（1）第一次 AI ブーム（1950 年代後半～ 1960 年代）
計算機が誕生した時期
　　・コンピュータによる「推論」や「探索」が可能となり、特定の問題に対して解の提示が可能に。
　　・現実の複雑な問題には対処できず、発展が停滞。1969 年頃にブームが終焉。
（2）第二次 AI ブーム（1980 年代）
計算機のメインフレームができた時期
　　・データベースに大量の専門知識を詰め込んだエキスパートシステムと呼ばれる実用的なシステムが作られる（対話、医療診断、金融など）。
　　・複雑で例外が多い現実の問題に幅広く適用するのは難しく、1995 年頃にブームが終焉。

（3）第三次 AI ブーム（2010 年～）
ビッグデータが普及した時期
　　・ビッグデータを用いて AI が自ら知識を獲得する機械学習が実用化された。
　　・自動的に学ぶためには非常に多くのデータが必要であるも、人間が事細かく教える必要がないことで幅広い分野での適用が期待されている。

2．現在のブームの要因

　現在のブームの背景には、理論面、データ面、資源面の 3 つの要因がある。
（1）理論面：ビッグデータから特徴量を自動で設計するディープラーニングが登場したこと
（2）データ面：大量のデータセットを容易に入手できること
（3）資源面：ビッグデータを扱える処理能力（CPU、メモリ）を利用できること
　これら 3 つの要因が重なり合うことで、AI の適用の可能性が急速に高まってきたと言える。

3．AI には何ができるのか

　AI には大きく 3 つの役割が期待される。
（1）識別：周囲の環境から受け取った情報を識別する（例：画像認識、不正アクセス検知、自然言語処理、感情理解など）
（2）予測：情報を処理して次に何が起きるのか予測する（例：売上予測、リスク予測、人物行動予測、レコメンデーションなど）
（3）実行：周囲の環境に対して何らかの影響を与える（例：ロボット制御、自動運転、物流最適化など）
　（1）～（3）の役割を適材適所に組み合わせることで、医療、金融、農業、交通、エネルギー、工業など社会活動のあらゆる場面で大きな効果が期待されている。

電力システムへの適用

　ここでは、AI 技術の電力システムへの適用例について説明する。

1．予測分野への適用

　電力システムの分野では、早くから計算機システムによる電力需要予測が実用化されてきた。過去の需要実績と気象実績や日情報を統計分析する方法が現在に至るまでの主流である。それ以外にも早くから 3 階層構造のニューラルネットワークの学習機能の適用がなされ、いずれも実用化に至っている。

1.1　予測対象の概要

電力システムにおける主な予測対象は、電力需要である。従来は、需要家内における電力の消費量である「真の需要」が予測の対象であったが、近年では風力や太陽光などの再生可能エネルギー発電の普及により、「再エネ発電出力」も予測の対象となっている（**図1**）。さらに、発送電分離により電力の市場調達が進んだことで、送配電事業者においては予備力・調整力の調達量を定量的に算出するニーズが生じ、発電・小売事業者においては電力販売・調達の入札価格を予測するニーズが生じるなど、新たな予測対象も生まれている。

1.2　AI技術の適用状況

予測の時間的な側面に着目すると、大まかには現前の状況に対応する実時間領域と、半日から数週間程度までの短中期領域、月間から年間以上の長期領域に分けられる。このうち、実時間領域は至近の実績値を使った自動制御の要素が強く、長期領域は天候や経済等の不確実性が強く恣意性が高いため、いずれもAI技術の適用は限定的である。このため、AI技術の主な適用先は短中期領域となっている。

電力需要予測へのAI技術の適用としては、古くは線型回帰等の統計的手法に始まり、3階層のニューラルネットワークモデルなど、時々のAI技術の適用が試みられてきた。これらの技術は、「真の需要」だけでなく「再エネ発電出力」にも適用されており、実システムにおいても一定の成果を収めている。また、入札価格の予測等へ適用した研究事例も報告されている。一方で、最新のAI技術である深層ニューラルネットワークモデルなどの適用に関しては、ごく少数の研究事例に留まっており、電力システムへの適用は今後に期待される。

1.3　AI技術の適用における課題

運用面における課題としては、ニーズのミスマッチが挙げられる。例えば、送配電事業者における需要予測の目的は、電力の安定供給である。すなわち、事故の発生等を織り込んだ発電機の運転計画を決めることが目的であり、需要予測値が正確に的中する必要がないという意味で、精度への要求は比較的低い。一方で、天気予報が外れた際の需要の振れ幅や予測の信頼度などの運転計画に対する説明性が重視される。これに対して、高度なAI技術ほど精度の高さと引き換えに、予測の過程がブラックボックス化することで説明性が低下する傾向がある。

技術面における課題としては、サンプル数の問題が挙げられる。最新のAI技術は、大量のサンプルの利用を前提としている。一方で、電力需要は、曜日や季節によって特性が変化することが知られている。このため、例えば夏季の日曜日は年間数日しかない上に、10年も経てば需要の構成も変化する。したがって、原理的に大量のサンプルを蓄積し得ないために、最新のAI技術が活かしにくい。

2．系統運用業務へのAI適用

熟練運用者の知識を計算機に代行させる取り組みは、エキスパートシステムとして1980年代から主に電力系統における支援業務として研究開発が行われた。特に、系統の事故時に、熟練した系統運用者が事故の現在状況を把握し、復旧のための操作手順を作成する業務は、ルールベースで記載しやすいことから多くの研究が行われ、実際のシステムへの適用もされている。

熟練者の知見をルール等で記述して計算機に置き換えていた業務は、運用者の判断基準を定量的な評価関数に置き換えて最適化手法を適用することで自動化するアプローチも行われている。一般に、電力システムは実系統では対象とする設備の数が膨大であり、運用計画や設備計画等では一般的な分枝限定法による厳密解法では解くことができない。このため、各種のヒューリスティックス手法やニューラルネットやGA（Genetic Algorithm）等の最適化技術の適用が検討されてきた。このうち、電力システムの社会的信頼性確保や運用者への説明責任の観点から、ヒューリスティックスな探索的手法が実システムに適用されるケースが多い。

故障診断への取り組みも従来より多く行われてきており、過去の操作実績や各種の計測情報等のビッグデータや、監視画像データに対してディープラーニングを適用する取り組みがブレークスルーとなりつつある。

3．配電分野への適用
3.1　背景

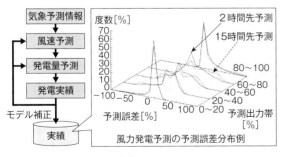

図1　風力発電予測例 [1]

人口減少、高齢化が進む中、配電事業者にとって配電網の運用効率化は喫緊の課題である。需要家との接点である計器に関しては、2024 年度までに全ての計器がスマートメーター化され、配電網の末端までネットワークが構築されることにより、電力量等のセンサー情報を飛躍的にきめ細かく収集することが可能となる。

このため、各種センサー情報の収集・蓄積がこれまで以上に容易となることで、配電網の運用へのAI 適用の環境面が準備できつつあると言える。

3.2 配電制御分野への AI 活用

スマートメーターを含むあらゆるセンサーの情報や画像情報を AI に学習させることで、運用面の支援機能を実現し、運用効率化に繋げることが可能となる。

配電系統において事故が発生した場合、事故点の探索に大変な労力が必要となる。また、事故点・事故原因が特定できなければ、事故再発のリスクが残ることとなる。

この対策として、配電制御用現場機器（配電IED：Intelligent Electronic Device）に AI 機能を搭載して①事故予兆検知、②事故原因推定を行うことにより、事故発生時の復旧効率化、および事故の未然防止を実現化する（図2）。

（1）事故予兆検知

電圧/電流値を常時 AI で分析し、将来の事故に繋がる可能性のあるデータ異常（事故予兆）を自動検出することにより、変電所 FCB のトリップ前に事故要因が除去でき、広範囲の高度な経験が必要な巡視作業（事故未然対応）を効率化する。

（2）事故原因推定

事故発生時の波形データや付加情報（時間、天候など）を AI で分析することにより、事故原因（鳥獣接触、樹木接触、設備劣化など）を推定し、事故原因の除去作業を効率化する。

今後の配電システムには、多くの分散電源や需要家がネットワークに繋がるため、公平かつ効率的な業務運用が求められる。AI 技術を活用することで予兆の検知や推定のみならず、人手を減らすことで、運用業務そのものを支援していくことが期待される。

4．火力発電分野への適用

4.1 背景

火力発電分野においては再生可能エネルギーの拡大や安全検査制度見直し等により、発電事業者は徹底した運用高度化や保全高度化を追求している。そこで膨大なプラントデータの中から異常の兆候になるデータパターンを AI が自動で判定し、設備異常によるプラント停止を未然に防ぐ異常兆候検知システムが期待されている。

4.2 火力発電プラントの異常兆候検知

火力発電プラントの異常兆候を検知するシステム（図3）を次に紹介する。

（1）システム概要

異常の兆候を検知するパターン分析型の AI と検知結果の正誤判定等の運用支援 GUI の 2 つを具備し、以下5つの手順でプラントを常時監視する。

① パターン分析：AI がプラントデータのパターンの違いを過去のデータから学習し、異常の兆候を検知する。

② 異常兆候の通知：異常の兆候を検知した場合、画面上部に検知カードとして情報を出力する。

③ 正常/異常判

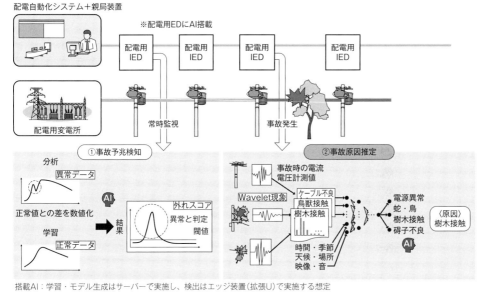

配電自動化システム＋親局装置

※配電用EDにAI搭載

配電用IED　配電用IED　配電用IED　配電用IED

配電用変電所　常時監視　事故発生

①事故予兆検知　②事故原因推定

分析　異常データ　AI　外れスコア

正常値との差を数値化　結果　異常と判定　閾値

学習　正常データ

事故時の電流電圧計測値

Wavelet現象　ケーブル不良　鳥獣接触　樹木接触　電源異常　蛇・鳥　樹木接触　碍子不良　〈原因〉樹木接触

時間・季節　天候・場所　映像・音　AI

搭載AI：学習・モデル生成はサーバーで実施し、検出はエッジ装置（拡張U）で実施する想定

図2　配電自動化システムへの AI 活用

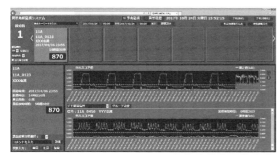

図3　プラント異常兆候システム運用支援GUI

定支援：設備単位でのトレンド比較、検知頻度や発生傾向が表示され、運転員が異常確度判断や優先度づけなどの判定を行う。

④　AIへのフィードバック：正常と判定されたものはモデルにフィードバックし、環境や運転状況の変化によるデータの変化を逐次学習させる。

⑤　運転員ノウハウ蓄積：判定理由等ノウハウを入力し、判定履歴として蓄積する。

（2）今後の開発

多種多様な設備の異常の兆候を精度良く把握するためには、設備やその特性によって適切なAIを採用することも大切である。今後、パターン分析型に加えて複数の手法をきめ細かく切り替えることで異常兆候の検知精度向上を図っていき、設備の安定稼働に資することが期待される。

5．その他への適用

電力エネルギー分野のAI技術適用については、前節までに述べた予測や系統運用業務、配電分野での適用や、プラントの設備診断への応用に留まらず、業務効率化や制御最適化、新サービスへの適用など、幅広い領域に対してAI技術を役立てる取り組みが進められている。

業務の効率化へのAI技術活用では、例えばドローンを用いて撮影した多量の映像データを学習し、外観変化による劣化判定処理を自動化することで、設備保守業務の省力化、故障時期の予測、設備更新計画の最適化、位置情報を組み合わせた設備データベース整備などへ活用することができる。変圧器の劣化検知では、内部センサーで収集された大量のデータを学習して劣化判定条件をモデル化し、短時間で正確な劣化診断を行うことができる。コールセンターでは、AI技術による言語処理を利用し、自動音声認識やレポート作成支援など顧客対応業務を効率化することができる。

制御最適化へのAI技術活用では、例えばデータセンターの運用状態、冷却システムから収集したセンサー情報などを学習して最適化することで、システム全体の消費電力低減が期待できる。天候条件で発電量が大きく変動する風力発電では、過去実績、他の発電所とのリアルタイム通信、電力系統の状態、風速と風向の変化をAI技術で学習することで、風力タービンの発電量を最適に制御し、全発電量を増やすことができる。また、電力市場価格予測については、既に天候情報データなどのAI学習による価格予測サービスが提供され、電力調達の最適化へ活用が期待されている。

今後の展望

AI技術は、最新の通信技術やIoT（Internet of Things）と連携することで、電力の需要家に対する新たなサービスを生み出す可能性がある。電力消費プロファイルを学習分析することで、自動的に安価な供給先を選択することや、ユーザーの好みに合わせて空調などの家電機器をコントロールする省エネアシスタントサービスや、見守りサービスなど、新サービスの実現が期待される。

電力システムの運用面においては、予測の精度が向上することで送配電運用の効率化や、また小売事業者にとっては、利益の拡大を行うことが可能となる。また、AI技術そのものが進化することで、予測や最適化といった単体機能にとどまらず、総合的に運用者の判断を支援できるようなAI技術へのブレークスルーが待ち望まれる。

AI処理用LSIなどのデバイス性能の向上も目覚ましい。従来、AI処理はセンターやクラウドのハイパワーマシンで大量のデータ処理を行っていたが、自動運転やスマートフォンなどの分野でリアルタイム性・処理能力向上が求められ、エッジ側で推論や学習を行うデバイスは処理能力が急速に向上し、価格が低下してきている。電力分野においても、分散エネルギーの普及に伴い、多数のインテリジェント機器がエッジ側でデータ学習処理を行うことで、自律的に電力システムの電力品質やレジリエンスを最適な状態に自動制御できるようになることが期待されている。

◆参考文献◆
（1）小島康弘ほか：蓄電池による風力発電出力安定化システムの事業性検討，電気学会論文誌C，Vol.128，No.2，pp.191-198，2008

〈三菱電機(株)　塚本　幸辰〉

IoT

日本の電力系統と情報通信

　日本は国土が狭く平野部が少ない上に人口密度が高いので、電力系統は高密度系統になっている。例えば、日本の送電線は1ルート2回線併架が普通で、500kV送電線の送電電力は、東京電力の場合は1ルート2回線500万kWであるが、米国の地域送電機関PJMでは1ルート1回線150万kWである。この高密度電力系統の安定運用を支えているのは通信技術と電子計算機やマイクロプロセッサに代表されるデジタル処理技術を活用した保護・制御技術である。さらに電力会社は各需要家に配電線を通じて電力を供給しているので、中国のように電力線、電話線、情報回線を一体にした3線一体型配電線を採用すればエネルギー供給網と情報通信網の構築が可能となる。情報通信は常にM2Mである。ただ、「M」の意味が、最初は（Man2Man）で、次は（Man2Machine）、今は（Machine2Machine）に変容している。これを可能にしたのがインターネット技術であり、最近ではIoT技術である。

　一方、電力事業の根幹事業の1つは発電事業である。従来の電力供給は大容量・高効率のネットワーク型電源で安価な電力供給を実現してきた。しかし、

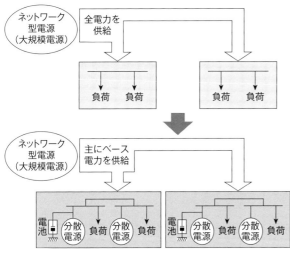

図1　ネットワーク型電源と分散型電源の競生
出典：（一社）日本電機工業会の2003年の提言書、分散型電源の普及促進のための調査報告書

近年では地球温暖化などの環境問題、エネルギー供給の持続性確保と自給率の向上問題の解決策として再生可能エネルギー利用の分散型電源が開発・実用化されて、電力系統への連系量が各段に増加している。このために、今後の電力供給網として**図1**に示すネットワーク型電源と分散型電源の競生（競争しながら共に生きる）が提案されてきた。

　電力供給システムを模式的に記載すれば、「発電」、「送電」、「配電」および「需要」である。分散型電源は配電系統に連系されるので、配電の機能は従来の基幹系統からの電気を配る機能（配電）から、担当地域内の分散型電源とネットワーク型電源からの電力を担当地域内の需要家に効率的に供給する機能（例えば「供電」）へと変容する。また、需要は2011年の東日本大震災の教訓を踏まえて、自由に希望する電力を消費する形態から、限られた電力で、いかに満足度を得るかという電力を利用（例えば「用電」）する方向転換が必要になる。この機能転換の実現には、面的に広範囲に分散配置された電源や多くの負荷機器の情報を統合的に収集・処理する必要がある。最近整備が進んだインターネット、スマートメーター、さらには今後導入が進むIoTが大きな推進力となる。ここでは、最新の情報通信技術を使った次世代電力供給網のいくつかの構成要素を紹介する。

IoTとは

　IoTとは「Internet of Things」の略で、「もの」がインターネット経由で通信することを意味する。従来、インターネットはコンピュータ同士を接続するためのもので情報関連機器が接続されていた。しかし、現在では「もの」すなわち各種のセンサーやデジタル家電機器が接続されるようになり、インターネットは「もの」同士が情報交換するための情報伝送路になっている。これらの「もの」が生成する膨大な情報を収集し、数値化して可視化すれば種々の課題解決の有効な手段になる。このためにIoTの用途は非常に広範囲であるが、本稿では次世代電力供給網の構築との関係を紹介する。

　インターネットは、IP（Internet Protocol）という標準規格で装置間通信しており、通信にはIPパケットというデータ形式を使用している。このためにゲートウェイもしくはアクセスポイントと呼ばれる装置で種々の通信手段で使用されているデータ形式をIPに変換することで、「もの」をインターネットに接続してIoTを実現する。アクセスポイン

トと「もの」の間は種々の通信媒体が使用されるが、Wi-Fi が適用されるのが一般的である。

スマートメーターと IoT

日本では 2011 年の東日本大震災後の 2014 年から通信機能付き電力量計（通称：スマートメーター）を順次導入しており、2024 年には全家庭への設置を完了する予定である。

スマートメーターの基本機能は、通信機能、遠隔検針機能と遠隔機器制御機能である。遠隔検針機能は数十年前より電力事業の省力化や電力系統運用の高度化を目指して開発が実施され、電話回線を使用したノーリンギング方式等種々の方式が開発されてきたが、ラストワンマイルと呼ばれる柱上変圧器と各家庭間の通信に経済的に成り立つ方法がなく、大規模な導入には至らなかった。しかし、無線通信技術の進歩と政府方針で導入が決まったスマートメーターによりラストワンマイル問題が解決するに至って、広域をカバーする大規模ネットワークが形成された。さらに大容量通信が実現されると機器個別への IP アドレスの付加が可能となり、IoT が実現されるに至った。例えばスマートメーターをアクセスポイント化することで、電力だけでなくガスや水道の遠隔検針や個別の装置の状態監視や制御が可能となる。電力事業の分野では、この仕組みを利用することで各種の情報の収集、分析や制御が可能となり、分散型電源の制御、需要の抑制などの系統運用の高度化・効率化の実現や設備計画の精度向上が期待できるだけでなく、多目的への適用も可能となる。スマートメーターによる IoT 実現のための、IoT 無線端末とスマートメーターと上位のシステムを結ぶ

IoT 通信基盤システムの例を**図2**と**図3**に示す。

IoT を活用した次世代電力供給網の要素技術

1．分散型エネルギー管理システム（DERMS：Distributed Energy Resources Management System）

DER とは、太陽光発電設備（PV）、蓄電池（BT）、電気自動車（EV）やデマンドレスポンス（DR：Demand Response）の総称であるが、配電系統に大量に接続された場合には各種の系統問題を引き起こす。現在では PV の逆潮流による電圧問題が顕在化しているが、今後は BT や EV の配電系統への影響が問題となる。特に EV は移動型の負荷であり電源となるので、問題が複雑化してくる。問題の1つは配電設備の電流制約問題の顕在化である。さらに DER の導入が進むとガバナーフリーなどの周波数調整力や慣性力を持つ同期型発電機の運転台数が減少し、周波数問題も顕在化してくる。

この解決策として、各国は系統連系規程（Grid Code）の改訂により、DER に種々の機能を付加し

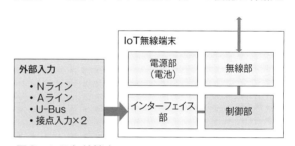

図2　IoT 無線端末
出典：三菱電機技報をもとに著者作成

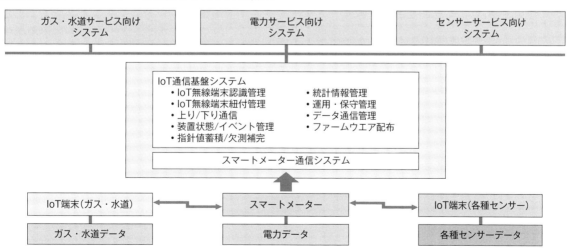

図3　IoT 通信基盤システムの構成図　出典：三菱電機技報をもとに著者作成

てきた。例えば、Volt-Watt機能、Volt-VAR機能やFrequency-Watt機能である。特に、Volt-VAR機能は無効電力制御による電圧制御のためにPVの発電出力の有効活用の点から有用な制御方式である。上記の諸機能を具備したDER用の系統連系装置はスマートインバーター（SI）と呼称され、DERが連系された配電系統の安定運用に活用される。しかし、SIの持つ諸機能を有効活用するには、多数のDERに対する管理・制御機能が必要になる。この管理・制御機能を実現するのがDERMSであり、米国および欧州で研究開発が進められている。

さらに、最近では周波数調整や基幹系統の電圧安定化のための無効電力供給のような基幹系統の安定運用にDERが活用されるようになると配電網の安定運用に負の影響をもたらすことが懸念され出している。DERの接続される配電系統は、電圧的にも電流容量的にも弱い系統であるために問題が顕在化しやすい。基幹系統の安定化と配電系統の安定運用を両立させるには、発送電・配電連携機能付きDERMSの開発が求められている。このシステムの実現には、地理情報システム（GIS）と連携し、配電系統に連系された需要家のDERの位置情報と運転状況を正確に把握し、的確な制御指令を出す必要がある。これには、OpenADRやECHONET-Liteなどの通信規格を具備した通信装置が重要な役割を果たす。ここでDERMSの導入目的を整理しておく。

- DER起源の追加的設備投資の抑制
- DERの協調による再エネ出力抑制量の削減
- 需要増などのDER以外の要因による配電系統への設備投資の抑制
- 停電時に、DERの自立運転で単独系統を構成し、事業継続性（Business Continuity）を確保

DERの連系で配電系統は従来の消費系統から供電系統（発電と消費）へ変容する。供電系統の運用において、DERMSは重要な要素となる。

2．高度配電管理システム（ADMS：Advanced Distribution Management System）

日本では、従来から配電系統運用の効率化や高信頼化、さらには停電範囲の局限化や復旧時間の短縮化のために、Distribution Management System（DMS）やDistribution Automation System（DAS）が採用されていた。しかし、近年のPVの普及に伴い、消費者がプロシューマ化し、配電系統の電力潮流の方向は双方向化している。ここに至り、再エネを有効に活用する事が重要課題となり、ADMSの

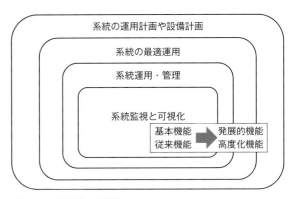

図4　ADMSの機能

表1　欧米のADMSの機能

OE ADMS Program	ADMS4LV
電圧・無効電力最適化	データの管理・処理
事故点探査・切り離し・停電復旧	事象の相互関係分析と集約
切り替え順管理	DER統合を考慮した低圧系統の予防的管理
短絡電流解析	損失の特性評価と非技術的損失の検知
デマンドレスポンス	
DERMS	EV充電ステーションの管理
オンライン潮流解析	ユーザーインターフェイスの改善
状態推定	
配電系統再構成の最適化	
SCADA	
負荷予測	
Market Function	
Model Management	
Predictive Fault Location	

重要性が増してきた。ADMSに要求される機能は、**図4**に示すように「系統監視と可視化」、「系統運用・管理」、「系統の最適運用」および「系統の運用計画や設備計画」である。

（1）系統監視と可視化

配電線の状態監視は全ての機能の根幹をなす機能であるが、最近では状態の可視化も重要視されている。従来のSCADAに加えてGISとの統合で、分散配置されたDERの高度な監視・制御が可能となる。

（2）系統運用・管理

DERの普及による電力潮流の双方向化に伴い、事故範囲の局限化や事故復旧の高速化の機能改善が必要になる。例えば、計測・伝送機能を装荷され遠隔制御可能な区分開閉器などにより系統運用・管理の高度化が求められている。

（3）系統の最適運用

送配電損失最小化には電圧高め運用が有効であるが、PVに代表されるDERの発電電力有効活用の観点からは逆効果となる。このために従来と異なった最適化機能が要求される。

（4）系統の運用計画や設備計画

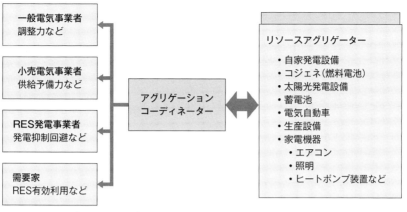

図5　VPP を活用したビジネスの模式的な構成図
出典：経済産業省資源エネルギー庁資料をもとに著者作成

今後の配電系統の課題は、既存の配電系統の電力輸送能力をできるだけ活用し、新たな設備投資を抑えることである。これには需要家の動向などの不確かさを考慮した運用計画や設備計画手法の確立が求められる。

ADMS は米国や欧州で開発が進められているが、ここでは米国の NREL を中心とした「OE ADMS Program」と、欧州の「ADMS4LV」の具備機能もしくは検討項目を**表1**に示す。

3．バーチャルパワープラント（VPP：Virtual Power Plant）

東日本大震災後、再エネの導入が進み、電力系統の中で重要な電源となってきている。しかし、これらの電源は天候など自然の状況に応じて発電量が左右されるため、発電電力量の可制御性や、需要と供給の時間的な整合性に欠ける。一方、家庭用燃料電池などのコージェネレーション、BT、EV、ネガワットなどの普及が促進されている。このような背景から、DER を電力系統の運用に活用する仕組みの構築が求められている。需要家が有する DER は小規模ではあるが、これらを統合して遠隔で監視・制御し、あたかも大規模な1つの発電設備として運用する仕組みが VPP（仮想発電所）である。VPP には、負荷平準化や再エネの供給過剰の吸収、電力不足時の供給量の増加などによる電力の安定運用への寄与が期待されている。VPP の実現には、IoT を活用した高度なエネルギーマネジメント技術が大きく貢献する。VPP を活用したビジネスの模式的な構成図を**図5**に示す。

◇　　　　◇　　　　◇

温暖化防止やエネルギー自給率の向上など社会環境の変化に対応して持続可能社会を構築していくには、再生可能エネルギーを活用した DER の普及、これを有効に利用する通信技術の活用、さらには人間の意識構造の改革などを勘案した次世代の電力供給網の構築が鍵となる。本稿では IoT やスマートメーターなどの通信技術の現状と、これを活用した次世代電力供給網の構築に際して鍵となる技術を紹介した。ここで紹介した IoT に代表される通信技術の事例は一例に過ぎない。本稿が、読者諸氏のさらなる適用例の開発の一助となり、エネルギー面での持続可能社会の構築が進むことを祈念する。

◆参考文献◆
（1）未来のスマートグリッド構築にむけたフィージビリティスタディ，新エネルギー・産業技術総合開発機構，2014 ～ 2018 年度成果報告書
（2）電力システム変革を支えるデジタル技術，三菱電機技報，Vol.93, No.1, pp.2-6, 2019
（3）スマートメータを活用した IoT 通信基盤システム，三菱電機技報，Vol.93, No.1, pp.38-41, 2019
（4）Advanced Distribution Management System Evaluations with Private LTE Communication Network, NREL, October10-11, 2019
（5）エネルギー・リソース・アグリジェント・ビジネスに関するガイドライン，経済産業省資源エネルギー庁，2020 年 6 月 1 日
（6）OE ADMS Program：Advanced Distribution Management System Test Bed Development
https://www.nrel.gov/docs/fy18osti/72289.pdf
（7）ADMS4LV：Advanced Distribution Management System for LV Grid
http://www.adms4lv-project.efacec.com/

〈愛知工業大学　合田　忠弘〉

P2P

背景と目的

　2019年11月から住宅用太陽光発電の小売電気事業者による固定価格買取制度（FIT：Feed-in Tariff制度）の買取期間（10年間）が終了（以下：卒FIT）した顧客が発生している。その件数は、2019年度で約56万件、3GWと見積もられており、その後も継続的に年間1GW程度、発生すると予想される。

　卒FIT顧客の選択肢としては、顧客の余剰電力を卒FIT単価で小売電気事業者等が買い取るか、顧客自身が家庭用蓄電池やヒートポンプ式給湯器等の活用で自家消費を増やすかに加え、発電電力をより高く売電する方法として、P2P（Peer to Peer）電力取引で他人に電気を売るという選択肢がある。これは、電力会社を介さず個人間で直接、電力の売買を行うことで、より便益を得るというものである。

ブロックチェーン技術のP2P電力取引への適用

　ブロックチェーン（以下：BC）技術の電力ビジネスへの適用のメリットとしては、従来はなかった取引形態での顧客管理や取引管理システムの開発を前提とすると、大きく3つある。

　1つ目は、BC技術そのものの特徴である耐改ざん性に関連し、セキュリティや管理運用面で従来システムと比較して大幅なコスト低減の可能性があることである。2つ目は、BCの特徴でもある取引履歴がセキュアで正確になることから、誰から誰に電気を送ったという顧客間の契約の取引紐づけ（トラッキング）が容易になることである。これにより、再エネ電源と需要家のトラッキングが可能となるなどの活用も考えられる。3つ目は、BCに組み込まれているスマートコントラクト（契約の自動実行機能）の存在であり、あらかじめ定めた契約者の希望や要望に応じて自動的に契約が実行されることで、顧客サービスが容易に向上できることである。すなわち、卒FIT顧客がどのくらいの価格で電気を売りたいか、消費者がどのくらいの価格で電気を買いたいかなどに自動的に対応することも可能となる。

　このようなBC技術の特徴を活かしたP2P電力

取引ビジネスの概念図を**図1**に示す。顧客間の電力取引の量と価格をマッチング・約定（売買の成立）させると共に、取引実績値との差分の清算と決済を行うために、多数のプロシューマー（余剰電力提供者）と多数のコンシューマー（電力消費者）の間に、サービス主体であるプラットフォーマーを存在させる。このプラットフォーマーが、託送関係で送配電事業者（TSO：Transmission System Operator）と、コンシューマー側での電力供給関係で小売電気事業者との連絡調整を提供するビジネスモデルである。

P2P電力取引が成立する条件

　P2P電力取引が成立する条件は、コンシューマー側のメリットとして、P2P電気料金が通常の小売電気料金より低いことと、プロシューマー側のメリットとして、P2P余剰電力買取料金が通常の卒FIT買取料金より高いことが必要である。BC技術を適用することで、託送料とプラットフォーマーの手数料等のその他料金を考慮したとしても、この関係はほぼ成立すると考えられており、P2P電力取引は市場参加者全てにおいてメリットがある。すなわち、ビジネスとして成立するのである（**図2**）。

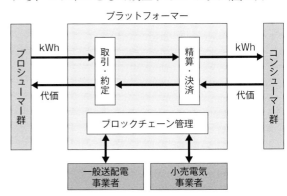

図1　P2P電力取引ビジネスの概念図

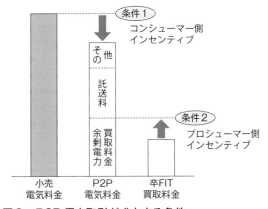

図2　P2P電力取引が成立する条件

P2P 電力取引の実現方法

P2P 電力取引を実現させる方法を**図3**に示す。その方法には、大きく2つの方法がある。自営線を使用する方法と電力系統を利用する方法である。電力系統を利用する方法では、PV の出力を制御しない方法（出なり）と蓄電池を活用して PV の出力を蓄電池に蓄えて制御する方法がある。自営線を用いる方法は、新たに電力融通を行う自営線をつくる必要があるなど範囲が限られ、広域に対応できず事業としては現実的ではない。一方、電力系統を用いた「出なり」では、制御しないことでシステムを簡易にでき、費用が安価にできるメリットはあるものの、プロシューマーの売電時間が PV が出力する昼間に限られることや出力予想が難しくインバランスが発生するなどのデメリットがある。

蓄電池で制御する方法は、蓄電池・EV に蓄えた余剰電力を成形することにより、いつでも売電することが可能となるため、P2P 電力取引がより容易になる。また、蓄電池に蓄えた余剰電力をタイムシフトすることにより、朝や夕刻の需要が高まる時にも必要な電力を売買することができるメリットがある。また、系統への逆潮流を制御することにより、系統安定化（電圧上昇、線路の過負荷）に役立つ可能性もある。しかしながら、蓄電池を使用した場合、現状ではその費用を電力取引で補うのは簡単ではないと言われている。

1. 電力分野におけるBC 技術の現在

1.1 国内の実証事例

BC 技術を活用した P2P 電力取引については、国内の様々な場所で実証試験が進められている（**表1**）。

1.2 関西電力の実証事例

具体的な例として関西電力が実施した P2P 電力取引の実証試験の概要について2件紹介する。

（1）実証事例1

関西電力と豪州パワーレッジャー社とで

BC 技術を活用した電力 P2P 取引の実証研究に取り組んだ（2018年4月24日付けプレス発表）（**図4**）。

具体的には、関西電力の巽実験センターにおいて、太陽光発電設備が設置されたプロシューマー宅で発生した余剰電力を、同実験センター内の複数電力消費者宅へ送電し、各住宅に設置したスマートメーターを通じて得られた電力量や、それに伴う料金について、パワーレッジャー社の P2P 電力取引システムにより、プロシューマーと電力消費者の間で、仮想通貨を用いて模擬的に取引を行った。

表1 BC 技術を活用した P2P 電力取引実証例

プレス日	発表元	プレスのタイトル	提携先
2018年4月24日	関西電力	豪州パワーレッジャー社とのブロックチェーン技術を活用した電力直接取引プラットフォーム事業に係る実証研究の開始について	パワーレッジャー社（豪州）
2018年10月15日	関西電力	電力売買価格の決定を含むブロックチェーン技術を活用した電力直接取引の実証研究の開始について	東京大学 日本ユニシス 三菱 UFJ 銀行
2019年4月25日	中国電力	ブロックチェーン技術を活用した電力融通に関する実証実験の実施について	日本アイ・ビー・エム
2019年4月26日	東北電力	分散電源を活用した電力直接取引（P2P 電力取引）に係わる共同研究の契約締結について	東芝エネルギーシステムズ
2019年5月30日	中部電力	ブロックチェーンを活用した個人間電力取引に関する実証実験の開始について	クリプトエコノミクス ラボ

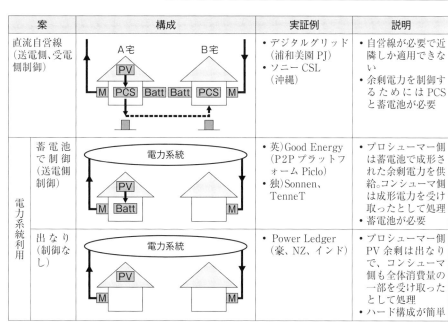

案		構成	実証例	説明
	直流自営線（送電側、受電側制御）	A宅 B宅 PV PCS Batt Batt PCS M M	・デジタルグリッド（浦和美園 PJ） ・ソニー CSL（沖縄）	・自営線が必要で近隣しか適用できない ・余剰電力を制御するためには PCS と蓄電池が必要
電力系統利用	蓄電池で制御（送電側制御）	電力系統 PV M Batt M	・英）Good Energy（P2P プラットフォーム Piclo） ・独）Sonnen、TenneT	・プロシューマー側は蓄電池で成形された余剰電力を供給。コンシューマ側は成形電力を受け取ったとして処理 ・蓄電池が必要
	出なり（制御なし）	電力系統 PV M M	・Power Ledger（豪、NZ、インド）	・プロシューマー側PV 余剰は出なりで、コンシューマ側も全体消費量の一部を受け取ったとして処理 ・ハード構成が簡単

図3 電力 P2P 取引の実現方法

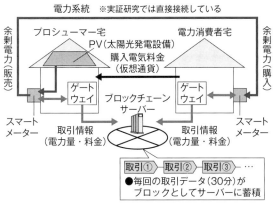

図4　実証研究の概要図

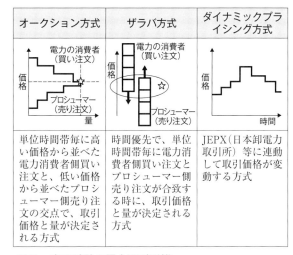

オークション方式	ザラバ方式	ダイナミックプライシング方式
単位時間帯毎に高い価格から並べた電力消費者側買い注文と、低い価格から並べたプロシューマー側売り注文の交点で、取引価格と量が決定される方式	時間優先で、単位時間帯毎に電力消費者側買い注文とプロシューマー側売り注文が合致する時に、取引価格と量が決定される方式	JEPX（日本卸電力取引所）等に連動して取引価格が変動する方式

図5　実証試験の電力取引形態

（2）実証事例2

　関西電力と東京大学、日本ユニシス㈱、㈱三菱UFJ銀行とで、電力売買価格の決定を含むBC技術を活用したP2P電力取引の実証研究に取り組んだ（2018年10月15日付けプレス発表）。

　具体的な実証内容としては、電力消費者とプロシューマー同士が、太陽光発電によって生じた余剰電力の売買価格の決定および直接取引ができる新システムの実証研究を実施した。クラウドサーバー内に電力取引システムを構築し、売買注文（売買量、単価、時間）をタブレットから入力することにより、**図5**に示すように3つの方式で取引を約定できることを確認した。

2．P2P電力取引の課題

2.1　技術的課題

　BC技術は様々な利点があるものの、実際に電力ビジネスに落とし込む場合に留意すべきBC特有の技術的課題として、主に以下の3点が挙げられる。

（1）スケーラビリティ（拡張性）

　小規模の実証時には問題はなかったとしても、顧客数が増加し取引量が増大した際に、BC活用による処理速度やBC手数料に問題がないかという観点である。これはそもそもBCの取引処理性能は、主にコンセンサスアルゴリズム（合意形成手法）に依存し、必然的に取引量が多いとそれだけ取引が適正かどうかの処理に時間を要することにある。関西電力では、2019年度にBCベンチャー企業と共同で、Plasmaと呼ばれる技術を活用し、Ethereumを親チェーンとしてサイドチェーン上でP2P取引処理を分担させることで、親チェーン上への書き込みを削減することにより処理性能向上や親チェーン利用手数料低減を図る方策を実証し、課題解決を試みた。

（2）インターオペラビリティ（相互運用性）

　ひと口にBCと言っても各種方式が存在し、多様な取引の経済圏を広げるビジネス展開を考えると、異なるBC方式間をセキュアに繋げる必要がある。関西電力では2019年度に、アトミックスワップ（直接交換）と呼ばれる技術を利用し、同一の暗号化ハッシュアルゴリズムを共有するBC同士の連携や、コネクションチェーンにより異なるプロトコルを持つBC同士の相互連携について、各々相互運用性の検証を実証し、課題解決を試みた。

（3）価値交換・決済手段

　通常、BC技術を応用した取引の対価の支払いには仮想通貨（暗号資産）やデジタル通貨が利用されるが、価値交換する媒体そのものが価値のある実体、例えば法定通貨に最終的に交換・決済することができるかどうかが重要である。関西電力では2019年度に仮想通貨交換業者と共同で、電子マネー（前払式支払手段）を電力P2P取引の決済手段として活用する方策を実証し、課題解決を試みた。

　以上3つの技術的課題は、相互にかつ密接に結びついており、同時に解決する必要があり、今も各方面で精力的に解決策が検討されている。例を挙げると、**図6**のように、L1と呼ばれる親チェーンをパブリック型BCにするかプライベート型BCにするか、L2と呼ばれるサイドチェーンと組み合わせるかなど様々なブロックチェーンの構成が考えられている。しかしながら今なおさらなる工夫が検討されている状況である。

2.2　制度・運用面の課題

　P2P電力取引は、技術的課題が解決されても現

案	パブリック チェーン	プライベート チェーン	パブリック＋ プライベート
B C 構 成	L1 [パブリック型 BC]	L1 [プライベート 型BC]	L2 [プライベート 型BC] × スマートコン トラクト連携 L1 [パブリック型 BC]
特徴	パブリック型BC上で取引することで、価値交換の課題はないが、スケーラビリティの課題は解決しない。インターオペラビリティは別途検討必要	プライベート型BC上で取引することでスケーラビリティの課題は解決しにくいが、価値交換の課題は解決しない。インターオペラビリティは別途検討必要	L1のパブリック型BCとL2のプライベート型BCを組み合わせて取引することで、価値交換とスケーラビリティを同時に解決する手法だが、検討必要。また、インターオペラビリティは別途検討必要

注）L1は親チェーン、L2はサイドチェーン

図6　ブロックチェーンの構成

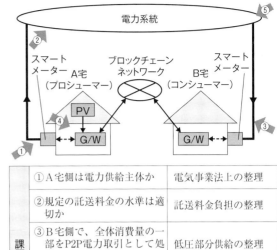

	①A宅側は電力供給主体か	電気事業法上の整理
課題	②規定の託送料金の水準は適切か	託送料金負担の整理
	③B宅側で、全体消費量の一部をP2P電力取引として処理できるか	低圧部分供給の整理
	④個別機器の電力取引の計量は	計量法上の整理
	⑤P2P電力取引のみの同時同量をどうするか	バランシンググループ重複の整理

図7　P2P電力取引の実現のための制度・運用面の課題

状ではただちには実行できない。実現のためには制度・運用面の課題も大きく5点ある（**図7**）。

（1）極小規模の小売電気事業者の電気事業法上の整理

個人が電気の売り手となるためには、小売電気事業者登録が必要となる。しかしながら、現在の電気事業法上では、個人のプロシューマーは電気供給主体になることは困難で、極小規模取引主体を法的にどう整理するかという課題がある。

（2）低圧から低圧間の託送料金負担の整理

小規模な電気を低圧から低圧へ託送する際の託送料金水準が適正かどうかという課題がある。現行の託送料金は、特高→高圧→低圧という電気の流れを前提としており、プロシューマー側の電気の流れが低圧→高圧→特高と潮流を改善する電力取引が行われる場合が想定されていない。

（3）低圧部分供給の整理

現PVの発電時間帯を考えると、コンシューマー側において、P2P電力供給と小売電気事業者双方から電力供給を受ける必要がある。すなわち低圧部分供給が実行できるのかという仕組み面での課題がある。適正な電力取引についての指針において、高圧以上は部分供給が容認されている一方、低圧部分供給に関して「複雑な契約関係を結んでまで部分供給を選択するインセンティブは小さい」とあり、現状では議論の余地がある。

（4）計量法上の整理

現状では、PVや電気自動車、デマンドレスポンス制御などの多様な宅内エネルギーリソースをもとにP2P電力取引を行う場合、個別機器毎に特定計量器を用いた計量が必要であり、計量法に準拠しなければならないという取り扱い整理の課題がある。

（5）バランシンググループ重複の整理

P2P電力取引プラットフォーム事業を行う際に既存のバランシンググループ（以下：BG）との重複所属ができるかという仕組み面での課題がある。現行制度上、1つのエリアで複数のBGに属することは認められていない。

これら5つの課題が全て一体的に解決することで、P2P電力取引等の将来が開けるが、既に2019年5月10日に開催された資源エネルギー庁「次世代技術を活用した新たな電力プラットフォームの在り方研究会」で、P2P電力取引の類型と論点となり得る主な制度・運用見直し項目が提示された。これは、国大としてもP2P電力取引を実現するため現時点での法制度・運用面での主要な論点が明確にされたことを意味しており、今後の精力的な検討を通じて論点整理から法改正に繋がっていくことが期待される。

〈関西電力（株）　石田　文章〉

ブロックチェーン

ブロックチェーンは仮想通貨「ビットコイン」の基盤技術として、P2P（ピア・トゥ・ピア）ネットワーク技術や、ハッシュ値と呼ばれる暗号技術などの、既存技術の巧みな組み合わせにより開発された。ブロックチェーンでは、対等の立場でデータを交信するP2Pネットワークに接続された全ての端末で情報を共有する。このため一部の端末に障害が発生しても、システム全体が停止することはなく、高い可用性が確保される。また、ブロックチェーンでは前のブロック内に保存された情報のハッシュ値が次のブロックへ組み込まれ、さらにその情報が次のブロックへと連鎖的に組み込まれる。このため、ある1つのブロックの情報を改ざんすると、その先の全てのブロックのハッシュ値を書き換えない限り、情報とハッシュ値に矛盾が生じる。しかし、次々と生成される新たなブロックを含め、全てのハッシュ値を書き換えてブロックを再生成することは事実上不可能なため、高い完全性が確保される。

ブロックチェーンに関しては仮想通貨における利用に限らず、様々な分野での活用が検討されている。特に金融分野においては、ブロックチェーン技術を活用する動きが加速しており、幅広い金融機関がコンソーシアム等を設立し、共同で活用の取り組みを進めている。電力分野においても、様々なブロックチェーン活用の検討が進められており、特に需要家間で電力を直接取り引きする、P2P取引に関する検討が活発に行われている。しかし、ブロックチェーンはP2P取引に限らず、広く電力分野での活用が期待される技術である。ここではP2P取引以外の電力分野でのブロックチェーンの活用として、電力のトレーサビリティ、資金調達プラットフォーム、バッテリの管理の3つについて解説する。

電力のトレーサビリティ

1．概要

電力分野でのブロックチェーンの活用方法の1つに、電力がどこで発電され、どこで消費されたかを記録する、電力のトレーサビリティがある。改ざんが困難なブロックチェーンを用いてトレーサビリティを記録することで、環境価値が高い再エネ由来の電源であると詐称するなどの不正が防止できる。また、誰でも自由にデータを閲覧できるパブリックブロックチェーンを用いてトレーサビリティの結果を公開すれば、どの発電会社が環境価値の高い電力をつくっているか、どの企業が環境価値の高い電力を多く利用しているのか、などを広く一般の人が確認できるようになる。

2．活用事例

2.1 Energy Web Foundation（EWF）

スイスを本拠地とする国際団体であるEWFは、エネルギー分野で使用できるブロックチェーンを用いた基盤技術の開発を進めている。こうした基盤技術の1つに、エネルギーのトレーサビリティを目的としたEW Originがある[1]。EW Originを用いることで、再エネ由来の電気の来歴と所有権をkWhレベルで追跡できる。

2.2 みんな電力

バランシンググループ内における、発電量と需要量とのマッチング結果をもとに、電力のトレーサビリティを実現する「ENECTION2.0」を開発している（**図1**）[2]。このシステムでは、発電量と需要量を30分毎に個々にマッチングし、取り引きとして約定させる。約定結果はパブリックブロックチェーン上に記録され、どの電源からどれだけ電気を買ったかの証明ができる。新たに計測装置を追加することなく、電力のトレーサビリティが実現できるのが、このシステムの特徴である。

2.3 デジタルグリッド

家庭内の電力のトレーサビリティの結果から算出

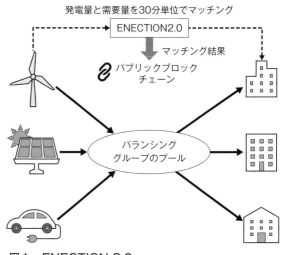

発電量と需要量を30分単位でマッチング

ENECTION2.0

マッチング結果

パブリックブロックチェーン

バランシンググループのプール

図1　ENECTION 2.0

した環境価値を取り引きする機能を有する、デジタルグリッドプラットフォーム（DGP）を開発している[3]。DGP では、デジタルグリッドコントローラ（DGC）と呼ばれる IoT デバイスにより、再エネ電源の発電量メーターや、家庭に設置されたスマートメーターのデータを読み込む。そして、この結果から家庭内の再エネ自家消費量と、生成された環境価値を算出し、その結果を DGP にブロックチェーンを用いて無線送信する。

3．将来動向と課題

パリ協定以降、脱炭素社会の実現へ向けた再エネ利用の動きが広がり、「RE100（Renewable Energy 100%）」や「再エネ100宣言 RE Action」に加盟する企業が増えている。また環境省では、脱炭素化を推進するため、温室効果ガスの排出削減量や吸収量を「クレジット」として国が認証する J クレジット制度について、早ければ2022年度からブロックチェーンの活用を開始する方向で検討を進めている。こうした状況の下、再エネ由来の電気であることを証明するために必要となる、電力のトレーサビリティへのニーズはますます高まると予想される。

また、電力のトレーサビリティに関しては、上流から下流（発電から消費）のトレーサビリティに加えて、家庭内における下流から上流（家電機器からスマートメーター）の電力のトレーサビリティでのブロックチェーンの活用も期待される。電力のトレーサビリティにより、家電機器毎の電力消費量が記録できれば、例えば使用期間中の電気代はその家電機器メーカーが支払う、電気代込みの機器販売なども可能となる。なお、現行の電気計量制度では、こうした機器毎の消費電力を計測する電力計についても、計量法に基づく型式承認または検定を受けることが求められるが、分散リソース活用促進の観点から、計量法の適用範囲を緩和する方向で検討が進められている。

資金調達プラットフォーム

1．概要

再エネの普及促進や、途上国の電化などを目的に、賛同する世界中の投資家から、ブロックチェーンを用いて資金を調達するプラットフォームの開発・運用が行われている。金融機関からの借入れと比べ、ブロックチェーンを用いた資金調達には、低金利で迅速に24時間365日、世界中から資金を調達できるメリットがある。なお、ブロックチェーンを用い

た資金調達方法には、ビットコインなどの既存の仮想通貨を用いて資金を調達する方法に加え、ICO（Initial Coin Offering）と呼ばれる、自らがブロックチェーン上で独自コイン（トークン）を新規に発行して資金を調達する方法もある。

2．活用事例

2.1 The Sun Exchange

開発途上国の無電化地域に太陽光発電を設置し、電力を供給することを目的としたクラウドファンディングを実施している[4]。投資家は太陽光発電のパネルを購入し、リース料の支払いを受ける。この投資やリース料の支払いには、法定通貨またはビットコインが使われている。また、スマートメーターから自動取得した発電量などのデータは、パブリックブロックチェーンを用いて記録・公開され、投資家が閲覧できるようになっている。さらにリース料の分配などには、スマートコントラクトと呼ばれる、ブロックチェーン上で契約を自動的に実行する仕組みが利用されている。

2.2 WePower

再エネ発電事業者への投資を簡略化、オープン化する、ブロックチェーンを用いた ICO のプラットフォームを開発している[5]。資金を調達したい再エネ発電事業者は、将来発電する電力をトークン化して売り出す。投資家は、この WPR と名づけられたトークンを購入することで、再エネ発電事業者に出資する。また、再エネ発電事業者はトークン化した電力の一定割合を配当として投資家に還元する。投資家は保有する WPR トークンの量に比例して、この配当電力を受け取ることができる（**図2**）。なお、WePower は現在、この ICO のプラットフォームではなく、再エネの調達を望む法人顧客と、再エネ発電事業者をオークション形式でマッチングするプラッ

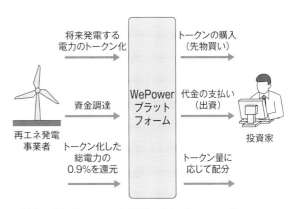

図2　WePower の ICO プラットフォーム

トフォームの提供に注力してビジネスを進めている。

2.3 Power Ledger

再エネの普及促進を目的に、個人投資家によるエネルギー資産への投資や共同所有を可能にする、AGE（Asset Germination Events）と呼ばれる新たなトークンを発表している[6]。AGEトークンは資産に紐づいており、WPRトークンのように市場により価格が変動しないことが特徴である。また、事業収益を分配するトークンは証券とみなされる可能性が高いが、AGEはオーストラリアの証券規制に適合していると発表されていることも特徴となっている。

3．将来動向と課題

ICOは2017年頃に盛り上がりを見せたが、投機的な資金の流入や、詐欺まがいのICOが横行するなどの問題が生じている。WePowerもビジネスモデルを変更しており、ICOは発展途上の段階にある。しかし、将来的にはエネルギー分野においても、再エネの導入に加えて、新規事業の立ち上げや、大規模システムの導入などの際の資金調達手段としてICOが活用される可能性がある。

なお、国内においてICOを実施する場合、トークンの発行者は金融商品取引法上の開示規制の対象となる可能性がある。2019年5月31日に可決・成立した「情報通信技術の進展に伴う金融取引の多様化に対応するための資金決済に関する法律等の一部を改正する法律」では、投資型ICOトークンは、ブロックチェーン技術などを活用して「事実上多数の者に流通する可能性がある」と判断され、開示規制の対象となる「第一項有価証券」に位置づけられる可能性がある。

［バッテリの管理］

1．概要

ブロックチェーンの活用方法にEV（Electric Vehicle）などのバッテリ管理がある。「いつ誰が何kWh充電したか」という課金のもととなるデータや、バッテリの残存価値を、公平性・透明性を担保して保存するのにブロックチェーンが活用されている。また、現実のバッテリではないが、需要家の余剰電力を仮想的な蓄電池に預かる、電力のお預かりサービスでも、ブロックチェーンが活用されている。

2．活用事例

2.1 中部電力、Nayuta、インフォテリア

EVの充電環境が不十分な既設の集合住宅など

に、安価で信頼性の高いEV充電管理システムを提供することを目的とした、電気自動車等の充電に関わる新サービスの実証実験が行われている[7]。実験ではNayutaが開発した即時決済型の電源コンセント、インフォテリア（現在はアステリア）が開発したスマートフォン用アプリを使い、いつ誰が充電を行ったかという履歴をブロックチェーンに記録している。充電の支払いは電事法の制約により充電設備のオーナーが電気を再販できないため、中部電力の充電用トークン（CEC）を用いて行われる。

2.2 Kaula

EV用バッテリの残存価値を予測し、これをもとにEV以外での二次利用・三次利用判定を行うことを目的とした、バッテリ残存価値予測システム（BRVPS：Battery Residual Value Prediction System）を開発している（**図3**）[8]。BRVPSはBMS（Battery Management System）から取得したバッテリユニット内の温度、湿度、圧力、電圧、電流などのデータと、OBD（On Board Diagnostics）から取得した情報をもとに、AIを用いてバッテリの残存価値を予測する。予測した残存価値はシステムの利用者が情報を共有できるよう、パブリックブロックチェーンへと書き出され、安心・安全なバッテリの再利用を可能にしている。

2.3 東京電力、関西電力、四国電力、中国電力

多くの電力会社によって、自宅に蓄電池を設置しなくても、太陽光発電の余剰電力を貯めておくことができる、仮想的な蓄電サービスが提供されている。東京電力の「再エネおあずかりプラン」[9]、関西電力の「貯めトクサービス」[10]、四国電力の「四電ためトクサービス」[11]、中国電力の「ぐっとずっと。グリーンフィット」[12]などがこれに該当する。

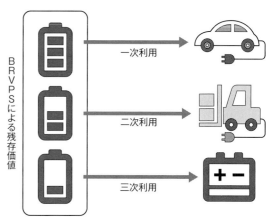

図3　BRVPSによる二次・三次利用判定

これらのサービスでは、送配電網に流した電気の量をカウントして、仮想的に「預けた」という扱いにし、預けたのと同量の電気を、後から自宅で取り出して利用することができる。この預けた/取り出した電気の量を管理するのに、ブロックチェーンが活用されている。

3．将来動向と課題

EV充電管理は、エネルギー分野のブロックチェーン技術の応用事例の中では、比較的に、技術的・法制度的なハードルが低く、早期に商用化が実現される可能性が高い応用例の1つである。ただし、事業の採算性について課題がある。EVの充電は1回当たり1,000円程度と少額であり、手数料により初期投資を回収するビジネスモデルは成立し難い。ブロックチェーン技術を用いることで公平性・透明性を担保するだけでなく、投資コストの面でも従来方式より大きな優位性を創出できるかが普及のカギとなる。

また、仮想蓄電サービスが一般的になると、自宅で預けた電気を旅行先で利用したいとか、下宿している子供に電気を仕送りしたいなどのニーズが出てくると予想される。こうしたニーズに応えるには、預けた電力会社のエリア外での電気の取り出しを可能とする、携帯電話のローミングサービスのようなものが必要となるが、こうしたサービスの実現には、ブロックチェーンの相互接続性が問題となる。それぞれの電力会社が異なるブロックチェーンを利用していた場合、現状ではこれらのブロックチェーンを連係させることは難しい。

また、現状のブロックチェーンでは、バージョンアップにより追加された新機能が古いバージョンでも動作することなどを保証する下位互換性は保証されておらず、たとえ同じブロックチェーンを使っていたとしても、異なるバージョンのブロックチェーンを使っていた場合には、うまく連係できない可能性さえある。なお、異なるブロックチェーンの相互接続性や下位互換性の課題に関しては、ブロックチェーンの標準化の検討が進められている。

◇　　　◇　　　◇

電力分野におけるP2P取引以外のブロックチェーンの活用方法として、電力のトレーサビリティ、資金調達プラットフォーム、バッテリの管理の3つについて解説した。なお、上記の活用方法に限らず、ブロックチェーンは電力系統の運用や、保安情報の記録など、電力分野の様々な場面での活用が期待で

きる技術である。ただし、ブロックチェーンは未だ発展途上の技術であり、保守性や相互接続性など、解決すべき課題も残されている。ブロックチェーンの適用にあたっては、従来技術と比べた長所短所を理解した上で、適用の可否を判断することが重要である。

◆参考文献◆
（1）Energy Web ホームページ "Tomorrow's Renewable Energy Markets Start Here"
https://energyweb.org/technology/toolkits/ew-origin/
（2）みんな電力ホームページ，世界初！ブロックチェーンによる電力トレーサビリティを商用化！，2018年12月5日
https://minden.co.jp/personal/wp-content/uploads/2018/12/release_20181205.pdf
（3）デジタルグリッドホームページ "What is DGP?"
https://www.digitalgrid.com/service
（4）The Sun Exchange ホームページ "HOW IT WORKS"
https://thesunexchange.com/how-it-works
（5）WePower ホームページ "White paper"
https://wepower.com/media/WhitePaper-WePower.pdf
（6）Power Ledger ホームページ "Asset Germination Events"
https://www.powerledger.io/software/asset-germination/
（7）中部電力ホームページ，ブロックチェーンを使った電気自動車等の充電に係る新サービスの実証実験の実施について，2018年3月1日
https://www.chuden.co.jp/publicity/press/3267230_21432.html
（8）Kaula ホームページ "BATTERY RESIDUAL VALUE PREDICTION SYSTEM for Circular Economy"
https://kaula.jp/project/brvps/
（9）東京電力エナジーパートナーホームページ，「再エネおあずかりプラン」の詳細について
https://www.tepco.co.jp/ep/notice/pressrelease/2019/pdf/190806j0101.pdf
（10）関西電力ホームページ，余剰電力の活用サービス貯めトクサービスについて
https://kepco.jp/ryokin/kaitori/tametoku/
（11）四国電力ホームページ，四電ためトクサービス
https://www.yonden.co.jp/customer/price/plan/tametoku.html
（12）中国電力ホームページ，ぐっとずっと。グリーンフィット
https://www.energia-support.com/greenfit/

〈（一財）電力中央研究所　所　健一〉

デジタルツイン

デジタルツインの概要、歴史、定義など

　デジタルツインの最初の概念は、2003 年にミシガン大学の Grieves 教授がプロダクト・ライフサイクルマネジメントに関する講義の中で発表したもの[1]で、これがデジタルツインの起源として考えられている。当時は概念の具体性が十分ではなかったが、物理的な製品、仮想的な等価物、およびそれらの接続の 3 つの部分を含むデジタルツインの予備的な形態が提案された。その後、通信技術、IoT（Internet of Things）、センサー技術、ビッグデータ解析、シミュレーション技術といった、デジタルツインを実現するための技術が飛躍的に成長し、2012 年にはアメリカ航空宇宙局（NASA）によってデジタルツインの概念が見直され、より具体的な定義が示された[2]。2014 年には Grieves 教授により最初のホワイトペーパーが発表され[1]、1 つの概念的なアイデアだったデジタルツインが、様々な用途での実用的な応用が可能な技術へと成長したことが述べられた。その後、2017 ～ 2019 年には、Gartner 社によって、デジタルツインは「戦略的テクノロジートレンドのトップ 10」の 1 つに 3 年連続で分類された[3]。

　デジタルツインの定義は様々なものが考えられているが、現在、最も広く受け入れられている定義は、NASA によるものと Grieves 教授によるものである。NASA は、デジタルツインを、過去のデータ、リアルタイムのセンサーデータ、物理モデル等に基づいて、対応するツインの状態を反映するマルチフィジックス、マルチスケール、確率論的、超忠実度の統合的シミュレーションと定義している[2]。また、2014 年に Grieves 教授によって発表されたデジタルツインに関するホワイトペーパーによると、デジタルツインの基本モデルは大きく以下の 3 つの部分から構成される[1]。

（1）実空間における物理的な製品
（2）仮想空間における仮想的な製品
（3）仮想と実空間を結びつけるデータや情報の双方向の接続

　つまり、デジタルツインは、実空間における物理的な対象物のデータ・情報から仮想モデル（ツイン）を仮想空間上に構築することで、対象物の状態のモニタリングや動作のシミュレーション等を可能とするものである（図 1）。また、デジタルツインを用いた分析・シミュレーションにより実空間の対象物の異常の検出や将来の傾向等を予測することが可能となる。

　一般的なシミュレーションとの違いとしては、実空間とリンクしたデジタルツインを用いることで、対象物のリアルタイムの状態を反映したシミュレーションや分析等が行える点にある。

電力分野での応用事例

　電力分野でのデジタルツインの応用事例としては、以下のようなものがある。

1．企業による実装、シミュレーションによる検証等が行われている事例

（1）Siemens[4]

　電力会社全体でモデルの同期化と標準化されたデータ交換を実現するためのデジタルツインのソリューションを開発。フィンランドの Fingrid や、米国の American Electric Power 社において導入がなされている。

（2）GE[5]、[6]

　発電所やウィンドファームを対象としたデジタルツインが開発されている。デジタルツインにより、発電機の故障や性能低下の予測による保守の効率化、運用の最適化等の機能を提供している。風力発電用タービンに関しては、既に 1 万基以上がデジタルツイン化されており、予防保全や風力の予測、運用の最適化等が可能になっている。

（3）ABB[7]

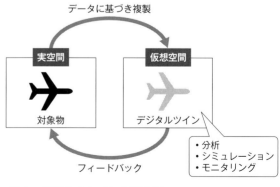

図1　デジタルツインの概念図

リアルタイムの AI（Artficial Intelligence）アプリケーションの適用を可能とするデジタルツインの開発が進められており、そのユースケースの1つとして太陽光発電所を対象としたデジタルツインが構築されている。実データを活用したデジタルツインにより、装置の故障予測や太陽光発電の発電量の推定・予測精度の向上等の効果があることを確認している。

（4）National Grid[8]

リアルタイムの高解像度データと機械学習を利用して二次送電系統のデジタルツインが構築されている。デジタルツインにより、変電所から家庭までの電力の流れ、電圧、インフラがマッピングされ、分散型電源の出力変動を含む系統の状態の検出や予測を行うことができる。

（5）中国 State Grid（CEPRI）[9]

SCADA（Supervisory Control And Data Acquisition）、状態推定、DSA（Dynamic Security Assessment）を含むオンライン分析を高速化するためのデジタルツインが構築されている。

今後、オペレーターへの支援情報の提供のための給電ルールのデジタル化や、給電ルールを活用したソリューションを開発することが計画されている。

（6）東芝[10]

フィジカル（現実）空間における電力流通設備とその運用状態をサイバー空間でモデル化したデジタルツインを構築し、系統設備の設計・製造情報およびフィールドにおける運用データを使って電力系統の設備形成とその運用を変革するデジタルサービスを開発している。デジタルツインによるサービスの例として、設備・資産の最適化（アセットマネジメント高度化支援）や、予防保全を目的とする制御、分析・解析、シミュレーションなど（系統運用リアルタイム支援）が挙げられている。また、具体的なサービスの例として、再生可能エネルギーの出力予測・系統状態シミュレーションの高度化や、ダイナミックレーティング技術が挙げられている。

2．構想、研究の例

2.1　電力系統のデジタルツイン[11]

電力系統のデジタルツインとして、オントロジーモデル、デジタルスキームとマップ、電子ドキュメント、情報モデル（マスターデータ）、リアルタイムデータ、数学モデルとシミュレーションモデルで構成される6層デジタルツインアーキテクチャーが開発されている。再生可能エネルギーや蓄電池が設置

された教育施設を対象としたシミュレーションにより検証を行い、デジタルツインを構築し、設備構成の最適化に活用できることを確認している。

2.2　電力系統のコントロールセンターにおけるデジタルツイン[12]、[13]

Brosinskyらにより、将来の電力系統の運用と制御のためのコントロールセンターの EMS（Energy Management System）におけるデジタルツインの適用性について、系統状態の追跡、モデリング、システム同定、パラメーター推定、オペレーターへの支援等の観点から整理されている[12]。また、ダイナミックデジタルミラーと呼ばれる電力系統の状態をリアルタイムに反映する動的モデル（デジタルツイン）を電力系統の監視制御システムに活用する新しいコンセプトが紹介されている[13]。

2.3　配電系統内のインバーター機器のデジタルツイン[14]

配電系統内のインバーターモデルのデジタルツインを構築するためのニューラルネットワークに基づくモデルパラメーターの推定手法が提案されている。また、モデルパラメーターの同定や推定に関する従来手法との比較により、ニューラルネットワークによるモデルパラメーターの推定を活用したデジタルツイン構築の有効性を検証している。

2.4　バッテリのデジタルツイン[15]

Pileggiらにより、エネルギーシステムの異常検出や原因解析のためのデジタルツインの応用についての検討がなされている。バッテリを対象としたデジタルツインを Phython で実装し、シミュレーションモデルのパラメーター調整や異常検出機能に関する検証を実施している。

2.5　マイクログリッドのデジタルツイン[16]

マイクログリッドにデジタルツインを適用するためのフレームワークが提案されている。提案フレームワークでは、マイクログリッドのサイバー層と物理層の両方をモデル化し、リアルタイムのデータ可視化を提供。さらに、IEEE39-bus system を使用したシミュレーションによりデジタルツインの機能を検証している。

RSDT に基づく次世代型電力系統信頼度制御システムの構想[17]

1．背景

我が国では、再生可能エネルギー電源（以下：再エネ）の導入拡大、需要家サイドの機器の能動化、

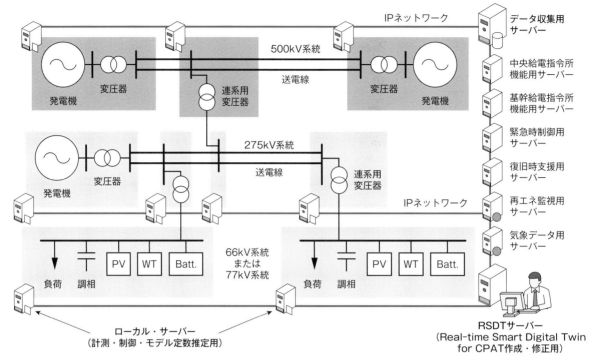

図2　RSDT に基づく次世代型電力系統信頼度制御システムの概念図[(17)]

発送電分離などにより、他社の系統や電力機器のデータ収集がより難しくなっていくと予想されている。このような状況下でも、経済的かつ信頼性の高い電力系統運用を実現するために、電力系統の状態を常時監視し、その特性を把握する重要性が増していくと考えられる。このため、欧米では一般的となっている電力系統の多地点同時刻データ収集システム（WAMS：Wide Area Monitoring System）の機能を我が国にも導入し、再エネが導入拡大された将来の系統状況において、特に系統事故や供給支障が発生した際の系統制御・原因究明・系統安定化対策などに利用するために、RSDT（Real-time Smart Digital Twin）に基づく次世代型電力系統信頼度制御システム（以下：RSDT システム）の概念（**図2**）が提案されている[(17)]。

2．RSDT システムの概要
RSDT システムの概要を以下に示す。
① リアルタイム（データ収集周期 0.01s）で電力系統の情報（系統の電圧・電流・有効電力・無効電力・電圧相差角）を常時監視・収集し、現在の各電力機器の電力系統動特性解析プログラム[(18)]（以下：Y法）のモデルおよび系統状態を推定・把握する。
② 系統事故時など各電力機器の状態が変化した場合、収集した 0.01s 毎の計測値を用いて、Y法モデルの誤差の大きい電力機器を自動的に抽出し、その後、オフラインでY法モデルを修正する。
③ RSDT システムの電力設備の諸元情報、計測値、設定値、指令値などを共通情報モデル（CIM：Common Information Model）で記述する。
④ 通信プロトコルとそのサービスについては、IEC 61850（電力機器制御に関わる通信システム・情報交換の国際標準）を利用する。
⑤ サイバーセキュリティを考慮した、セキュアかつ効率的なデータの収集・保存・転送・管理技術を利用する。

3．RSDT システムにより実現を目指す機能
RSDT システムにより、以下の実現を目指す。
（1）系統制御・運用面
① 現在および近未来の電力系統の安定性の状態を予測・把握する。例えば、
・近未来に系統事故が発生した場合の電力系統の安定性を事前に評価する。
・時々刻々と変化する系統定数や慣性定数などの電力系統の特性をリアルタイムで把握する。
・定期的に大容量発電機が停止した場合のY法計算を実施し、系統周波数の変化速度・低下幅を

予測・監視する。

- 系統状態や異常・異常予兆の早期把握と予防制御（予防措置）を実施する。

② Y法モデルの精度の検証・向上を図る。特に再エネが大量に連系されている地域供給系統（66 kV または 77 kV 系統）は、1 つの等価的な大容量電源とみなせるため、その状態を把握すると共にY法モデルの精度向上を図る。

③ 供給支障発生時に、より迅速な系統復旧を実現するための事前計算を実施する。

（2）社会経済面

① 今後より収集が困難となることが予想される再エネを含む電力会社以外の電力機器の情報の有用性、特に再エネにおける系統安定化対策などの必要性を過去の RSDT のデータを用いて定性的・定量的に評価する。

② 電力の流通・利用における電力流通設備の最大限活用（利用率向上）と系統セキュリティ確保を両立させる。

③ 再エネ導入の拡大や電力取引の拡大における系統制約を最大限に抑制する。

この RSDT システムにより、今後、複雑化していくことが予想されている電力系統の状態をきめ細かく把握することで、経済的で信頼性の高い電力系統の監視・運用・制御・復旧の実現を目指す。

◆参考文献◆

（1）M.Grieves："Digital twin：manufacturing excellence through virtual factory replication", White Paper, 2014

（2）E.Glaessgen, D.Stargel："The digital twin paradigm for future NASA and U.S.Air Force vehicles" in Proc.53rd AIAA/ASME/ASCE/AHS/ASC Struct. Struct.Dyn.Mater.Conf., 2012

（3）Panetta K.："Gartner's top 10 strategic technology trends for 2019", Gartner, 2018；Available https://www.gartner.com/smarterwithgartner/ gartner-top-10-strategic-technology-trends-for-2019/

（4）Siemens："Electrical Digital Twin" Online, Available https://new.siemens.com/global/en/products/ energy/energy-automation-and-smart-grid/electrical-digital-twin.html

（5）GE："GE Digital Twin Analytic Engine for the Digital Power Plant", Available https://www.ge.com/digital/sites/default/files/ download_assets/Digital-Twin-for-the-digital-power-plant-.pdf

（6）GE Renewable Energy："Digital solutions for wind farms", Available https://www.ge.com/renewableenergy/wind-energy/onshore-wind/digital-wind-farm

（7）ABB："Digital twins and simulations", ABB review, 2019

（8）Smart Energy International："Utility pilots first of its kind digital twin technology", Available https://www.smart-energy.com/industry-sectors/ energy-grid-management/national-grid-pilots-first-of-its-kind-digital-twin-for-the-power-grid/

（9）M.Zhou, J.Yan, D.Feng："Digital twin framework and its application to power grid online analysis" in CSEE Journal of Power and Energy Systems, Vol.5, No.3, pp.391-398, Sept.2019

（10）庄野貴也，才田敏之：電力流通の変革を支えるデジタルサービス，東芝レビュー，2020

（11）S.K.Andryushkevich, S.P.Kovalyov, E.Nefedov："Composition and Application of Power System Digital Twins Based on Ontological Modeling", 2019 IEEE 17th International Conference on Industrial Informatics（INDIN）, Helsinki, Finland, pp.1536-1542, 2019

（12）C.Brosinsky, X.Song, D.Westermann："Digital Twin-Concept of a Continuously Adaptive Power System Mirror", International ETG-Congress 2019；ETG Symposium, Esslingen, Germany, pp.1-6, 2019

（13）C.Brosinsky, D.Westermann, R.Krebs："Recent and prospective developments in power system control centers：Adapting the digital twin technology for application in power system control centers", 2018 IEEE International Energy Conference（ENERGYCON）, Limassol, pp.1-6, 2018

（14）X.Song, T.Jiang, S.Schlegel, D.Westermann："Parameter tuning for dynamic digital twins in inverter-dominated distribution grid", in IET Renewable Power Generation, Vol.14, No.5, pp.811-821, 2020

（15）P.Pileggi, J.Verriet, J.Broekhuijsen, C.van Leeuwen, W.Wijbrandi, M.Konsman："A Digital Twin for Cyber-Physical Energy Systems", 2019 7th Workshop on Modeling and Simulation of Cyber-Physical Energy Systems（MSCPES）, Montreal, QC, Canada, pp.1-6, 2019

（16）W.Danilczyk, Y.Sun, H.He："ANGEL：An Intelligent Digital Twin Framework for Microgrid Security", 2019 North American Power Symposium（NAPS）, Wichita, KS, USA, pp.1-6, 2019

（17）北内義弘：RSDT（Real-time Smart Digital Twin） for CPAT に基づく次世代形電力系統信頼度制御システムの構想，平成 30 年電気学会電力・エネルギー部門大会，No.197, 2018 年 9 月

（18）安定度総合解析システム開発グループ：大規模電力系統の安定度総合解析システムの開発，電力中央研究所総合報告 T14, 1990 年 4 月

〈（一財）電力中央研究所　北内 義弘、川村 智輝〉

気象予測

電力系統における気象予測の活用

電力系統の運用・計画に気象予測を活用することは古くからの取り組みである[1]。電力需要は気温との相関が強いことが知られ、天気予報が電力需要の予測因子の1つとして用いられてきた。また、水力発電所やダムの運用では河川流域での降雨・降雪が重要なファクタであり、水力発電の出力予測に活用されている。さらに、雷や台風、大雨・大雪は電力系統の設備に重大な影響を及ぼす可能性が高く、電力系統の供給信頼度を高めるために、それらの観測や予報が活用されている。

近年では、異常気象とも呼ばれることもある極端現象による停電被害が社会的に注目され、電気は社会生活を支える重要インフラであることから、気象予測の重要性が一層高まっている。また、太陽光発電（PV）や風力発電といった再生可能エネルギー（以下：再エネ）電源の導入拡大が進んでいる中、高精度な発電出力予測を行うための気象予測が喫緊の課

題となっている。

本稿では、電力系統に関わる気象予測の中でも、近年、特に技術開発の進展が著しい再エネ電源の出力予測を取り上げ、それに関わる技術動向について電力中央研究所（以下：電中研）での取り組みを中心に解説する。

再エネ電源の発電出力予測と電力系統の運用・計画

地球温暖化への懸念から CO_2 削減が国際的な取り組みとなり、パリ協定の下、我が国では2030年までに2013年比で、温室効果ガス排出量を26%削減する目標が掲げられた。これに伴い、化石燃料を用いた発電を抑制することを目的に、再エネの主力電源化が国の目標となった。

一方で、自然変動電源（Variable Renewable Energy）や間欠性電源（Intermittent Generation）とも呼ばれる、天候に発電出力が左右される再エネ電源（PVや風力発電が代表例）が大量に電力系統に連系されると、電力系統の安定運用が難しくなることも指摘されている。この対策として、中でも出力予測は対策の根幹を成し、精度の高い予測手法に向けた様々な取り組みが行われている[2]。

PVを例に、空間領域と時間領域の観点で予測手法の適用範囲を示す（**図1**）。図1では、PV出力は

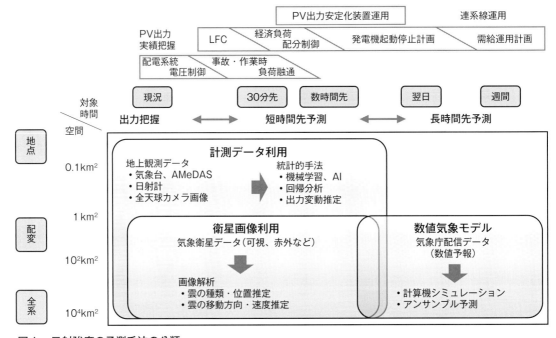

図1 日射強度の予測手法の分類

日射強度に基づき求めることから、日射強度の予測手法を分類している。

再エネ電源出力予測のための気象予測

1．数値気象モデル

数値気象モデルでは、大気を格子状に区切り、格子単位での気象現象をコンピュータによる数値解析（シミュレーション）で再現する。ここで、格子のサイズが現象を再現できる最小単位、すなわち空間解像度である。

1.1　気象庁の数値予報モデルとWRF

気象庁の数値予報モデル[3]には、まず地球全体の大気を対象とする全球モデルGSM（Global Spectral Model）がある。GSMにおける日本域の空間解像度は約20kmで、天気予報・週間天気予報や台風予報に使われている。より空間解像度の細かい予測を行うのがメソモデルMSM（Meso-Scale Model）である。MSMは、GSMを境界条件として日本域の水平2〜2,000kmの規模（メソスケール）を対象としたシミュレーションを行い、空間解像度は約5kmである。また、局地モデルLFM（Local Forecast Model）は空間解像度が2kmである。

他に、米国国立大気研究センター（National Center for Atmospheric Research）を中心に開発されたWRF（Weather Research and Forecasting）[4]が広く用いられている。メソスケールでの気象現象を主な再現対象にしていることからメソ気象モデルと呼ばれる（計算領域・空間解像度を設定できるこ

とから領域気象モデルとも呼ばれる）。

1.2　数値気象モデルを用いた出力予測システム

数値気象モデルを用いた出力予測システムの例としては、上記のWRFを中核にして電中研で開発が進められているNuWFAS（Numerical Weather Forecasting and Analysis System）[5]がある。同システムでは、気温・風速・降水量・日射量など気象要素全般を予測でき、空間解像度は3〜5kmときめ細かく、数日先の短期予測だけでなく、長期の気候予測にも対応する。また、風力発電出力の予測向けに開発されたNuWFAS-WinP[5]は、数値流体モデルである三次元風況解析コードNuWiCC（Numerical Wind simulation Code in CRIEPI）を組み込むことで空間解像度100mでの予測を可能にした。これにより、欧州に比べて複雑な地形の日本でも、風車単位で高精度な予測が可能になった。

2．衛星画像を利用したPV出力の予測

電中研では、静止気象衛星のひまわり8号の画像データを用いた日射量をリアルタイムで推定・予測するシステムの開発を進めている[6]（**図2**）。日射量推定では、気象衛星の可視画像と2つの赤外画像を用いて雲分布を把握し、地表面の日射量を推定する。本手法で計算される日射量分布の時間間隔は1分、空間解像度は3次メッシュで約1kmである。

日射量予測（6時間先まで）では、過去と現在の画像データをもとに、経度方向と緯度方向の雲域の移動速度ベクトルを算出する方法を採用している。

3．計測データを利用した予測

3.1　カメラを使った予測

全天球Webカメラや魚眼レンズ付きカメラで撮影して得た全天画像から短時間先の日射を推定する。最近ではWebカメラが比較的安くなっているので、今後、導入が進む可能性がある。

実際にカメラを使用した研究に、魚眼レンズを装着したカメラ1台で撮影した天空画像から雲量を推定する例がある[7]。これにより、日射強度の短周期変動予測を行った。また、日射量の計測対象をカメラで撮影し、その画像の色情報と観測した日射強度を重回帰分析することで日射量推定モデルを作成した例がある[8]。

3.2　多数地点での日射計を用いた予測

日射計を設置することのメリットは、日射強度を直接観測するので、速報性に優れるだけではなく、推定値ではない値が直接得られることにある。一方、日射計やデータ収集システムが高額であるため多数

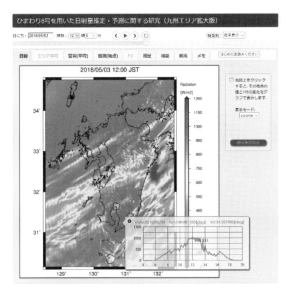

図2　日射量推定・予測システムの日射量分布の表示例（九州地方、2018年5月3日12時）

の設置が難しいことが課題である。

電中研では、広いエリアの多数地点で観測した日射強度に基づき、30分から数時間先までの各地点の日射強度を統計的手法により予測することを提案し、多重線形回帰の1つであるLasso回帰を応用した予測手法を開発している[9]。予測精度の面から不要と考えられる日射観測地点を自動的に予測式から除外できることを特徴としている。

再エネ電源予測手法の新しい取り組み

1．確率論的予測

1.1 アンサンブル予測

気象庁では、数値予報モデルの初期値などに小さな摂動を加えて作成した複数の数値予報（アンサンブルメンバー）に基づくアンサンブル予報を提供している。メソアンサンブル予報は1つのコントロールラン（摂動を与えないメンバー）と20の摂動ランの全21メンバーで構成され、週間予報や台風の進路予報などに利用されている[3]。

一方、電中研では、NuWFASを用いて得たアンサンブル予測から確率論的予測を行う方法を提案している[10]。予測を複数生成することは大気の状態を確率論的に表現することに相当する（いわゆる「ゆらぎ」である）ため、メンバーのばらつきが小さいほど予測の信頼度が高く、大きいほど予測の不確実性が高いと考えられる。

1.2 再エネ電源の確率論的予測

アンサンブル予測に対し、単一の初期値で予測を行うのが「決定論的予測」である。決定論的予測では予測誤差を事前に見通すことが難しいため、予測の大外れが問題になる。一方、アンサンブル予測では、

決定論的な予測では表現できなかった気象のシナリオを表現できるため、予測の大外しの可能性に関する評価が可能になる。

電中研で開発した風力発電出力のアンサンブル予測システム[11]の結果例を図3に示す。アンサンブルメンバーの拡がりの幅が予測の信頼区間とみなせるため、2017年1月10日は他の日と比べて予測が外れる可能性が高いと評価される。また、風力発電出力が短時間で急変するランプ現象[12]の発生確率もメンバーの拡がりから評価できる。

また、電中研では太陽光発電出力の確率論的予測システムについても開発を進めている[13]。

2．予測精度の向上に向けた新しい取り組み

2.1 AI手法の適用

電中研では、自己組織化マップにより過去の気象場（気象分布）を気象条件の類似性からパターン分類し、風力発電の出力予測に用いる方法を提案している[11]。事前にデータベース化した気象場のパターンと風力発電の出力に関する確率密度分布を対応づけることで、アンサンブル予測を高速に行える。

他の取り組みとしては、太陽光発電の出力予測に深層ボルツマンマシンを適用した例がある[14]。

2.2 複数手法の組み合わせ

複数の異なる予測手法を組み合わせることで、単一の手法で予測する場合や、似通った手法を組み合わせる場合と比べ、予測が大外れする可能性を減らせる。これにより予測精度の向上が期待できるが、手法の組み合わせ方法が課題となる。

電中研では、統計的予測手法において、観測した日射強度のみならず、衛星画像と気象モデルそれぞれの予測値も入力変数とする予測式の構築方法を開発した[15]。過学習を回避する目的で部分最小二乗回帰を用いている。

他の例としては、気象データをWRFにより作成し、PV工学モデル（気象データをPV出力に変換する物理モデル）と機械学習（Lasso/Ridgeスパース回帰）を組み合わせた方法が提案されている[16]。また、Support Vector Machine、Random Forest、XG Boostの3種のAI、機械学習の予測結果を算術平均する方法も提案されている[17]。

将来展望

1．データセントリック予測の浸透

観測した気象データは数値気象モデルの初期値やパラメータの選定、予測モデルの補正に利用されて

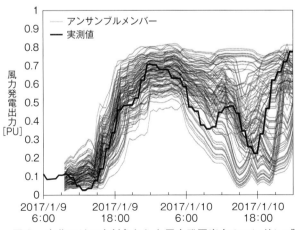

図3 東北エリアを対象とした風力発電出力のアンサンブル予測

いる。予測精度の向上には、観測地点を増やし、より詳細で正確なデータをリアルタイムに入手することが鍵になるが、コストが課題になる。これに対し、IoT 技術でセンシングや通信に要するコストを削減することが期待される。

また、集めたリアルタイムデータを AI、機械学習を駆使して予測精度を向上させることも今後さらに検討を深める必要がある。さらに AI、機械学習で単に予測するだけではなく、気象モデルの構築・改良やパラメータ選定への適用も期待される。

デジタルトランスフォーメーションの中核をなす IoT 技術、AI、機械学習を気象予測に適用することは、実は大量の計測データをいかに収集し、いかに処理するかというデータセントリック（＝データ中心）の考え方の応用に他ならない。気象予測では物理モデルが主要な役割を担っており、これは今後も変わらないが、データセントリックな予測の重要性は今後増すと予想される。

これに関連する取り組みとして、大規模観測データとモデルを繋ぐデータ同化により、アンサンブル数を増やす研究[18]がある。

２．確率論的予測の応用拡大

確率論的予測で予測誤差を信頼区間で評価することが可能になるが、これを電力系統の運用の実務にどう活用するかが今後の課題である。一例として、発電機の起動停止を計画する際に、太陽光発電の確率予測を利用した研究がある[19]。今後もこのような応用例が拡大することが期待される。

３．シームレス予測の進展

図１に示したように、予測手法には得意とする時間領域・空間領域があるため、予測目的によって手法を使い分ける必要がある。しかし、使い分けをユーザー側で行うのはハードルが高いため、システム側でユーザーの目的に合わせて予測手法を選択したり、組み合わせたりする必要がある。この選択や組み合わせもユーザーに負担を掛けずにシームレスに行うのが肝要である。今後、このようなシームレスな予測手法の選択・組み合わせに関する研究が進展すると予想される。

◆参考文献◆

（１）給電運用と気象情報調査専門委員会編：給電運用と気象情報，No.1339, 2014 年 12 月
（２）加藤丈佳：太陽光発電の出力予測技術の開発動向，電気学会誌，Vol.137, No.2, 2017
（３）本田有機：天気予報を支えるスーパーコンピュータを活用した数値予報技術，電気学会誌，Vol.139, No.7, 2019
（４）Weather Research and Forecasting Model｜MMM：Mesoscale & Microscale Meteorology Laboratory https://www.mmm.ucar.edu/weather-research-and-forecasting-model
（５）地球温暖化の科学的知見と対策技術，電中研レビュー，第 56 号
（６）橋本篤，宇佐美章，小林広武：ひまわり 8 号を用いた日射量推定・予測システムの開発—九州エリアにおける 1 年間の精度評価—，電力中央研究所研究報告，N18003, 2018
（７）雪田和人ほか：日射強度の短周期変動予測を目的とした全天雲画像データによる遠方雲量推定の検討，太陽エネルギー，Vol.46, No.3, 2020
（８）山田信行ほか：カメラ画像解析による多地点日射計測システムの開発，太陽エネルギー，Vol.43. No.4, 2017
（９）由本勝久，比護貴之：太陽光発電の短時間先予測のための統計的手法に基づく日射予測手法の開発—入力用日射データの加工と天気分類の効果の検討—，電力中央研究所研究報告，R15020, 2016
（10）野原大輔ほか：確率気象予測のための領域アンサンブル予測手法の開発，電力中央研究所研究報告，V14013, 2015
（11）大庭雅道ほか：電中研風力発電出力予測システムの構築—東北エリアにおける予測事例とその検証—，C19005, 2020
（12）荻本和彦，早﨑宣之：風力発電のランプ予測技術と出力制御技術開発，電気学会誌，Vol.138, No.11, 2018
（13）野原大輔：第 28 回 再生可能エネルギー発電と気象予測（２）気象予測が外れる要因とその対応策，電中研環境科学研コラム EE トレンドウォッチ https://criepi.denken.or.jp/jp/env/research/eetw/202006.html
（14）小川彰太，森啓之：SS-PPBSO による学習を用いた深層ボルツマンマシンによる太陽光発電出力予測，電気学会論文誌 B，Vol.140, No.2, 2020
（15）比護貴之ほか：時間先日射予測における統計手法の活用，電気学会 電力・エネルギー部門大会，No.13, 2019
（16）進博正，志賀慶明，柿元満：数値気象モデル WRF とスパース回帰に基づくエリア太陽光発電量予測技術，太陽エネルギー，Vol.46, No.1, 2020
（17）大関崇ほか：GPV と発電データを利用した機械学習のモデルアンサンブルによる予測技術，太陽エネルギー，Vol.46, No.1, 2020
（18）スーパーコンピュータ「富岳」を利用した史上最大規模の気象計算を実現，2020 年 11 月 20 日 https://www.nies.go.jp/whatsnew/20201120/20201120.html
（19）小豆澤諒太ほか：発電機起動停止計画にて確保する出力調整力に基づく太陽光発電出力の確率的予測の利用方法に関する一検討，電気学会論文誌 B，Vol.139, 11 号，2019

〈（一財）電力中央研究所 由本 勝久〉

スマートメーター

スマートメーターとは

　スマートメーターとは一般送配電事業者が設置する計量器であり、従来の月1回の検針による1か月電力使用量の計量に代えて、毎30分の電力使用量を計測する電子式の電力量計で、搭載された通信機能により人手を介さない自動遠隔検針が可能となっている（図1）。スマートメーターは、計量する電力の電圧階級により、特別高圧・高圧・低圧の3種に区分されるが、このうち特別高圧・高圧については2016年度までに全ての一般送配電事業者において導入が完了している。

　本稿では、主として現在導入が進められている低圧のスマートメーターについて、その概要を解説する。

　2020年現在、我が国の一般送配電事業者により設置・管理・運用されているスマートメーターの主な仕様は、2010年から2014年の間に開催された国

関西電力・九州電力　　　　東京電力ほか8社

図1　スマートメーターの外観
出典：経済産業省ホームページ、【60秒解説】電力自由化、いよいよスタート

表1　スマートメーターの主な仕様

機能	遠隔検針、遠隔開閉
情報	電力使用量、逆潮流量、時刻情報 ※粒度は30分値
情報提供間隔	30分値を30分毎（60分以内） ※低圧スマートメーター

の「スマートメーター制度検討会」の検討結果に基づいて定められており、2014年から本格的に導入が開始された。現行スマートメーターの主な仕様を**表1**に示す。

スマートメーターの普及状況

　スマートメーターは、国の第5次エネルギー基本計画（2018年7月）において、エネルギー供給の効率化を促進するデマンドレスポンスの実現に向けて「2020年代早期に、スマートメーターを全世帯・全事業所に導入する」と定められており、現在、全国の一般送配電事業者においてそれぞれ導入計画が定められ、スマートメーターの設置が進められている。経済産業省資源エネルギー庁の調査によれば、全国の一般送配電事業者10社合計の設置予定台数総計は8,122万台であり、そのうち2020年3月までに6,105万台の取り付けが完了しており、2024年度までに計画された台数の全てが設置完了となる予定である。

スマートメーターデータの活用に関する動向

1．スマートメーターデータ活用の背景

　近年のデジタル化の進展を背景として、既に人や社会の活動からは多様なデータが日々生成されており、これらのデータを活用した新たな価値創出への期待が官民問わず様々な分野で高まっている状況にある。

　我が国の電力分野におけるデータ活用についても同様であり、2018年5月の総合資源エネルギー調査会 電力・ガス事業分科会 電力・ガス基本政策小委員会（以下：電力・ガス基本政策小委）において、「一般送配電事業者の保有するスマートメーターデータを活用し、より効率的に電気事業を行ったり、新たな事業を創出したりすることへの期待が高まっている」との認識のもと、個人情報保護の担保を大前提としつつ、データ活用に向け必要なルール整備を図ることが提言された。

2．スマートメーターデータ活用に関わる制度整備

　スマートメーターデータの活用に向けては、一般送配電事業者がその事業を通じて得た電気の使用者に関する情報については電気事業法の規定により託送供給等以外の目的での利用・提供ができないことが課題となっていたが、2018年9月の電力・ガス基本政策小委において、電気の使用者個人との対応関係が排斥されるまで加工処理された統計データで

あれば電気事業法との関係は問題にならないと整理され、これによりまずはスマートメーター統計データについて、その活用の可能性が拓けることとなった。

続いて「電気の使用者に関する情報」、いわゆる個人データの活用に関しては、2019年12月の電力・ガス基本政策小委において社会課題解決等のための電力データ活用が審議され、国の認定を受ける中立的な組織が国による厳格な監督の下で消費者保護および公正競争に万全を期すことを大前提として、電気の使用者に関する情報を託送目的外で利用・提供することについて例外的に認める方向性が示され、その後、2020年6月の通常国会で成立した改正電気事業法において、本人同意を前提として、国が認定する一般社団法人（認定電気使用者情報利用者等協会、以下：認定協会）がデータ提供に係る消費者保護を担保する同意取得プラットフォームを提供する制度が定められ、これにより一般送配電事業者が保有する電気の使用者に関する情報の利用・提供が可能となった（図2）。なお、改正電気事業法における認定協会に係る規定の施行日は2022年4月1日とされている。

3．スマートメーター統計データの特徴

スマートメーターデータは、全国約8千万台（全数設置完了後）のスマートメーターから収集されるビッグデータであり、他のビッグデータと同様に、活用時のデータ形態としては、①統計加工されたデータ、②個人との紐づきを排しプライバシーを保護した匿名加工データ、③本人が同意し使用を認めた個人データ、といった分類が考えられるが、前述した通り、2020年時点、電気事業法との関係において託送供給等以外の分野におけるデータ活用が可能とされているのは統計加工データのみであることから、サンドボックス制度利用による特例的な個人データ活用事例を除いて、データ活用の検討が進められている主なデータ形態はスマートメーター統計データである。スマートメーター統計データには以下のような特徴があり、従来の各種統計情報では解決できなかった課題を解決できる可能性がある。

（1）高い鮮度

一般的な公的統計に比べ即時性が高く、当月の世帯数を把握することができる。また、月毎の世帯数増減などの移り変わりを把握することで「街の変化」をタイムリーに推計することができる。

（2）高い精度

スマートメーターは基本的に各戸に設置されていることから、例えば住民票を移していない単身赴任者や学生など住民基本台帳では把握できない世帯の動静を把握できる。

（3）柔軟な統計化対象エリアの設定が可能

スマートメーターが設置されている場所の位置情報を利用することで、利用シーンに合わせた柔軟な統計化対象エリア設定が可能となる。これにより一般的なメッシュ表示に加え、町丁目や自治会単位、

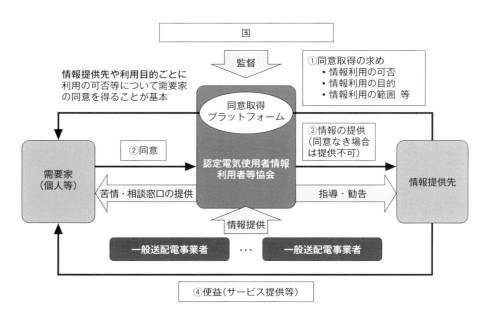

図2　電力データ活用スキームのイメージ
出典：経済産業省資源エネルギー庁、第5回持続可能な電力システム構築小委員会、資料1

世帯数統計
リアルかつタイムリーな世帯数を算出

在宅世帯統計
30分毎の在宅/不在を推定、在宅世帯数を算出

空き家統計
人の住んでいない空き家を推定、空き家数を算出

太陽光発電統計
太陽光発電装置による売電量を可視化

冷房使用率統計
冷房使用率を算出

電力消費量統計
電力使用量を可視化

図3　スマートメーター統計データで分かること

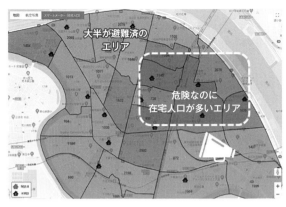

図4　避難対象地域の住民在宅率の可視化

任意点からの半径距離や道路に沿った移動距離に基づくエリア設定、ハザードマップに重ねた設定など任意に統計化対象エリアを設定して加工・利用することが可能となる。

（4）30分毎の時間傾向分析が可能

スマートメーターが保有する30分単位の電力使用量データの時系列変化を捉えることで、対象地域の世帯活動の全体的な傾向を推定することが可能となる。例えば、昼間の在宅傾向、帰宅ピークの時間帯など、従来は定量的な把握が困難であった時間帯別の世帯の生活パターンを地域単位で統計的に把握できるようになる。

4．スマートメーター統計データで分かること

スマートメーターデータを統計化することで得られる情報の例を**図3**に示す。例えば、あるエリアに設置されているスマートメーター個数を集計し統計化したデータは、概ね当該エリアの世帯数統計を示すものと考えられる。また、各メーターの30分使用電力量を時間帯別に分析し、一定の値以上の電力が消費されているメーター数を時間帯毎に集計・統計化することで時間帯別の在宅世帯統計が推定できる。

このようにスマートメーター統計データの活用により、世帯数統計や在宅世帯統計等を用いてある地域の動向をリアルタイムに把握することや、空き家統計等の変化を継続的に捉えることで街の特徴や経年変化を把握することなどが可能となる。

なお、統計データは各世帯の情報が識別不可能な状態まで加工されている必要があるため、その加工過程において少数データや特異データを扱う際は、他データとの突合等により個の識別が可能とならないような秘匿措置を講じる必要がある。

5．スマートメーターデータ活用ユースケースの紹介

筆者が所属する「グリッドデータバンク・ラボ有限責任事業組合」（以下：GDBL）は、電力データを活用した様々な社会課題の解決等を目的として2018年に設立され、電力データ活用の実現に向けた各種取り組みを行っている。ここではGDBLにおけるスマートメーター統計データを活用したユースケースの開発事例を中心に電力データ活用の最前線の情報を紹介したい。

5.1　災害対策への電力データ活用可能性の検証

（1）災害発生時の自治体避難誘導業務への活用

本事例は、スマートメーター統計データの在宅世帯統計と自治体の町丁別人口統計を掛け合わせて算出した地域別/時間帯別の住民在宅率の可視化情報利用による、災害発生時に自治体職員が実施する避難誘導等業務の効率化支援に関する検証事例である（**図4**）。この検証の結果、特に風水害発生時の避難誘導において、避難勧告発令前後の効率的な広報車出動や、住民避難状況に応じた防災無線発信等が実現できることが分かった。

（2）避難対象地域住民の避難行動に関する調査

スマートメーター統計データから想定される「自宅近隣エリアの避難状況」を災害情報として発信した場合、当該エリアの住民の避難意識・行動がどのくらい変化するか、従来の災害情報と比較する形で住民アンケート調査を実施した（回答者数73名、有効回答数59）。アンケートの結果、避難が必要な地域に暮らす未避難の住民に対して「直近数時間における近隣の避難人数」を発信することで、同情報がない従来の避難勧告では「逃げない」と答えた住民の78%が避難行動を起こすことが分かった。

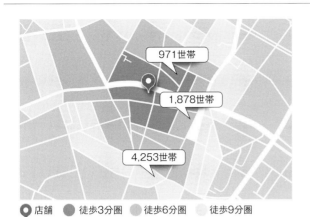

図5 商業施設の出店計画評価イメージ

971世帯
1,878世帯
4,253世帯

○店舗 ●徒歩3分圏 ●徒歩6分圏 ●徒歩9分圏

5.2 商業施設の出店計画への活用

図5は、ある店舗の出店予定地の周辺エリアを道路距離に応じて3つのエリアに分類し、スマートメーター統計データから推定した各エリアの世帯数を図示したものである。

このようにスマートメーターデータを活用することで、まずは世帯数が多いエリアを出店候補地として選定した上で、至近年の世帯数の増減傾向や、スマートメーター統計データから推定される周辺エリアの昼夜の在宅世帯動向などを参考にして出店予定地を絞り込むなど、従来の現地調査では把握できなかった周辺エリアの動静や時間帯別の活況度等を考慮した詳細検討が可能となる。

5.3 見守りサービスへの活用可能性

ここまで統計データのユースケースを紹介してきたが、最後に個人データを活用したユースケースの可能性として「高齢単身者の見守り」を紹介する。なお、個人データ活用に関する制度見直しの動向は前述した通りである。

近年の我が国の高齢化を背景とする喫緊の社会課題として高齢単身者の見守りがある。見守り主体としては離れた所に暮らす家族や自治体職員、賃貸物件であればオーナーや管理者などが考えられるが、いずれにしても従来の見守りサービスにおいては緊急通報ボタンやカメラ、センサーなどを設置する必要があり、これが見守り普及のハードルとなっている。

これに対して、スマートメーターは電気を使用する全世帯へ導入されるため、本人同意を前提としてスマートメーターデータを活用することが可能となれば、追加的な設備を設置しなくても、見守りを必要とする高齢者の日常生活の異常をスマートメータ

ーの電力使用量の変化から検知して、見守りを行う家族等に知らせるサービスが実現し、高齢化社会における安全安心のより一層の向上が期待できるのではないだろうか。本人関与のプライバシー保護を大前提としたうえで、我が国において最もデータ活用が期待される分野の1つと言えよう。

［次世代技術を活用した電力プラットフォームの将来像とスマートメーター］

2020年現在、一般送配電事業者が運用する電力ネットワークが直面する課題は、系統設備の高経年化対策の本格化や大規模災害対応を含むレジリエンスの強化、再生可能エネルギーの主力電源化への対応等、多様化・複雑化してきており、これらの課題へ対処するための新たな電力プラットフォームの在り方に関する議論が国の審議会や研究会において行われている。資源エネルギー庁が主催する「次世代技術を活用した新たな電力プラットフォームの在り方研究会」においては、パリ協定を踏まえたエネルギー転換・脱炭素化、人口減少を踏まえた持続可能なインフラ整備とレジリエンス強化、AI・IoTやブロックチェーン技術等、デジタル化の進展といったメガトレンドを背景に、TSO（送電系統運用者）の広域化やDSO（配電系統運用者）の分散化といったコンセプトが示されている。これらの検討において、スマートメーターは次世代電力プラットフォームを構築する情報インフラとして期待されており、引き続きの導入拡大に加えて、将来的なガスや水道等、他インフラのメーターシステムとの連携についても提唱されている。

また、新ビジネスの創出を見据え、太陽光発電やEVの充放電を取引するアグリゲータービジネスやP2Pビジネスを促進する観点から、消費者保護を大前提とした上で、新たな取引形態も視野に入れた柔軟な計量制度の導入検討についての提言がなされており、現在、国の審議会（総合資源エネルギー調査会 基本政策分科会 持続可能な電力システム構築小委員会）において新たな制度の検討が進められている。

なお、次世代のスマートメーターに関しては国の「次世代スマートメーター制度検討会」が2020年9月に発足し、次世代スマートメーターの仕様やデータ活用に関する議論が開始されている。

〈グリッドデータバンク・ラボ有限責任事業組合
平井 崇夫〉

IEC 61850

IEC 61850 は、スマートグリッドの実現に必要な
デジタル化および装置間の相互運用性確保に必要不
可欠な国際標準である。IEC 61850 は、当初（2000
年頃）、変電所構内の保護・監視制御システムを対
象とした国際標準として制定された。その後、対象
範囲を拡大し、遠方監視制御装置（テレコン）、配
電自動化、風力発電、水力/火力発電、分散型エネ
ルギー資源（DER）などに関する標準が制定されて
いる（**図1**）。DER には発電機だけでなく、蓄電装
置や制御可能な負荷も含まれている。したがって、
IEC 61850 は、電力システムの運用に必要な監視制
御のほぼ全てを網羅するに至っている。

本稿では、国際標準の概要、国内における適用、
将来展望の3点から、IEC 61850 について紹介する。

IEC 61850 の概要

IEC 61850 は、保護・監視制御システムに関する
包括的な技術を対象としているため、その制定項目
は多岐にわたる[1]。本稿では、中核的な制定項目
である、論理ノード、通信サービス、システム構成
記述言語（SCL：System Configuration description
Language）を中心に紹介する。

1. 論理ノード

論理ノードは、システムが有する機能の内容や名
称に関する共通認識を確立して相互運用性を向上さ
せることを目的に、保護制御装置の機能や主回路機
器との入出力を担うシステムの構成要素として制定
されている。論理ノード毎に、担当する処理（例え

ば開閉制御）と関連するデータ（例えば開閉状態）が
定義されており、アルファベット4文字で名づけら
れている（**表1**）。具体的な保護・監視制御機能は、
1つないし複数の論理ノードを組み合わせて実現さ
れる。

各論理ノードには、機能を実現するために必要な
データ項目をデータオブジェクトとして定義してい
る。データオブジェクトには、必須とされているも
のとオプションとされているものがある。オプショ
ンのデータオブジェクトの利用については、システ
ム設計時に決定する必要がある。

なお、論理ノードが実現する機能については、そ
の外形的な仕様が定められているのみで、その内部
処理の実装については現時点で国際標準の対象外で
ある。

2. 通信サービス

論理ノードを実装した装置（IED：Intelligent
Electronic Device）に対し、遠隔からアクセスする
ために、ACSI（Abstract Communication Service
Interface）が通信サービスとして定められている。
ACSI では、制御や設定などの要求と応答や、論
理ノードが有するデータを IED から自律的に伝送
するためのレポートや GOOSE（Generic Object
Oriented Substation Event）などが定められている
（**図2**）。レポートはユニキャスト通信、GOOSE は
マルチキャスト通信である。

ACSI は、特定の通信プロトコルからは独立した
方法で定義されている。一方、実際にシステムを構
築する段階では、何らかの通信プロトコルを利用す
る必要がある。このため、具体的な通信プロトコル
へのマッピングも定義されている。現在、最も利用
されているのは、MMS（Manufacturing Message

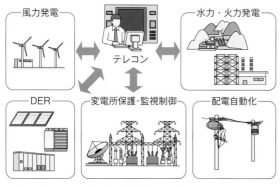

図1　IEC 61850 の主な制定対象

表1　主な論理ノード

グループ	名称	提供する機能
自動制御	ATCC	タップ自動制御
制御	CSWI	開閉制御
	CILO	インタロック
計測	MMXU	三相交流実効値計測
保護	PDIF	差動リレー
	PTOC	限時過電流リレー
	PTRC	トリップ条件
保護関連	RREC	再閉路リレー
開閉装置	XCBR	遮断器
	XSWI	断路器/接地開閉器

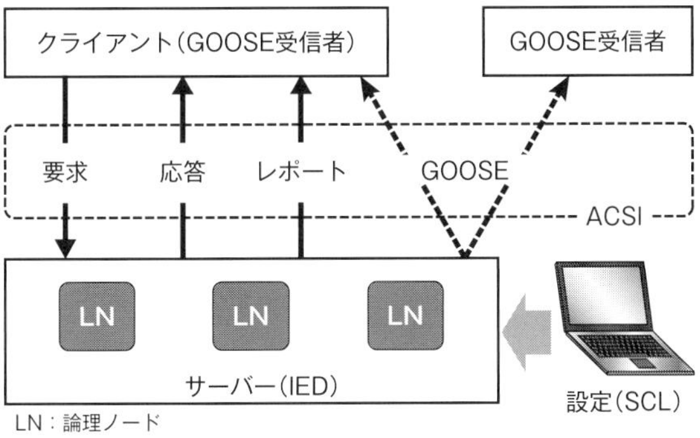

LN：論理ノード

図2　IEC 61850 ベースシステムの基本構成

Specification）へのマッピングであり、要求と応答およびレポートに利用されている。一方、GOOSEはマルチキャスト通信であることから、Ethernetを直接利用するマッピングとなっている。

3．システム構成記述言語(SCL)

IEC 61850 では、システム構成を表すための記述方法も標準化しており、SCL として制定している。SCL では、設計対象のシステムに関する主回路構成（単線結線図相当）・IED における論理ノードの構成・通信網構成の記述方法に加え、各論理ノードでオプションとされているデータオブジェクトの利用有無の記述方法が決められている。SCL により記述された設定情報を読み込むことで、設定に従った機能が IED で実現される（図2）。SCL はまた、異なるメーカーのシステム設定ツールや IED 設定ツール間での設定情報交換にも利用される。

SCL が持つこの特徴が、IEC 61850 が他の通信系国際標準と異なり、システム全体を対象とする国際標準と位置づけられる理由の1つとなっている。

4．その他

IEC 61850 では、耐環境性能（電磁両立性や耐腐食性など）や、IEC 61850 に準拠していることを確認するための試験方法なども定められている。

国内における IEC 61850 適用

国内における IEC 61850 適用について、電力会社などのユーザーが共通的に利用することを可能とする機能仕様と、実用化されている具体的な事例の2点を紹介する。

1．機能仕様

前述したように、IEC 61850 は、保護・監視制御システムを実現する上で必要な要素について、包括的な標準を制定している。しかし、実際のシステムを構築する上では、様々な設計事項が存在する。

IEC 61850 を効果的に利用するためには、国内の電力会社などのユーザーが共通的に利用でき、かつ異なるメーカーの製品同士の相互運用性を高めるための仕様（機能仕様）を、ユースケースに基づき定めることが有効である。

筆者らは、システムの設計事項のうち、複数のユーザー（電力会社など）に共通で、かつ IEC 61850 に記載されていない、あるいは解釈が曖昧な部分を補完する機能仕様を作成し、希望する企業に対し電力中央研究所から無償で開示している[2]。具体的には、ユースケースに対応した論理ノード・データオブジェクトの利用方法、国内で利用されている監視制御機能（主に43SW）を実現するための論理ノードの拡張、通信サービスの具体的な手順などを定めている。システム構築の際には本機能仕様を適用することによって、様々なシステムにおける共通部分を増大させ、相互運用性の向上を図ることができる（図3）。さらに必要に応じて追加仕様（例えば、配電用変電所の受電切替や、配電自動化における時限順送の追加）の設計と実装を行うことも可能である。

2．実用化事例

2.1　送電線過負荷リレーシステム

東京電力パワーグリッド（株）では、154kV や66kV の送電線を対象とした過負荷保護リレーシステムに IEC 61850 を適用している[3]、[4]。本システムでは、転送遮断信号の伝送に GOOSE を用いている。マルチキャスト伝送である GOOSE の利用により転送元装置1台から複数の受信装置に配信できることから、伝送の効率化や装置コストの大幅な低減などのメリットが報告されている。

2.2　配電用変電所監視制御システム

東京電力パワーグリッドの配電用変電所における最新型の固体絶縁開閉装置（スマート SIS）において、テレコンとの監視制御用通信に IEC 61850 が適用されている[5]、[6]。スマート SIS に搭載する論理ノードについては、機能仕様（前述）を活用した上で、追加で必要となる仕様を IEC 61850 で定められた方法に基づき作成し、実現している。

IEC 61850 の適用により、テレコンとの接続が光ケーブルに一本化でき、現地でのケーブル敷設作業や確認試験に要する時間が大幅に短縮できたことや、異なるメーカーのテレコンとの接続も容易に実現できたことが報告されている。

2.3　配電自動化システム

中部電力パワーグリッド（株）においては、最新

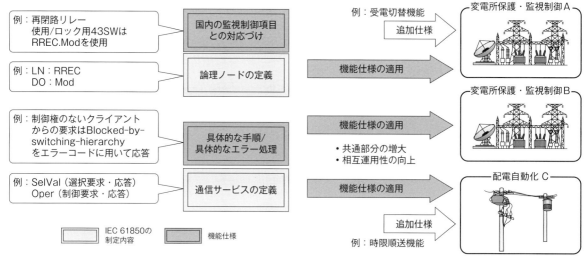

図3 機能仕様の位置づけと利用イメージ

式の配電自動化システムに IEC 61850 を適用している[7],[8]。本システムにおいても、機能仕様（前述）を最大限活用しつつ、配電自動化システム固有の機能についても実装している。例えば、国内で一般的に用いられている時限順送方式の実現においては、筆者らが IEC 61850-90-6 で国際標準とした時限順送方式用論理ノードである RRFV を利用している[9]。また、電圧調整器（SVR：Step Voltage Regulator）の整定値管理に、スケジュール管理機能等を組み合わせた方式を採用している[10]。

配電自動化子局というハードウェア性能に制約がある装置においても、起動時間や制御応答時間に関する要件を満たす性能を確保できることが示されている。本システムのように、本格的な配電自動化システムへの IEC 61850 適用は世界的にも例がない。国内のシステムを世界に展開し、スマートグリッド実現をリードできる可能性を秘めている。

2.4 ガス絶縁開閉装置の保全データ収集

IEC 61850 の実用化例は、これまで述べたような保護・監視制御機能だけでなく、保全データの収集にも存在する。東京電力パワーグリッドにおいては、300 kV ガス絶縁開閉装置（GIS：Gas-Insulated Switchgears）から保全データをオンライン収集する仕組みにおいて、IEC 61850 を適用している[11]。収集されるデータには、遮断器（開閉時動作特性、機構箱内温度）、GIS 各部（SF_6 ガス圧力、タンク温度）、外気温、大気圧などが含まれる。収集されたデータに基づき更新時期の判断や保全対応策の指示などを行うことで、保全業務効率化・高度化に貢献

できることが報告されている。

将来展望

IEC 61850 の将来展望を、国際標準としての今後と国内でのシステム展開の2点から述べる。

1. 国際標準としての今後

IEC 61850 の標準化対象は、現在も拡張し続けており、マイクログリッド、P2H（Power to Heat）、P2G（Power to Gas）などが代表的な拡張対象である。これらを扱う IEC 61850 の分冊では、ユースケースの整理と、それに基づく論理ノードの拡張が行われている。同様に、電気自動車についても、近年の動向に合わせた改訂作業が進められている。

また、相互運用性を機能面から向上させるために、論理ノードの組み合わせ（BAP：Basic Application Profile）の表記方法や、機能テスト・機能モデリングの方法が標準化段階にある。これらはいずれも、論理ノードの組み合わせそのものや内部の処理・構造を標準化するものではなく、その設計結果がどのようになっているかを表す方法やテストの制定を目指している。

2. 国内でのシステム展開

2.1 送電用変電所の保護制御

送電用変電所の保護制御システムに対する IEC 61850 適用は、更新ベースとなるため、急激に増加するわけではないが、今後本格化することが見込まれる。併せて、制御所とのテレコン通信についても、IEC 61850 の適用が期待される。送電用変電所構内とテレコンが同じ技術に基づいて構築されることに

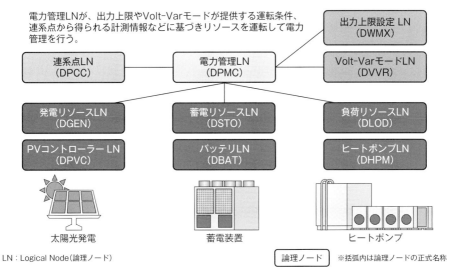

電力管理LNが、出力上限やVolt-Varモードが提供する運転条件、連系点から得られる計測情報などに基づきリソースを運転して電力管理を行う。

LN：Logical Node（論理ノード）

論理ノード　※括弧内は論理ノードの正式名称

図4　DERMS を構成する論理ノードのイメージ

より、相互運用性の確保や技術レベルの向上が期待できる。中長期的には、これらの効果により、保護制御システムの構築や更新についても、今までにないアプローチによるコスト削減が期待される。

2.2　DER マネジメントシステム

今後の IEC 61850 実用化が最も期待される分野の1つが、DER マネジメントシステム（DERMS：Distributed Energy Resource Management System）である（**図4**）。国内でも NEDO 実証で IEC 61850 の適用検討が進められており、マルチベンダ対応が可能であることが報告されている[12]。今後、配電自動化システムと連携した DERMS やアグリゲーション用 DERMS などが実現され、電圧制御や調整力創出などへの活用が期待される。

◇　　　◇　　　◇

本稿では、IEC 61850 について、その概要、国内における適用、将来展望の3点から紹介し、今後ますます重要度が高まることを示した。このため、電力会社やメーカーだけでなく、大学などにおいても IEC 61850 を扱うことができる技術者の育成が求められるようになると考えられる。

◆参考文献◆

（1）天雨徹，田中立二，大谷哲夫：IEC 61850 を適用した電力ネットワークースマートグリッドを支える変電所自動化システム一，コロナ社，2020
（2）大谷哲夫，渡部恭正，和田大輔：国内電気所に対する IEC 61850 適用拡大に向けた機能仕様の拡張と活用，電気学会保護リレーシステム研究会，PPR-19-009，2019
（3）鈴木康之，上楽康智，高橋伸介：IEC 61850（GOOSE）

を適用した送電線過負荷保護リレーシステムの開発，電気学会保護リレーシステム研究会，PPR-17-011，2017
（4）田沼秀和：国際標準プロトコルを用いた送電線過負荷保護リレーシステム，東光高岳技報，Vol.4，pp.37-38，2017
（5）反り目拓己，前川俊浩，落合崇徳，伊藤忠慶，鈴木隆一，寺田努，長綱望：新形 6kV 固体絶縁開閉装置（スマート SIS）の開発（その1），令和2年電気学会全国大会講演論文集，No.6-049，2020
（6）新形 6kv 固体絶縁開閉装置（スマート SIS）の開発を完了し，初号機を東京電力パワーグリッドへ納入しました，明電プレスリリース，2020年3月31日
（7）小嶋利朗：配電自動化システムの国際標準規格の対応，中部電力技術開発ニュース，No.160，pp.15-16，2019
（8）配電自動化システムへの通信規格 IEC 61850 の適用，愛知電機技報，No.41，pp.28-30，2020
（9）大谷哲夫：時限順送方式を実現する論理ノードの国際標準化，平成30年電気学会電力・エネルギー部門大会講演論文集，No.9，2018
（10）大谷哲夫，小嶋利朗，増田康夫：IEC 61850 を用いた配電自動化システムにおける電圧制御機器整定値の管理方法，電力中央研究所報告，C20001，2020
（11）東京電力パワーグリッド（株）南横須賀変電所 300kV GIS が運用を開始，東芝レビュー，Vol.75，No.2，p.54，2020
（12）大丸清旭，福岡建志，前田亮，永山伸行，宮本卓也，村上憲一，原田慈，高橋竜生：国際標準規格を適用した分散型電源マネジメントシステム（DERMS）によるスマートインバータとの相互運用性の評価報告，平成30年電気学会電力・エネルギー部門大会，No.146，2018

〈（一財）電力中央研究所　大谷 哲夫〉

デジタル変電所

変電所設備の運用・保守業務を中心に変電所のライフサイクルの各ステージにおいてデジタル技術を適用する、あるいはデータをデジタル化して取り扱うことにより、多くのメリットを追求する取り組みが進められている。これらを広くデジタル変電所と呼んでいる。

本稿ではまず、現在広まりつつある運用・保守業務への適用について説明し、その後、その他の業務への適用事例についても紹介する。

運用・保守業務高度化

以下①～③の3つの視点で説明する。いずれも従来にないレベルでデジタルデータを収集し、変電所設備の状態を細かく把握、さらには設備をデータモデル化してサイバー空間上に表現するなどして、以下のような付加価値を生み出すものである。

（1）設備の状態監視の高度化
（2）設備の劣化診断、寿命予測
（3）保守点検業務の効率化・高度化、省力化・省人化

　① 変電機器にセンサーや情報集約・伝送を行う端末を設置し、詳細な状態情報を収集する「機器センシング高度化」
　② 画像や振動・音などを収集し、これに画像処理やAI、分析評価技術などを組み合わせ、人間の五感に代わる効果を期待する「各種IoT技術の導入」
　③ 国際標準（規格）であるIEC 61850に準拠した伝送プロトコルを変電所内に適用した「変電所デジタル保護制御システム」

これらは業界を取り巻く環境として技術者の高齢化や減少が進み、設備運用・保守業務の効率化が求められる中、設備の保有者のみならず、保守に携わる製造メーカーや保守事業会社の業務効率向上にも寄与する。さらには、あらゆるデータがデジタル化され連携していくことで、経営効率化に資するアセットマネジメントの高度化に大きく寄与するものと期待されている。

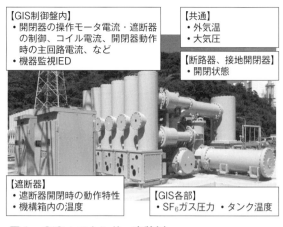

図1　GISへのセンサー実装例

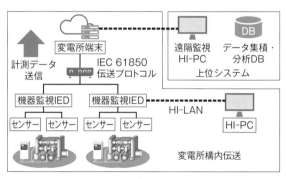

図2　機器監視システム構成例

1．機器センシング高度化

我が国においては、1990年代にも変電機器へのセンサー取り付け、さらには初期のAIソフトウェアであるエキスパートシステムの適用による設備監視あるいは運転支援システムの適用が進んだ時期があったが、当時はセンサーや情報収集・処理システムの信頼性や耐久性が機器本体よりも劣る場合があるといった課題があり、広く普及するには至らなかった。近年、技術進歩により、これらの課題が解決されつつあることや高経年機器の増加を背景に、新たに機器監視を適用する事例が増えてきている[1]。従来は困難であった時系列データや細かな波形など大量のデータを容易に蓄積・処理ができるようになっていることも昨今の特徴である。

変電所の主要設備であるGIS（ガス絶縁開閉装置）にセンサーを実装した例を図1に、その監視項目とセンサーの例を表1に示す。また、機器監視システムとしての構成例を図2に示す。機器監視システムは、センサー、情報集約と伝送さらにはエッジとして演算処理なども行う端末（以下：機器監視IED：Intelligent Electronic Device）、遠隔監視・データ

表1　ガス絶縁開閉装置の監視項目とセンサー例

機器	監視項目	必要なセンサー類	利用データ	目的		
				劣化診断	寿命予測	保全効率化
GIS共通	ガス圧力 スローリーク監視 故障点標定	ガス圧力センサー 温度センサー 大気圧センサー	SF₆ガス圧力 GISタンク表面温度 大気圧	○	○	○
GCB	開閉特性監視	直流クランプCT ストロークセンサー 温度センサー パレットスイッチ	コイル指令電流 操作ストローク 機構箱内温度 パレットスイッチ	○		○
	操作機構 エネルギー蓄勢監視	直流クランプCT 交流クランプCT 油圧センサー	電動ばねモータ電流 油圧ポンプモータ電流 油圧力	○		○
	接点損耗量監視	交流クランプCT ストロークセンサー パレットスイッチ	主回路電流（遮断電流） 操作ストローク パレットスイッチ		○	○
DS/ES	開閉特性監視	直流クランプCT 動作確認用スイッチ 温度センサー	モータ定常電流 動作確認用スイッチ GIS周囲温度	○		○
	接点損耗量監視	交流クランプCT 動作確認用スイッチ	主回路電流（ループ電流） 接地線電流（誘導電流） 動作確認用スイッチ		○	○

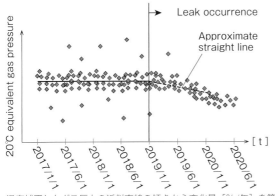

温度補正したガス圧力の近似直線の傾きから変化量［%/年］を算出し、判定基準値と比較して判定

図3　ガス圧力のスローリーク監視[1]

蓄積を行う上位システムなどで構成される。変電機器に取り付けたセンサーから出力された信号は、機器監視IEDへ入力され、機器監視IEDでは、これら信号を利用して機器の様々な運転状態を監視および診断するために必要な演算処理を行う。上位システムへはIEC 61850に則ったデータ伝送を行うことでダッシュボードなどでの表示に使用される。またその情報は、データ集積・分析用のデータベースに保存され、設備の状態に応じた点検・巡視時期の最適化や予防保全、設備の停止計画の提示などに活用される。

　一例として、GISの内部ガス圧力監視でのスローリーク判定手法の例を**図3**に示す。計測したガス圧力、大気圧、タンク温度をもとに、20℃に換算補正したガス圧力を求め、その近似直線の傾きから変化量を算出し判定することで精度を高めている。

　設備異常をその兆候の段階で早期に検出することは設備保全の効率化の点で有効であり、高分解能化や計測周期、センシングの範囲の拡大などの機器センシング高度化はこれに大きく寄与する。機器センシング高度化は、故障予測や余寿命診断機能も含めて、従来のTBM（時間基準保全、Time Based Maintenance）からCBM（状態基準保全、Condition Based Maintenance）への移行や保全業務の効率化・高度化を進め、さらにはアセットマネジメントシステムの高度化に大きく寄与する。

2.　各種IoT技術の導入

　従来型のセンサーでは捉えきれない視覚情報や音、振動などの情報を取り込み活用することは1990年代から提案されていた[2]が、経済性も含めて広く実際に活用することが昨今の技術進歩により可能となってきている。これを支える技術として、画像情報収集を支援するロボットやドローンの採用や、メーター指示値や油にじみなどの異常兆候読み取りのための画像処理技術や機械学習などの分析・評価技術が実用化されている。

　図4に示す現場パトロールシステムは、全方位カメラを自律走行ロボットに搭載して屋内設備の自動巡視を実現するもので、走行するロボットの構内位置や撮影対象物を把握するため、走行中のロボット

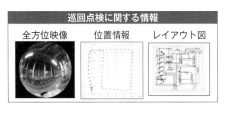

全方位映像と位置情報を関連づけて再生

全方位カメラを搭載した
自律走行ロボット

図4　全方位映像を用いた現場パトロールシステム[(4)]

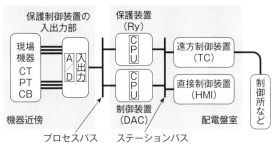

図5　IEC 61850 適用システム構成例[(6)]

が撮影した全方位映像から特徴点を抽出して自身の位置と撮影対象をGPSの情報なしに同定できるため、屋内設備に適用可能である。また、屋外の大規模設備に対しては、自律飛行が可能なドローンの適用検討も進められている[(3)]。変電所へのロボット適用については国際大電力システム会議（CIGRE）のStudy Committee B3で検討され[(4)]、IECにおいては新たなTCの立ち上げが提案されるなどしている。さらにはAR（Augmented Reality、拡張現実）技術を用いた現場作業の高度化やツールとしてスマートグラスなどのウェアラブル端末やタブレットの活用も始まっている[(5)]。

　なお、これらIoT技術の活用に際しては変電所特有の以下のような課題があり、これらに引き続き取り組んでいく必要がある。

（1）屋外環境下で日射や天候の影響を受けずにメーターを安定して読み取る技術、音・振動の高精度な検出技術

（2）平坦ではない敷地内でのロボット走行技術

（3）従来、人間系での対応においても月1、2回程度の巡視であり、経済負担を重くせずに対応してきているものに対し、各種設備や技術を導入した際の経済合理性確保

3．IEC 61850 に準拠した保護制御システム[(6),(7)]

　IEC 61850 そのものについての詳細は別項に譲るが、変電所としては以下のメリットが期待される。

　① 光LAN化や無線伝送化による現地でのケーブル接続・確認作業の削減

デジタル技術（センシング・AI・ドローン・MRなど）を導入し、業務の省力化を図る。また、独立された各種業務系システムを抜本的に見直しすることで更なる業務のスマート化を目指す。

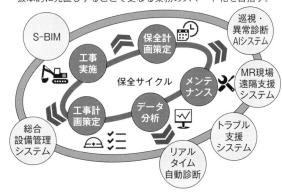

図6　変電所ライフサイクルでのデジタル化[(8)]

　② 相互接続性実現による保護制御のマルチベンダー化

　③ 電子ファイルをベースとした変電所システム構成のセットアップなどエンジニアリングの高度化

　④ 保護制御のデジタル化に合わせ、デジタル出力対応の電子化あるいは光センシング化した変成器（CTやVT）適用による変電機器のコンパクト化

　⑤ 現場制御盤回路のソフト化による小型化やロジック変更作業の煩雑さ解消

　現在は、**図5**のステーションバスへの実適用が始まる状況であり、その後プロセスバスへも適用されていくと期待される。

変電所ライフサイクルでのデジタル化

　運用・保守業務以外の設備計画や工事施工段階まで含めた変電所ライフサイクルでのデジタル化の検討や取り組みも進められている。その概念の例を**図6**に示す。図6に示すS-BIMはビル業界で使われているBIM（Building Information Modeling）の概念を変電所に適用したもので、3D-CADデータに設備の様々な属性データを関連づけることにより、計画断面から設計・施工、さらには保守・運用管理

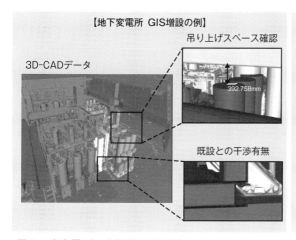

図7　3次元データ計測の活用例

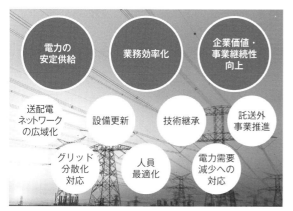

図8　電力流通の変革を支えるデジタル化[9]

段階までの全ての業務に対し従来独立していた各業務システムを繋ぎ、業務のスマート化を実現するものである。

また、工事計画・施工時の3Dデジタルデータの利活用なども検討や実証が進められている。

図7はLiDAR（Laser Image Detection and Ranging）による3次元データ計測の活用例で、同図左は、狭い地下変電所内において既設の各種設備（建物、既設変電機器、構造物）をLiDARでデジタル化（点群データ）し、それに追加設置する変電機器（GIS）の3D-CADを組み合わせることで干渉の有無や輸送・据付工事時の作業性などを事前に詳細検討した例である。また同図右側は、屋外変電所において送電線の停止を極小化するため、3次元データ計測により工事中の既設送電線からの充電離隔距離が確保できるよう重機配置と工法を詳細検討した例である。

昨今の電力システム改革の中で、送配電事業者はより一層の公平性と透明性の確保が求められる一方

で、電力の安定供給のための系統運用は複雑化していく。設備の高経年化や技術者の高齢化、減少への対応も重要性が増している。こうした中、変電所のデジタル化は、電力の安定供給と業務効率向上に大きく寄与するものと思われる。さらには、再エネなどの分散エネルギーへの対応やレジリエンス強化、異業種とのデータ掛け合わせによる新たな価値創造など企業価値・事業継続性向上にも貢献していくものと期待される（図8）。

◆参考文献◆
（1）内田和徳，阿部裕太，小池徹，下河内侑，馬場清隆，中畑匡章：スマートGIS機器監視システムの実用化，電気学会全国大会，2020年6-001
（2）四国の瀬戸内側を東西に結ぶ50万ボルトの大動脈が完成，電気学会誌，Vol.114，No.9，P-595，1994
（3）渋谷真人，辻尚志：持続可能なエネルギーシステムを実現するスマートO&M，東芝レビューVol.75，No.3，p.25，2020年5月
（4）CIGRE Technical Brochure 807 "Application of robotics in substations"
（5）東芝エネルギーシステムズ（株）プレスリリース，2018年10月15日
（6）伊東重信，天雨徹，黒瀬雄大，岡田和也，東海林学，小堀大智：変電所監視制御システムへのIEC 61850適用検討 その1，p.639，平成31年度電気学会全国大会一般公演論文
（7）天雨徹編著：IEC 61850を適用した電力ネットワーク，コロナ社
（8）塚尾茂之：変電所の計画・設計・O&Mに対するデジタル化のソリューション，2019 JNC Conference
（9）庄野貴也，才田敏之：電力流通の変革を支えるデジタルサービス，東芝レビュー，Vol.75，No.3，p.16，2020年5月

〈東芝エネルギーシステムズ（株）　小坂田　昌幸〉

サイバー
セキュリティ

電力は国民生活および社会経済活動を支える重要な社会インフラの1つであり、日本でも官民連携してのサイバーセキュリティ対策が推進されている。

本稿では、電力供給に関わる制御システムを主な対象に、システムの概要、サイバー攻撃事例、国・業界レベルでの取り組み、今後の展望の観点から電力のサイバーセキュリティを紹介する。

電力供給に関わる制御システム等

ここでは電力供給に関わる主要な制御システムやそれに関連するシステム、その特徴を概観する。

電力供給に関わる主要な制御システム等として、「電力制御システムセキュリティガイドライン」[1]で例示された対象システム（以下：電力制御システム）、と「スマートメーターシステムセキュリティガイドライン」[2]対象システムを図1に示す。

これらのシステムの制御側では、従来の専用もしくはメーカー固有仕様の計算機に代わり、IA（Intel Architecture）等の汎用計算機の採用が進展しており、業務システムのサーバーとは、OS（Operating System）等の基本ソフトウェアでの差異はなくなってきている。

被制御側においても、専用もしくはメーカー固有の制御装置に代わり、IEC 61850に対応した制御装置IED（Intelligent Electronic Devices）や、プログラミング言語IEC 61131-3でプログラム可能な制御装置PLC（Programmable Logic Controller）など、国際標準に基づく製品の採用が始まっている。

また、電力制御用ネットワークにおいても、IP（Internet Protocol）化が進展している。

さらに、情報技術を活用した業務効率化やサービス高度化を狙い、システム間連携も増加している。このシステム間連携において相互運用性が求められることも、標準的な技術やIPネットワークの採用を後押ししている。

システム間連携の増加と標準的な技術の採用は、サイバー攻撃の対象箇所を増やすことにもなるため、そのリスクを低減するサイバーセキュリティ対

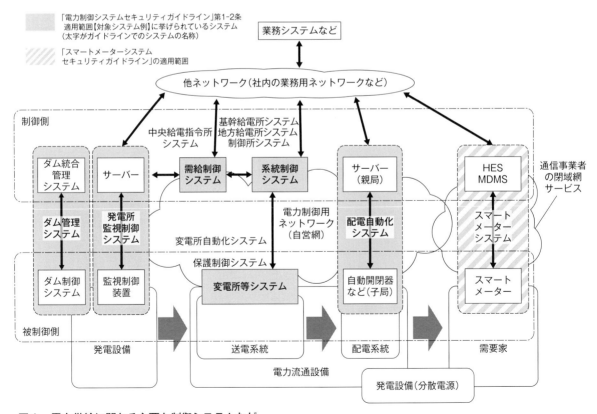

図1　電力供給に関わる主要な制御システムなど

策の重要性も高まっている。

サイバー攻撃事例

2000 年代に報告されたサイバー攻撃の主な対象は業務システムであり、制御システムでの主なセキュリティインシデントは、システムをよく知る者による不正操作、もしくは、偶発的なマルウェア感染によるシステム停止であった。ここでは、2010 年に発覚したマルウェア Stuxnet によるイラン核施設へのサイバー攻撃[3] 以降に表面化した電力インフラに対する高度で組織的なサイバー攻撃の事例として、ウクライナにおけるサイバー攻撃と、電力インフラを対象としたサイバー諜報活動を紹介する。

1．ウクライナにおけるサイバー攻撃

初めて明らかになった電力供給支障を伴う電力制御システムへの高度で組織的なサイバー攻撃は、2015 年 12 月 23 日のウクライナでのサイバー攻撃である[5]。ある地域配電事業者の 7 か所の 110 kV 変電所、23 か所の 35 kV 変電所が約 3 時間切り離され、約 80,000 もの顧客が停電した。後に 3 つの電気事業者へのサイバー攻撃であることが判明し、停電の影響を受けた顧客数は合計約 225,000 に上った。このサイバー攻撃では、窃取した認証情報により VPN 経由で配電管理システムのユーザーインタフェースを不正に操作され、停電に至った。攻撃された事業者からマルウェア BlackEnergy 3 が発見されたが、直接制御する機能はなく、攻撃の準備段階での諜報活動に用いられたとみられる。

その翌年の 2016 年 12 月にもウクライナで電力制御システムへのサイバー攻撃が報告された。このサイバー攻撃では、送電網の 330 kV 変電所が攻撃され、顧客数 100,000 以上が 15 分から 1 時間の停電の影響を受けた。このサイバー攻撃で用いられたマルウェア CrashOverride は、電力制御用の国際標準 IEC 60870-5-104、IEC 60870-5-101、IEC 61850 とプロセス制御用の規格 OPC DA をサポートするモジュールを持ち、実際の攻撃では不正な IEC 60870-5-104 の制御命令が使用された。

2．電力インフラを対象としたサイバー諜報活動

2018 年 3 月 15 日、米国のセキュリティ対応組織 US-CERT（United States Computer Emergency Readiness Team）が、米国における電力および他の重要インフラを対象としたサイバー諜報活動に関するアラートを発行した。ロシア政府と関係するサイバー空間上のアクターによる少なくとも

2016 年 3 月以来の活動によって、電力制御システムの不正操作には至らなかったが、残された画面キャプチャ断片の再構成から、アクターが小規模火力設備 SCADA（Supervisory Control And Data Acquisition）システムの HMI（Human Machine Interface）へのアクセスに至ったとみられている。

電力インフラへのサイバー攻撃の準備段階の諜報活動と思われる電力関連組織への侵入は世界的に継続しており、2020 年 3 月 9 日には欧州の送電系統運用者（TSO：Transmission System Operator）の協議体 ENTSO-E（European Network of Transmission System Operators for Electricity）が、事務所のネットワークへサイバー攻撃による侵入があった証拠を発見したと公表した[7]。侵入された ENTSO-E の事務所のネットワークは運用に関わる TSO システムへは接続していないこと以外、侵入の詳細は公表されていない。

国・業界レベルの取り組み

前述した通り、海外では電力インフラへのサイバー攻撃は現実となっており、そのサイバーセキュリティ対策は国レベルでの重要課題である。

ここでは日本の電力分野におけるサイバーセキュリティの国・業界レベルでの取り組みを概観する。まず、電力分野におけるセキュリティガイドライン制定や電力 ISAC（Information Sharing and Analysis Center）設立に至るまでの取り組みを述べる。続いて、2020 年現在（本稿執筆時）進行中の取り組みについて、幾つかトピックを紹介する。

1．これまでの取り組み

2005 年に決定された「重要インフラの情報セキュリティ対策に係る行動計画」[8] の中で国民生活および社会経済活動の基盤となる重要インフラの一分野として位置づけられて以来、電力分野では、官民一体となったセキュリティ対策が推進されている。2020 年現在、「重要インフラの情報セキュリティ対策に係る第 4 次行動計画」[9] の下、①安全基準等の整備及び浸透、②情報共有体制の強化、③障害対応体制の強化、④リスクマネジメント及び対処態勢の整備、⑤防護基盤の強化の 5 つの施策が推進されている。

これらの施策のうち「安全基準等の整備及び浸透」に関わる電力分野での取り組みとして、2016 年 5 月に日本電気技術規格委員会（JESC：Japan Electrotechnical Standards and Codes Committee）

規格として「電力制御システムセキュリティガイドライン」および「スマートメーターシステムセキュリティガイドライン」が制定された（最新版は2019年改定）。合わせて、2016年9月の経済産業省「電気設備に関する技術基準を定める省令」改正でサイバーセキュリティ確保の条文が追加され、その解釈によって2つのガイドラインが保安規定体系に位置づけられた。この2つのガイドラインは情報セキュリティマネジメントシステムの規格 JIS Q 27001：2014／27002：2014 をベースとしている。

行動計画の施策のうち情報共有体制の強化、障害対応体制の強化に係る電力分野における取り組みとして、2017年3月に事業者間のサイバーセキュリティに関する情報の共有と分析を主な目的として電力 ISAC が設立された。また、電力 ISAC はサイバーセキュリティ演習を実施し、業界大での障害対応体制の強化も推進している。

また、電力分野監督官庁の経済産業省にも2018年に産業サイバーセキュリティ研究会 WG1（制度・技術・標準化）下に電力 SWG が設置され、電力分野のセキュリティ対策が検討されている。

2．現在進行中の動向

ここでは2020年現在の国・業界レベルで進行している動向として、CPIC 委員会（Cyber Product International Certification commission）とエネルギー・リソース・アグリゲーション・ビジネス（ERAB）検討会における取り組みを紹介する。

CPIC 委員会は、電力分野のサプライチェーンセキュリティに関わる米・英・イスラエルを中心とした国際的な議論の場であり、業界主導のハードウェアおよびソフトウェア製品の認証の仕組みの創設が議論されている[10]。

経済産業省のエネルギー・リソース・アグリゲーション・ビジネス検討会では VPP（Virtual Power Plant）や DR（Demand Response）を用いて、調整力等のサービスを提供する事業（エネルギー・リソース・アグリゲーション・ビジネス）の実証に取り組んでいる。この事業を行う事業者のセキュリティ対策の指針を示した「ERAB に関するサイバーセキュリティガイドライン」が2016年に制定された。2020年時点の最新版は2019年12月改訂の ver. 2.0 である。

［ 今後の展望 ］

前節では、国・業界レベルでの政策や体制づくり

の取り組みを紹介した。また、電力制御システムの技術的セキュリティ対策では、情報通信分野で培われたセキュリティ技術の適用が進展している。しかし、今後、電力制御システムの特徴に即した技術的セキュリティ対策も重要となると想定される。

ここでは今後、重要となると想定されるセキュリティ上のトピックとして、IEC 61850 に基づくシステム（以下：IEC 61850 システム）のセキュリティ、高精度時刻同期のセキュリティを紹介する。

1．IEC 61850 システムのセキュリティ

IEC 61850 は、変電所制御システムだけでなく、配電自動化システムや分散電源の監視制御システムなど、電力制御システムを広くカバーする規格になっており、今後、IEC 61850 システムのセキュリティは電力制御システムでの技術的セキュリティ対策に不可欠になると想定される。以下では、IEC 61850 システムのセキュリティの国際標準を概説する。

IEC 61850 の通信プロトコルに関わる主要なセキュリティ標準として、IEC 62351-3、IEC 62351-4、IEC 62351-6 および IEC 62351-9 がある。

IEC 62351-3 は、IEC 61850 を含む電力制御用の TCP/IP 系プロトコルのセキュリティ規格であり、TCP における TLS（Transport Layer Security）1.2 の使用方法等を規定している。

IEC 61850 では通信プロトコルとして、MMS（Manufacturing Message Specification）もしくは GOOSE（Generic Object Oriented Substation Evet）を用いるが、MMS を使用する際のセキュリティ規格が IEC 62351-4 である。IEC 62351-4 では T-security、A-security、E2E security の3つのセキュリティプロファイルを規定している。T-security はトランスポート層で TLS を用いるプロファイルであり、IEC 62351-3 をベースにパラメーターの要件を追加している。A-security はアプリケーション層でのプロファイルであり、認証のみをサポートしている。E2E Security もアプリケーション層のプロファイルだが、認証に加えデータの暗号化やメッセージ認証符号の使用を規定している。

IEC 61351-6 は IEC 61850 のセキュリティ規格である。使用するプロトコルのうち MMS に対しては IEC 62351-4 を参照し、GOOSE に対してはメッセージに対する電子署名方法を規定している。

IEC 61850-3、IEC 61850-4、IEC 61850-6 の認

証、暗号、メッセージ認証符号、電子署名は暗号技術に基づいており、実際の運用には暗号鍵管理が不可欠である。その暗号鍵管理の規格が IEC 62351-9 である。

このように規格の制定は進展しているが、これらの規格をサポートした IED 製品は 2020 年時点ではほとんど存在しない。その一因として、処理時間の制約が厳しく、機器でのリソースが限られることが挙げられる。また、実際に運用するとなると暗号鍵管理が必要となり、このこともセキュリティ規格の普及を妨げる要因となっている。

セキュアな IEC 61850 システム構築のためには、セキュリティ関連規格の成熟、サポート製品の普及や暗号鍵管理のインフラ整備が望まれる。

2. 高精度時刻同期のセキュリティ

フェーザ計測装置（PMU：Phasor Measurement Unit）を用いた電力系統の広域監視システム（WAMS：Wide Area Monitoring System）の適用が海外で進展している。さらに、保護制御機能を加えた広域監視・保護制御（WAMPAC：Wide Area Monitoring, Protection and Control）システムを実現する技術開発も進められている。これらのシステムでは、広域的に配置された PMU を数 μs レベルの高精度で時刻同期させる必要がある。将来、WAMS や WAMPAC システムのような高精度時刻同期を前提とした高度な電力制御システムの利用が進展すると、高精度時刻同期のシステムのセキュリティが重要になると想定される。

WAMS や WAMPAC システムでの要求を満たす高精度時刻同期技術の1つとして、全球測位衛星システム（GNSS：Global Navigation Satellite System）がある。GNSS は衛星からの電波を用いて位置や時刻を算出するシステムであり、最も普及した GNSS は米国の GPS（Global Positioning System）である。しかし、GNSS の衛星からの電波は微弱であり、ジャミング（干渉する電波を用いた妨害）に脆弱である。また、信号の形式・内容が公知であり、スプーフィング（なりすました GNSS 信号を生成し送信する攻撃）に脆弱である。そのため、高精度時刻同期に GNSS を用いる場合、GNSS セキュリティ対策が重要である。

GNSS と同等の高精度の時刻同期技術として、コンピュータネットワークでの高精度時刻同期プロトコル PTP（Precision Time Protocol）がある。高精度時刻同期が求められるシステムにおいて、GNSS によらない高精度時刻同期技術としての利用や、GNSS と組み合わせての高信頼な高精度時刻同期システムとしての利用が期待される。

◇　　　　◇　　　　◇

本稿では、電力におけるサイバーセキュリティについて紹介した。国際標準適用やシステム間連携の進展により、今後、益々サイバーセキュリティの重要度が高まり、電力制御システムの知識を持ったサイバーセキュリティ技術者の必要性も高まると想定される。

◆参考文献◆

（1）日本電気技術規格委員会，電力制御システムセキュリティガイドライン，JESC Z0004, 2019
（2）日本電気技術規格委員会，スマートメーターシステムセキュリティガイドライン，JESC Z0003, 2019
（3）David Kushner："The Real Story of Stuxnet"，IEEE Spectrum, 2013-02-26
https://spectrum.ieee.org/telecom/security/the-real-story-of-stuxnet
（4）SANS ISC and E-ISAC：Analysis of the Cyber Attack on the Ukrainian Power Grid-Defense Use Case, 2016-03-18
https://ics.sans.org/media/E-ISAC_SANS_Ukraine_DUC_5.pdf
（5）US-CERT："CrashOverride Malware"，Alert（TA17-163A），2017-06-12
https://us-cert.cisa.gov/ncas/alerts/TA17-163A
（6）US-CERT："Russian Government Cyber Activity Targeting Energy and Other Critical Infrastructure Sectors"，2018-03-15
https://us-cert.cisa.gov/ncas/alerts/TA18-074A
（7）ENTSO-E："ENTSO-E has recently found evidence of a successful cyber intrusion into its office network"，2020-03-09
https://www.entsoe.eu/news/2020/03/09/entso-e-has-recently-found-evidence-of-a-successful-cyber-intrusion-into-its-office-network/
（8）情報セキュリティ政策会議：重要インフラの情報セキュリティ対策に係る行動計画
（9）内閣サイバーセキュリティセンター　サイバーセキュリティ戦略本部，重要インフラの情報セキュリティ対策に係る第4次行動計画，平成 29 年 4 月 18 日決定，2020 年 1 月 30 日改定
（10）Paul Stockton："Securing Critical Supply Chains"，EIS Council, 2018-06-19
https://www.eiscouncil.org/App_Data/Upload/8c063c7c-e500-42c3-a804-6da58df58b1c.pdf

〈（一財）電力中央研究所　嶋田 丈裕〉

脱炭素化

脱炭素化を目指す地球温暖化対策

　2015年12月に「パリ協定」が合意され翌年11月に発効した。パリ協定では、長期目標を「世界的な平均気温上昇を産業革命前に比べて2℃より十分低く保つとともに、1.5℃に抑える努力を追求する」とし、そのため、世界の温室効果ガスの排出量を今世紀後半に実質（正味）ゼロにすることが目標とされた。

　この長期目標に対し、日本政府は、2019年6月に「パリ協定に基づく成長戦略としての長期戦略」（以下：長期戦略）を策定し、「最終到達点としての脱炭素社会を掲げ、それを野心的に今世紀後半のできるだけ早期に実現することを目指すと共に、2050年までに80％の温室効果ガスの削減に大胆に取り組む」とした。長期戦略の柱は、イノベーションの推進、グリーンファイナンスの推進、ビジネス主導の国際展開・国際協力とされており、1番目にイノベーションが掲げられている。2020年1月に決定された「革新的環境イノベーション戦略」は、温暖化対策の長期戦略の最も重要な柱であるイノベーション戦略を定めたものである。

イノベーションによる脱炭素社会実現

　革新的環境イノベーション戦略では、非連続なイノベーションを推進し、世界のカーボンニュートラル、さらには、過去にストックされたCO_2の削減（ビヨンドゼロ）を可能とする革新的技術を2050年までに確立することを目指す。

　2018年7月には第5次エネルギー基本計画が決定され、2030年のエネルギーミックス目標をターゲットとして着実に実現すると共に、2050年については脱炭素化への挑戦をゴールと位置づけ、不確実性を踏まえて複線シナリオで取り組むとされた。

　2019年6月には我が国でG20が開催され、その期間中に長期戦略が決定されると共に、エネルギー・環境関係閣僚会合で「G20軽井沢イノベーションアクションプラン」が合意・公表された。同年9月には、水素閣僚会議やカーボンリサイクル産学官国際会議

など多くのイベントが行われ、10月初めのグリーンイノベーションウィークでも様々な行事が行われてイノベーションへの機運が盛り上がった。また、2020年10月には菅新首相が所信表明演説で2050年カーボンニュートラル目標を宣言した。

革新的環境イノベーション戦略の概要

1．戦略の構成

　革新的環境イノベーション戦略は、革新的技術の2050年までの確立を目指す具体的な行動計画（イノベーションアクションプラン）を中核とし、実現を後押しするアクセラレーションプランとゼロエミッション・イニシアティブズから構成されている。

　アクセラレーションプランは、①司令塔による計画的推進、②国内外の叡智の結集、③民間投資の増大、の3本柱からなる。

　司令塔による計画的推進については、府省横断で基礎から実装まで長期に推進するためにグリーンイノベーション戦略推進会議を設け（2020年7月設置）、既存プロジェクトの総点検と共に、最新知見でアクションプランを改定する。

　国内外の叡智の結集については、2020年1月には産業技術総合研究所にゼロエミッション国際共同研究センターが発足している。また、「ムーンショット型研究開発制度」などを活用して有望技術の支援強化を行う。

　民間投資の増大については、グリーンファイナンス推進、優良プロジェクトの表彰・情報開示による投資家の企業情報へのアクセス向上、研究開発型ベンチャーへの投資拡大を行う。

　一方、ゼロエミッション・イニシアティブズは国際会議等を通じて世界との協創のために情報発信を行うもので、グリーンイノベーション・サミット、RD20、ICEF、TCFDサミット、水素閣僚会議、カーボンリサイクル産学官国際会議を開催する。

2．イノベーションアクションプラン

　革新的環境イノベーション戦略の中核となるイノベーションアクションプランには、5分野16課題に分けた39テーマについて、①コスト目標、世界の削減量、②開発内容、③実施体制、④基礎から実証までの工程が明記されている。詳細については内閣府から公表されている「革新的環境イノベーション戦略」（https://www8.cao.go.jp/cstp/siryo/haihui048/siryo6-2.pdf）を参照されたい。ここでは、**図1**に示す5分野16課題について解説する。

ここに示されているように、革新的環境イノベーション戦略では、①エネルギー転換、②運輸、③産業、④民生・その他・横断領域、⑤農業・吸収源の5分野に分けた16課題が示されている。

エネルギー転換分野では、再エネや原子力など従来から意識されている課題に加えて、電力ネットワーク、水素、CCUS（CO_2の回収・利用・貯留）が記されている。エネルギー転換は革新技術群の中心に位置するもので、他の全ての分野の課題と関係している。

運輸分野では、多様なグリーンモビリティという総括的な表現になっているが、具体的なテーマには電動化や燃料電池の利用、バイオ燃料などが記されている。

産業分野では、化石資源依存からの脱却と共に、CO_2の原燃料化が明記されていることが注目される。これは回収されたCO_2を燃料（メタンやメタノールなどの合成燃料）や原料（炭化水素系の化学原料や炭酸塩の建設素材など）に変換して活用するもので、カーボンリサイクルを表している。CO_2は化学的に極めて安定な物質であるので、その原燃料化では、投入されるエネルギーや水素などに伴うCO_2排出をライフサイクルで評価することが重要になる。また、地球温暖化対策としての実用化には、コスト競争力と共に、大規模なCO_2利用が期待できなければならない。

民生・その他・横断領域分野には、最先端技術の活用（燃料電池、未利用エネ活用拡大、グリーン冷媒など）に加えて、スマートコミュニティと社会システム・ライフスタイル革新が明記されている。後述するが、社会イノベーションの効果は単に民生分野に留まらず、産業や輸送分野などにも大きな変革をもたらすと期待される。

農業・吸収源分野の課題は、これまでのエネルギー・環境イノベーションの議論であまり取り上げられなかった領域であるが、メタンやN_2OなどCO_2以外の温室効果ガスの抑制には農業分野が重要であり、またCO_2吸収源においても生物分野が重要な役割を果たす。具体的な課題として、メタン・N_2O削減に加えて、再エネを活用するスマート農林水産業、最先端バイオ技術を活用したバイオマスの原燃料転換、海洋生態系に炭素を貯留するブルーカーボンやバイオ炭によるCO_2固定が挙げられている。特に、この分野でDAC（Direct Air Capture、大気中からのCO_2回収）がイノベーションの課題に含まれたのは大きな進展である。

3．電化と共通基盤技術の重要性

図1には、16課題に加えて、産業分野の電化と共通基盤技術を追記してある（□で囲んで表示）。

電気は利用段階でクリーンかつ効率的に利用できることに加えて、様々な資源から生産できるので、低炭素化・脱炭素化が相対的に容易に実現できる。カーボンニュートラルなバイオマス発電とCCS（CO_2回収・貯留）を組み合わせれば（これをBECCSと呼ぶ）、大気からCO_2を回収して地中に隔離すると共に電気を生産できるのでCO_2排出はマイナスになる。このような脱炭素化された電気を産業や運輸などの分野で利用することで、省エネ効果も含めて全体として大きなCO_2削減が期待できる。特に産業分野の高温熱利用は脱炭素化が難しい部門であり、産業分野の電化に挑戦するのは重要なイノベーションだと考えられる。

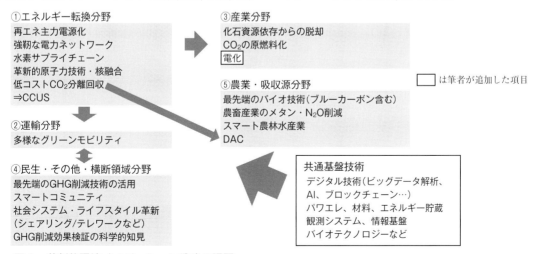

図1　革新的環境イノベーション戦略の課題

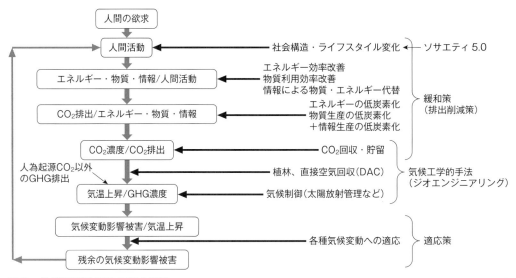

図2　地球温暖化対策の基本構造　出典：山地憲治：「エネルギー・環境・経済システム論」2006、岩波書店に加筆

　共通基盤技術として追記したデジタル技術やパワエレ、バイオテクノロジーなどは、革新的環境イノベーション戦略の中でも分散して記述されている。これらは応用範囲の広い革新技術で、エネルギーや環境に特化したイノベーションとして意識されることが少ないが、電力ネットワーク強靭化や社会イノベーションで大きな役割を果たす。これら基盤技術のイノベーションの重要性を忘れてはならない。

社会イノベーションの重要性

　2018年10月に公表されたIPCCの1.5℃特別報告書では様々な排出削減シナリオが類型化されているが、特に注目されるのはLow Energy Demand（LED）シナリオという従来のモデル分析よりも低いエネルギー需要が実現するシナリオである。他のシナリオでは、実質ゼロ排出には大気から大量にCO₂を除去するBECCS（バイオマス利用＋CCS）や植林の大規模導入が必要になり、生態系への影響や食料供給への懸念が生じるが、LEDシナリオでは特段の温暖化対策を導入しないベースラインシナリオにおいて既にCO₂排出が少なく、1.5℃シナリオでもBECCSなどの大規模な導入は回避できる。

　LEDシナリオは社会イノベーションによって実現される低エネルギー需要を基礎とするもので、地球温暖化対策だけでなくSDGs（国連で採択された17の持続可能な開発目標）の同時達成もしやすいシナリオであり、注目される。

　図2に地球温暖化対策の基本構造を示すが、従来の対策はエネルギー効率改善とエネルギーの低炭素化による緩和策（排出削減策）が中心で、温暖化対策に特化した技術（気候工学などと呼ばれる）としてCCSの研究開発、また、避けられない温暖化への適応策が進められているという状況だった。

　LEDシナリオの新しさは、図2の右上部のソサエティ5.0（超スマート社会）のような社会イノベーションによって社会構造・ライフスタイルを変化させるという点にある。この社会イノベーションも革新的環境イノベーション戦略に含まれている。

　第5期科学技術基本計画によれば、超スマート社会ではサイバー空間とフィジカル空間が統合され、必要なモノ・サービスを、必要な人に、必要な時に、必要なだけ提供できる。エネルギーサービスの提供に当てはめれば、全く無駄のない究極の省エネが実現する。これは情報によるエネルギーの代替である。

　エネルギー需要に与える影響は、無駄のないエネルギー利用という効果だけに留まらない。超スマート社会では、シェアリングやリサイクルによってモノの利用も徹底的に効率化するので、同じサービスの利用がより少ないモノ（物質）の使用で実現する。これは情報による物質の代替である。この代替効果によって物質生産の必要量が減少すれば、その生産に必要なエネルギー需要も減少する。物質を介した間接的なエネルギー需要減は、省エネとして意識されにくいが、エネルギー需要に与える影響は極めて大きい。

脱炭素社会実現の構図

　脱炭素社会実現で中心になるのはクリーンで効率

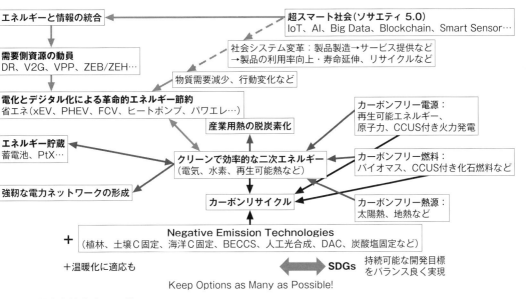

図3　脱炭素社会実現の構図

的な利用ができる二次エネルギー媒体であり、現状では電気、将来的には燃料・熱利用として水素が活躍すると思われる。電気と水素を中心に置き、各種イノベーションを配置した脱炭素社会実現の構図を図3に示す。

電気と水素は様々な資源から生産できるので、技術イノベーションによって低炭素化・脱炭素化が可能である。CCUS技術を想定すれば化石資源の活用も排除されない。ただし、今後太陽光発電や風力発電のような自然変動する電源が大規模に導入されると見込まれるので、電解水素での貯蔵（PtX）を含め蓄電技術の役割が重要になる。また、自然変動電源を連系する電力ネットワークにも柔軟性や強靭性が求められる。

電気の利用は、デジタル社会の進展、運輸部門の電化やヒートポンプによる熱供給の増加によって今後も継続して増大すると思われる。産業部門の電化も重要な課題である。水素は燃料電池での利用に加えて、燃焼発電や熱利用、さらにはカーボンリサイクルの進展に伴って燃料や化学物質合成の資源として需要が増加すると見込まれる。

電気の利用については、太陽光発電やコージェネなどの分散型電源や電動自動車の蓄電池、ヒートポンプ給湯器の貯湯槽など需要側に置かれたエネルギー設備の活用が進むだろう。送配電事業の制度も電力システム改革によって大きく変化しつつあり、需要に合わせた電力供給という従来の姿から、需給一体となったネットワーク形成・運用へと変化してい

くだろう。デジタル技術の活用がこのようなネットワーク革新を支えていく。

超スマート社会（ソサエティ5.0）が進展すれば、エネルギーと情報のシステム統合がさらに進み、需要側に置かれた設備などの分散型資源が一層効率良く活用されることになるだろう。結果として、電化とデジタル化による革命的エネルギー節約が実現する可能性が描ける。もっとも、ブロックチェーンなど情報処理に伴う電力需要増大に対応する必要があり、量子コンピュータなど情報分野でのイノベーションとの連携を図る必要がある。

製鉄やセメント製造、化学工業、農業など人間の経済活動全体を俯瞰すれば、以上のような対策を全て実施しても温室効果ガスのゼロ排出を実現することは困難と思われる。したがって、植林やDAC、BECCS、人工光合成など大気からCO_2を回収する技術も備えておく必要がある。

その上で、起こりうる温暖化への適応と、SDGsにおける温暖化問題以外のゴール実現とのバランスを図っていく必要がある。より幅広い視点に立てば、SDGsの達成に向けた社会イノベーションによってCO_2排出のベースラインを下げ、そこに技術イノベーションによって電気や水素のようなクリーンな二次エネルギーをCO_2排出なく生産し、効率的に利用するシステムを構築すれば、脱炭素社会を実現して地球温暖化問題を解決する展望が開ける。

〈（公財）地球環境産業技術研究機構　山地　憲治〉

ヒートポンプ

［ヒートポンプとは］

ヒートポンプはその名の通り、熱（ヒート）を低温から高温にポンプのように移動させる技術である。熱の移動元である熱源側は空気熱、地中熱、河川水熱や下水熱等があり、移動先の利用側は給湯・暖房等の温熱利用と冷凍・冷房等の冷熱利用がある。

身近なところでは家庭のルームエアコンや冷蔵庫で使われており、2001年に発売開始された CO_2 冷媒式ヒートポンプ給湯機（エコキュート）は2020年7月に累計700万台の出荷台数を突破した。

ヒートポンプには様々な形式があるが、ルームエアコン等で活用される代表的な蒸気圧縮式ヒートポンプは、電気などのエネルギーで圧縮機を稼働させ、冷媒の蒸発→圧縮→凝縮→膨張→蒸発を繰り返すことで熱を移動させる（図1）。

ヒートポンプの効率は成績係数COP（Coefficient Of Performance）で表す。利用可能な熱エネルギーを投入したエネルギーで割って算定する。例えば、暖房能力2.8kW、消費電力0.56kWの場合は、COPは5となる。すなわち、1の電気エネルギーで5倍の熱エネルギーをつくり出している。これは、残りの4のエネルギーを空気からくみ上げているからである。

ヒートポンプは効率の高さから、家庭用だけではなく、オフィスビルの空調、飲食店や宿泊施設の給湯、工場の冷却・加熱工程、農事用、融雪用等、熱を利用するあらゆる分野で活用されるようになった。

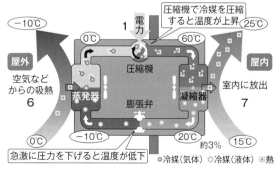

図1　ヒートポンプの仕組み

［熱の脱炭素化とヒートポンプ］

なぜ、熱の脱炭素化が必要なのか。熱の利用は人の生活に不可欠で、生活水準の向上に伴い、その利用は増加してきた。

エネルギー白書2020によると、家庭部門では冷房、暖房、給湯を合わせて約6割が、業務他部門でも約半分が熱の利用のためにエネルギーを消費している。

これらの熱は、従来は石油ストーブやガス給湯器等の化石燃料を燃焼して得ていた。しかし、燃焼機器は化石燃料が持つ熱エネルギーを取り出して活用するため、燃料が持つ発熱量以上の熱エネルギーを取り出すことはできない。一方、ヒートポンプは熱を移動させる原理のため、投入する電気のエネルギー以上の熱エネルギーを利用することができる。このため、熱源設備の効率だけでなく、電気の CO_2 排出係数を加味して、一次エネルギーに遡って燃焼機器と比較しても、省 CO_2 であることが分かる（図2）。

同時に電気の低炭素化・脱炭素化も進んでおり、電気の供給側では、再生可能エネルギー電源の普及が進んできた。一方、需要家側でもRE100の取り組みに代表されるように、再生可能エネルギー電源

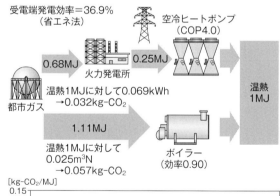

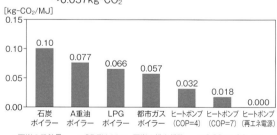

図2　温熱製造1MJ当たりの CO_2 排出量の比較

・石炭の発熱量　　＝25.7MJ/kg、石炭の排出係数　　＝2.33kg-CO_2/kg
・A重油の発熱量　＝39.1MJ/L、A重油の排出係数　＝2.71kg-CO_2/L
・LPGの発熱量　　＝50.8MJ/kg、LPGの排出係数　　＝3.00kg-CO_2/kg
・都市ガスの発熱量＝45MJ/m³N、都市ガスの排出係数＝2.29kg-CO_2/m³N
・電気の排出係数　＝0.463kg-CO_2/kWh
（2018年度：電気事業低炭素社会協議会における実績値）

のニーズも高まると共に、電力の全面自由化の進展から、脱炭素電力の選択も可能となった。

「電力の脱炭素化」×「熱源設備の電化」により、「熱の脱炭素化」の道筋が見えてきたとも言える。

また、再生可能エネルギーについては電源ばかりに注目が集まりがちだが、熱源も再生可能エネルギー源として、2009年にエネルギー供給構造高度化法施行令で、空気熱、地中熱等が定義されている（**図3**）。

EUでは最終消費エネルギーベースで空気熱・水熱源・地中熱を利用するヒートポンプからの暖房・給湯に供給する温熱を再生可能エネルギー量として計上しているが、日本では、明確に位置づける具体的な制度がないため、電源、熱源の両面から再生可能エネルギーを活用できるヒートポンプを評価する制度設計が期待される。

［ヒートポンプの進化］

1．技術発展の推移

ヒートポンプは冷凍・空調分野で普及が始まり、インバーターを活用した部分負荷特性に優れる機器が誕生するなど高効率化されてきた。また、多様な熱の利用形態に合わせ、利用温度の高温度化が進み、給湯用ヒートポンプ、産業用の加熱工程に合わせた120℃の高温熱風や165℃の蒸気を取り出すヒートポンプ、冷温同時に取り出して両方同時に活用するヒートポンプ、さらに、燃焼機器を併用するハイブ

リッドシステムなど、ヒートポンプは進化を続けている。

法制度面では、2015年には下水道法が改正されて民間事業者による下水道管からの採熱が規制緩和され、2019年には国家戦略特別区域における帯水層蓄熱技術を活用した冷暖房利用が規制緩和されるなど、再生可能エネルギー源活用の環境整備が行われてきた。

再生可能エネルギー源活用の一例として、下水熱利用ヒートポンプを導入した堺市とイオンモールの事例を紹介する（**図4**）。

この事例では、堺市で下水処理された再生水を熱源水として活用し、冬季は18℃の再生水（熱源水）をまず外気処理として利用し、次に12℃となった再生水を給湯機の熱源水として利用する。また、夏季は30℃の再生水（熱源水）をヒートポンプ給湯機（以下：HP給湯機）で利用し、28℃なった再生水を氷蓄熱用のブラインヒートポンプに利用する。いわゆる熱のカスケード利用である。さらに熱源機等での使用後、再生水を敷地内のせせらぎの水やトイレの洗浄水として活用している。システム効率が向上することもさることながら、供給側の再生水の販売と需要側の熱源水の安価な調達と動力削減という双方のメリットが創出され、水資源にも優しい。ヒートポンプを通じて様々な価値を生み出すという、新たな街づくりの在り方を予感させる。

2．蓄熱システムとVPP

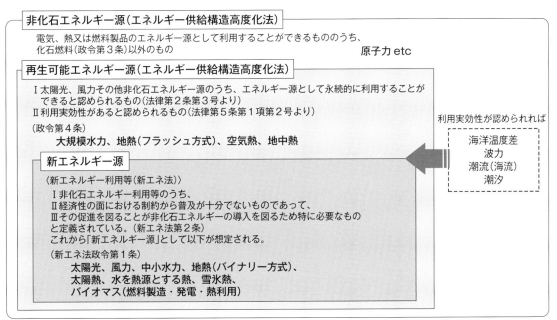

図3　日本における再生可能エネルギー源 [1]

95

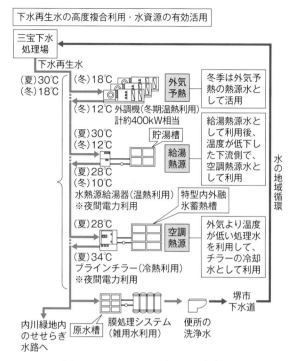

図4　下水熱利用ヒートポンプの事例[(2)]

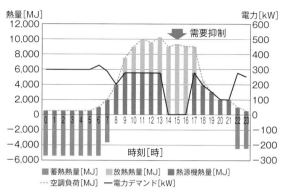

図5　蓄熱槽の放熱による下げDRのイメージ

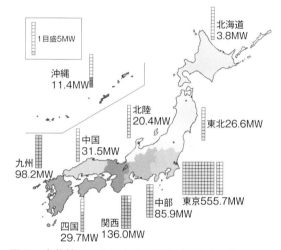

図6　水蓄熱による国内のVPPポテンシャル

　蓄熱システムは、ヒートポンプが製造した冷水や温水を蓄熱槽に蓄え、必要な時に蓄えた熱を利用するシステムであり、熱の生産と需要側の消費を時間的にずらすことができる。

　従来、蓄熱空調システムでは、夜間にヒートポンプを効率良く定格運転し、夏季は冷水（氷）、冬季は温水を蓄熱槽に蓄え、昼間の空調負荷に応じ、蓄えた冷水（氷）や温水を冷暖房空調に使用することで熱源機の小容量化を図り、昼間ピーク電力の削減効果等、省エネルギー性と経済性の向上を図ってきた。

　電力システム改革では、大規模発電所のような集中電源に依存した従来型のエネルギー供給システムが見直されると共に、需要家側のエネルギーリソースを電力システムに活用する仕組みとしてデマンドレスポンス（DR）や仮想発電所（VPP）の構築が進められている。

　需要家側のエネルギーリソースの1つである蓄エネルギー技術においては、蓄電池やEVの普及が今後期待されるところではあるが、既に普及している蓄熱システムも活用することができる。再生可能エネルギー電源の供給過剰時の吸収や負荷平準化などの機能として、熱が電力システムで活躍することが可能だ。

　ヒートポンプ・蓄熱センターでは、国内のヒート

ポンプ・蓄熱システムを下げDRに活用した場合のポテンシャルは「100万kW×3時間」分と推計している。これは、100万kW級の発電所が3時間発電する容量に相当する（図5、6）。

　また、家庭では2019年11月以降、太陽光発電（以下：PV）の余剰電力買取制度の買取期間が終了した、いわゆる卒FIT世帯が増加し、電力系統網への負担を軽減するためにPV余剰電力を自家消費することが重要となっている。EVや蓄電池は充放電を通してロスが発生する一方、HP給湯機は、燃焼式の給湯機器に比べて省CO_2であることに加え、夜間蓄熱運転から昼間主体の運転に変更して、PV自家消費を増加させる方法は、気温が高い昼間にヒートポンプを動かすことと給湯使用までの貯湯時間が短縮されることによりシステム効率を向上させることが可能で、省CO_2とPV自家消費増大を両立できる。

　PV余剰電力を全て売電するガス給湯器利用世帯と比較して、PV余剰電力をHP給湯機で自家消費する世帯では、PV自家消費率が15％pt向上し、

表1　ケース分類[3]

モデルケース	給湯設備/蓄電池	説明
全量売電ケース	ガス給湯	PV 余剰分は全て売電
HP 給湯ケース（最適制御）	HP 給湯	HP 給湯機の昼間蓄熱（PV 余剰分）と夜間蓄熱を最適制御
HP 給湯ケース（夜間蓄熱）	HP 給湯	PV 余剰分は売電。HP 給湯機は夜間蓄熱
蓄電池ケース（容量6kWh）	ガス給湯＋蓄電池	PV 余剰分をできるだけ蓄電して、夜間に自家消費

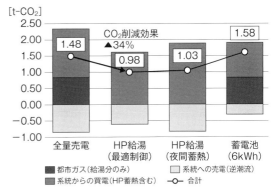

図8　年間 CO_2 排出量[3]

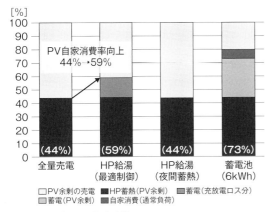

図7　PV 自家消費率[3]

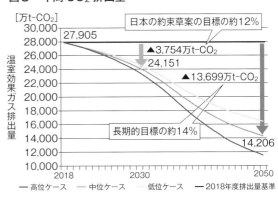

図9　温室効果ガス排出量の推移（数値は中位ケース）

CO_2 排出量を 34% 削減できることを、HP 給湯機の有効活用検討会が発表している（表1、図7、8）。

　このように、ヒートポンプは再生可能エネルギー電源の主力化に向けた、電気の需給調整能力として「電力の脱炭素化」に貢献することができる。

ヒートポンプの課題

　ヒートポンプが進化する中で、冷媒の国際的な規制として、2016 年 10 月のモントリオール議定書締約国会議において、オゾン層を破壊しないが温室効果の高い代替フロン（HFC）について、生産および消費の段階的削減義務等を定める議定書の改正が決議された。本改正では、先進国は 2036 年までに HFC を 85% 削減することが合意された。この目標は、既存の代替フロンを用いた冷媒では達成困難であり、代替物質への転換が避けられない。

　機器開発にとって影響が大きい中、各メーカーは代替フロンに代わる新冷媒によるヒートポンプの商品化を進めている。

将来展望

　センターでは、国内におけるヒートポンプの普及拡大による温室効果ガスの削減効果を分析した（図9）。

　その効果は、中位ケースにおいて、2015 年 7 月に発表された日本の約束草案の CO_2 削減目標（2030 年度▲ 26%：約 3.08 億 t CO_2）の約 12%、パリ協定における 2℃ 目標達成のため 2050 年までの長期的な温室効果ガス排出削減目標（▲ 80%：約 9.5 億 t CO_2）の約 14% に匹敵することが分かった。

　建物や設備のライフサイクルを鑑みると、2030 年や 2050 年は決して遠い将来ではなく、ヒートポンプが導入できる建物の新築や熱源設備の改修工事の機会は 1〜2 度しかない。日本の政策目標を達成し、国際社会の高い期待に応え、かつコロナ禍で落ち込んだ経済の立て直しのためにも、数少ないヒートポンプの導入機会にロックインを防ぎ、グリーンリカバリーを目指す取り組みが求められる。

◆参考文献◆
（1）経済産業省総合資源エネルギー調査会新エネルギー部会、第 37 回配付資料
（2）ヒートポンプ・蓄熱センター，COOL&HOT. 51 号
（3）ヒートポンプ給湯機の有効活用検討会

〈（一財）ヒートポンプ・蓄熱センター　佐々木 俊文〉

V2G

概要

V2G（Vehicle-to-grid）とは、電気自動車のバッテリに蓄えた電力を電力系統に供給したり、バッテリへの充電量を調整する技術の総称であり、電気自動車の普及拡大と共に期待を集めている。

自然災害など非常時の電源として利用可能であることに加えて、出力が日射量や風況によって変動する再生可能エネルギーの増大に伴って必要となる電力システムの柔軟性（フレキシビリティ）を増すことができるため、運輸部門と電力部門の相乗効果によってCO$_2$を削減するセクターカップリングにおける重要な技術としても期待されている。本稿では、まずV2Gの仕組みとニーズ・目的を述べ、現在までの欧米日での取り組みについて概説する。

一方、非常に多数の電気自動車を走らせる以外の目的に利用するため、これらを協調的に動かす基盤の整備や、ユーザーの利便性や蓄電池の寿命への影響を上回るメリットがユーザーにあるかが課題となる。そこでV2Gの課題と現時点で考えられている解決の方向性を解説する。さらに将来展望と今後の期待について述べる。

V2Gの仕組みとニーズ・目的

1．V2Gとは何か？

V2Gとは、BEV（バッテリ・エレクトリック・ビークル）、PHEV（プラグインハイブリッド）、FCEV（水素燃料電池自動車）などプラグイン式の電気自動車が電力系統と通信し、車内のバッテリに

表1　V2Gの種類

種類	内容
V2G Vehicle to Grid	EVからの放電により、電力系統に逆潮流によって電力を供給
V2H Vehicle to Home	EVからの放電により、充電設備を設置した需要家の宅内の電力（の一部）を供給
V2B Vehicle to Building	EVからの放電により、充電設備を設置したビル構内の電力（の一部）を供給
V1Gまたは 単方向V2G	電力系統からEVへの充電速度を、状況に応じて調整

蓄えられた電力を電力系統に戻したり、充電量を調整することで、デマンドレスポンスサービスを提供するシステムを指す。

V2Gには類似の概念があるので、**表1**に整理した。本稿ではこれらを総称してV2Gとしているが、V2X（Xはeverythingに相当）ということもある。

EVのバッテリは直流であるのに対して、電力系統や需要家構内で使われる電気は大半が交流である。このため、EVに充電する際には、交流の電気を直流に変換する必要があり、逆に放電する際には直流を交流に変換する必要がある。なお、EVに車載された車両駆動用のモーターは交流の同期電動機であり、EV内では直流から三相インバーターによって三相交流がつくられ、モーターに供給されている。

通常EVの充電には、普通充電と急速充電がある。**図1**にその概略を示す。

我が国では、普通充電には交流100Vか200Vが用いられ（160km航続のための充電時間は約7〜14時間）、急速充電については、殆どの国でCHAdeMO方式などの直流が用いられている。

V2Xで車載バッテリから車両外への放電を行う場合、以下の2通りが考えられる。

1.1　DC方式の充電装置の双方向インバーター化

急速充電器で用いられる充電用コンバーターを双方向インバーターとして交流で放電できるようにするため、車両に変更を加える必要がない。

このためV2X充電器が高価となるが、充電器を宅内の電力使用状況に合わせて契約電力ギリギリとなるよう制御することで、200Vでの普通充電に比

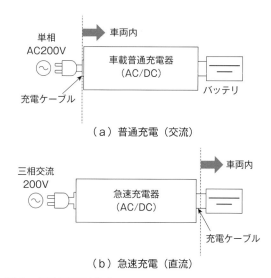

（a）普通充電（交流）

（b）急速充電（直流）

図1　EVの充電方式

べて急速な充電が可能となるメリットもある。

1.2 車載充電器を双方向インバーター化

現在の車載の充電用コンバーターからの変更に伴うコストアップがあるが、交流からの充電でも一定の放電が可能となる。

いずれの方式でもバッテリから車両外への放電を行う場合、系統連系用の保護制御機能などをどこかに組み込む必要がある。

2．ニーズ・目的

EVに搭載されるバッテリの容量は数10～100kWh程度と、家庭用の定置式バッテリに比べて10倍程度大容量である。

また、自動車が停車している時間は90％に達しており、停車中には充電設備に接続されているケースが多いと考えられる。このようなことから、EVを動くバッテリステーションと考えて、そのバッテリを以下のニーズに利用することが考えられている[1]。

2.1 電力系統全体での需給バランス維持

（1）周波数制御

電力系統内では、需要が供給を上回ると周波数が上昇し、逆に下回ると周波数が低下する。系統内の周波数変動に応じて、EVのバッテリを充放電させることができれば、周波数変動を小さくすることができる。

車両外に放電を行わず充電速度を調整するV1Gの場合であっても、周波数の変動に合わせて充電速度を調整させることができれば、調整幅の確保に制約はあるものの、V2Gの場合（周波数が上昇時に充

電、下降時に放電）と同様の周波数制御を行うことができる（図2）。

（2）予備力

系統内の需要が急増した際に、充電中の充電器を停止する（V1G）あるいは放電させる（V2G）ことができれば、需給変動のための予備力として活用できる。

（3）再生可能エネルギーの出力変動の調整

日射量や風況によって出力が変動する再生可能エネルギーの変動を、EVの充電量の調整、もしくは充放電によって調整することができる。

2.2 配電系統の重負荷対策や制御

（1）潮流の制御による配電線増強の回避・繰り延べ

需要が増加して配電線の増強が必要になった場合、配電系統の混雑時にEVからの電気を逆潮流させることで、増強を回避したり、繰り延べることができる。

（2）電圧制御

再生可能エネルギーの増加によって、配電系統の電圧変動が大きくなるが、EVからの充放電や無効電力の制御によって電圧を安定化することができる。

2.3 需要家ニーズ

（1）信頼度向上（非常時活用など）

系統の停電時にEVに蓄えられた電気を宅内やビル内で活用することで電力供給の信頼性を向上できる。

（2）需要の時間シフト

電力料金の安い時間帯にEVに充電し、高い時間に放電することで、電力需要の時間シフト（負荷平準化）が可能となり、電力料金を低減可能である。

（3）ピークカットによる基本料金節約

需要家内の電力使用のピークの一部を、EVからの放電で賄うことで、電力会社との契約電力を小さくして電力料金を低減可能である。

実際には、これらのニーズにV2Gを活用する場合、EV所有者（個人所有あるいは事業者所有）、充電設備の運用者、充電設備の設置者、送配電系統運用者、電力市場・市場参加者など多数の関係者がいる。また、多数のEVを纏めてV2Gサービスを提供するアグリゲーターが介在することも考えられる。

これらの多数の関係者の存在を前提

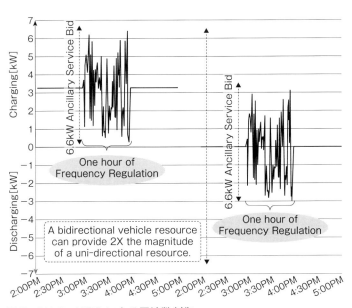

図2　V1G、V2Gによる周波数制御

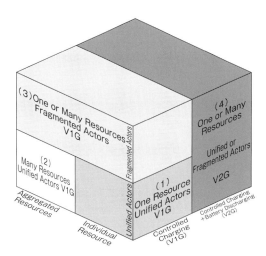

図3　CPUCによるV2Gのユースケース

に、EV普及促進に特に積極的なカリフォルニア州公益事業委員会（CPUC）は、2013年にV2Gのユースケースについて検討を行っている。

　具体的には、①充電のみ（V1G）か、充放電（V2G）も含めるか、②個別制御またはアグリゲーターを通じた制御か、③EVや充電器の所有者がバラバラか、統一されているか、の3属性でケース分けした上で、ユースケースを図3の通り、4ケースに絞り込み、関係者による取り組みを促している。

V2Gへの取り組みの状況

1．EDISONプロジェクト

　2008〜2011年にデンマーク工科大学、IBM、Siemens、Dong Energy（現在のØrsted社）などのコンソーシアムが実施した先駆的なV2Gプロジェクトである。デンマーク政府が風力発電の大規模導入を決めたことから、電力需要と風力発電のギャップを埋めるための手段としてV2Gが検討された。

　発電出力予測値を上回る風力発電の余剰分をEVに蓄え、発電量が小さいタイミングで放電する試験をデンマーク東部のボーンホルム島で実証した。

2．米国デラウェア大学eV2gプロジェクト

　米国では、2008年から2010年にかけて、デラウェア大学でV2G技術（車載システム、充電設備・アグリゲーターの制御ソフトウェアなど）の検討が行われた。さらに2011年からは商用化を目指して、NRG Energy社との共同で検討が進められ、米国北東部の独立系統運用機関であるPJMと自動車メーカーのBMW（EVを15台提供）も参加して、V2Gによる周波数調整力などを行う実証eV2gが行わ

れた[2]。また、2013年からはeV2gはPJMの周波数調整市場に正式参加している。

3．最近の取り組み

　英国では、2018年に電力会社EDFエナジーが、デラウェア大学が開発したV2G技術を展開するスタートアップ企業であるNuvve社と提携し、最大1,500台のV2G充電器を設置することを発表した。なお、Nuvve社は、英国以外でデンマーク、フランス、米国で同様の事業を展開している。これらの電力はエネルギー市場での販売や、電力系統のフレキシビリティ提供への利用が期待されている。

　他に英国では、日産自動車とエネル社が100台のV2G充電ユニット導入を進めており、米国カリフォルニア州ではBMWとPG&Eが250台のEVによるデマンドレスポンスプログラムを導入して、プログラム参加者に1,000ドル、デマンドレスポンスに応じたインセンティブ（ギフトカード）の支払いを行っている。また、米国のEnel Xは、家庭用のスマート充電器（V1G）と制御ソフトウェアを提供し、これらを活用して多くの電力会社がデマンドレスポンスプログラムを実施している。

4．我が国の取り組み状況

　我が国でも2017年度から経済産業省が実施しているVPP事業の中で、2018年度からV2Gアグリゲーター事業が実施された[3]。この事業には、4グループが参加し、ピークシフトや再生可能エネルギーの出力抑制回避の対策など、V2Gが提供できる価値や、充放電スタンドの認証の在り方、バッテリの充放電状態情報の活用可能性などを、実証を通じて検証した。

　また、2019年の台風15号で発生した千葉県の大規模停電時には、V2Hシステム導入ユーザーのメリットが確認されたり、日産自動車などが電気自動車と可搬型給電装置による電力供給の支援を行うなどして、災害時の活用可能性が示された[4]。

課題と解決の方向性

1．課題

　V2Gの課題としては、以下が挙げられる。

　① ユーザーの利便性

　V2Gでバッテリから放電した分だけユーザーが乗車する際の航続距離が短くなる。

　② バッテリ寿命への影響

　バッテリは充放電を繰り返すことで寿命が短くなるため、V2Gによる利用が寿命消費を大きくする。

③ 多数の関係者と EV を協調させる仕組み・基盤の必要性

EV 所有者と充電器運用者、系統運用者など、多くの関係者全てにとってメリットがあるようなエコシステムづくりがなければ社会実装が進まない。

④ 全体としての経済性

エコシステムづくりの前提として V2G を提供するための費用を、V2G による便益が上回る必要がある。特に V2G 対応充電設備の設置費用低減が重要である。

2．課題解決に向けた取り組みの方向性

米国のローレンス・バークレー国立研究所は V2G-sim というプログラムを開発し、多数の関係者の行動やバッテリの充放電特性、各種の制御装置をモデリングして、V2G がユーザーの移動ニーズにどの程度影響するか、バッテリの寿命に与える影響がどの程度かを詳細にシミュレーションできるようにした[5]。その結果によれば、充電している 95 ％の時間帯において、デマンドレスポンスの提供を行っても、車の可用性に影響を与えないこと、一方、デマンドレスポンスの終了タイミングで一斉に充電が再開されれば配電系統の重負荷が生じること、V2G サービスへの加入によるバッテリの寿命消費はわずかと考えられることなどが分かったとされている。

また、モビリティ用途のリチウムイオン電池を、需給調整や周波数調整に二次利用することも 1 つの選択肢となるが、長期間利用したバッテリの残存性能評価などの技術が不可欠となる。これらの技術により希少資源から製造されるバッテリをライフサイクルで最大限活用することにより、バッテリコストの低減と資源の循環が可能になり、V2G の普及にも繋がるものと期待される。

将来展望

1．エネルギーシステム全体の中での位置づけ

欧州諸国や日本では、2050 年時点での温暖化効果ガス削減としてネット・ゼロエミッションや 80 ％削減などの高い目標を掲げており、再生可能エネルギーなど非化石エネルギーの大規模な導入と、運輸部門や熱部門での化石燃料消費の電気、水素への転換が求められる。図4は、2050 年までに我が国で温暖化効果ガス 80 ％削減を達成する場合のシナリオの 1 つにおける夏季 1 週間の電力需給状況を示

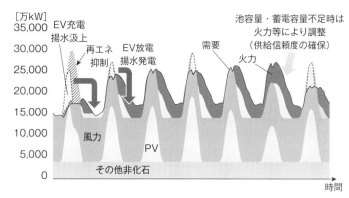

図4 2050 年時点の電力需給に占める V2G の役割

している。

再エネの大幅な拡大に伴い、揚水発電と同様に EV の V2G が需給調整に大規模に利用され、特に高需要に対する供給力（kW）としての役割が期待される。

2．ローカルフレキシビリティの提供

分散型電源の導入拡大や EV 普及に伴って、配電系統に流れる潮流は双方向となり、かつ時間的に大きく変動することになる。欧州などでは、この変動をできるだけ抑制して、配電系統（配電用変電所の上位の 6 万 V などの系統も含む）の増強コストを抑えつつ、1．で述べた再生可能エネルギーと需要のギャップを埋めるためのローカルフレキシビリティ市場の導入が構想されている。V2G は、その中で大きな役割を担うと予想される。前述した課題の早期の克服が期待される。

◆参考文献◆
（1）California Public Utility Commission, Vehicle-Grid Integration：A Vision for Zero-Emission Transportation Interconnected throughout California's Electricity Systems, 2014.3
（2）W.Kempton et al.：Vehicle to Grid Demonstration Project, 2010
https://www.osti.gov/servlets/purl/1053603
（3）環境共創イニシアチブ，2018 年度需要家側エネルギーリソースを活用したバーチャルパワープラント構築実証事業費補助金成果報告，2019 年 3 月 19 日
https://www.meti.go.jp/shingikai/energy_environment/energy_resource/pdf/009_08_00.pdf
（4）日産自動車，電気自動車総合情報サイト，令和元年台風 15 号　千葉県大規模停電における日産自動車の支援について，2019 年 10 月 9 日
https://ev.nissan.co.jp/BLOG/186/
（5）S.Saxena et al.：SAE Technical Paper 2015-01-0304, 2015.4

〈東京電力パワーグリッド(株)　岡本 浩〉

電動化

本稿において「電動化」とは、自動車・船舶・航空機等の運輸部門での電気エネルギーへの転換と捉えて論じることとする。

運輸部門のエネルギー消費量は世界全体の約30％を占め、その3/4が自動車に起因する。また石油系燃料の比率が約90％と大きいが、その理由として、貯蔵量の制約が大きい移動体ではエネルギー密度が高いという石油の長所が特に重要なことが挙げられる。なお、エネルギー消費に占める電力の比率は1％程度で、大半は鉄道である。近年、自動車を中心とする電動化の技術が進歩しているが、国際エネルギー機関（IEA）によれば現状の政策が変わらない場合、運輸部門のエネルギー消費に占める電力の比率は2040年でも5％程度に留まる。

温室効果ガスの大幅削減には、電力低炭素化と電化率向上が鍵を握る。IEAの脱炭素シナリオでは、2040年の運輸部門のエネルギー消費量に占める電力の比率は約13％に増加する。このように脱炭素化を目指すためには運輸部門の電化が大きな役割を果たすが、これは大気汚染対策としても望ましい。

ここで、系統電力などから蓄電池に給電し、モータに電力供給を行うような完全な「電化」だけが「電動化」ではない。化石燃料を用いて発電し、モータを駆動するハイブリッド方式は、自動車では既に一般的な技術となっているが、石油燃料の特長を生かしつつ省エネ等が可能となる技術として今後、船舶、航空においても技術開発が期待される分野であり、本稿において取り上げることとした。

自動車

1．背景

これまで100年以上にわたってガソリンや軽油といった石油系燃料をエンジンで燃焼させて走行するのが主流であった自動車は、二酸化炭素（CO_2）のような温室効果ガスだけでなく、地域環境を悪化させる窒素酸化物（NOx）や粒子状物質（PM）を車両から排出し、都市の大気環境を悪化させる一因となっていた。もちろん、こうした排出物を低減するために、エンジンの燃焼改善や触媒等での後処理による浄化

はなされてきたが、燃焼の高効率化とNOx等の排出ガスの削減は両立が困難な点が課題である。この点、自動車を電動化すると、高効率化と排出ガスの抑制の両立が可能となる。特に再生可能エネルギー由来の電力の普及が欧米を中心に進展していることから、太陽光発電や風力発電を活用できる自動車の電動化は、以前にも増して次世代の自動車の切り札として注目されている。自動車部門でのCO_2排出量を抑制するために各種の優遇を電気自動車に実施しているノルウェーでは、新車販売の約半数が既に電気自動車となっているほどで、2025年からは、エンジンでのみ走行する自動車の販売を禁止する動きも出てきている。さらに、欧州では、国よりも自治体による都市内の地域環境改善の動きが活発で、都市中心部でのエンジン車の利用の制限が検討されている。アムステルダム、パリ、ロンドンといった都市では、エンジンのみで走行する自動車の販売を2030年以降に禁止する動きが出てきている。

2．電動化の現状

電動車は、モータだけで駆動するか、モータとエンジンを併用するかで大別される。前者は系統電力を蓄電池に充電する電気自動車と、燃料電池で発電しながらモータで走行する燃料電池自動車に区分される。モータとエンジンを併用するハイブリッド自動車は、エンジンに対してモータが動力をアシストするようなパラレルハイブリッド、エンジンで発電した電力でモータを駆動するシリーズハイブリッド、その双方を組み合わせたもの、さらに通常は蓄電池で電気自動車のように走行するが、蓄電池の容量が減った際にはエンジンを駆動させるプラグインハイブリッド等に区分される（図1）。

この中でも、電気自動車の歴史は実は古い。1900年代初頭では、自動車の動力源は、電気、エンジン、蒸気が主役の座を競っていたが、エンジンの技術進展により、蒸気、電気で駆動する自動車は市場から消えて、エンジンの時代が続いている。ただし、これまでに何度か電気自動車を復活させようとした時期もある。1990年代の初めには環境対策の観点から電気自動車が再注目されたが、当時の主流であった鉛蓄電池の性能は自動車の駆動用としては不十分であった。しかし2000年以降、リチウムイオン電池の登場に伴う蓄電池の性能向上により、電気自動車の商品化が本格化した。

ハイブリッド自動車は、1990年代後半からニッケル水素電池の開発、およびトヨタのプリウスの上

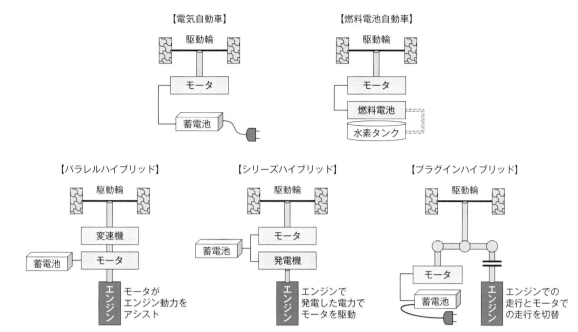

図1　各種電動車の基本的な構成

市により普及が加速した。ハイブリッド自動車は、減速時のエネルギーを電気として回収し、これを発進時に用いることでエンジンの燃費性能が向上する点が評価され、その後、世界的に普及している。

　プラグインハイブリッド自動車は、電気走行とエンジン走行を切り替えられるハイブリッド自動車の一種で、エンジン車と電気自動車の双方の良さを共有する一方で、2つの機能を有するために高価となることが欠点であった。しかし、自動車ユーザーの環境志向の高まりなどから、都市内での電気自動車走行を望むユーザーを中心に普及が進んでいる。

　さらに最近では、シリーズハイブリッド自動車の商品化も進んでいる。エンジンを発電機としてモータで走行するシリーズハイブリッド技術は、従来、大型の蓄電池が必要とされていたが、制御技術の改善などにより、蓄電池の搭載量をこれまでのハイブリッド自動車並みに抑えることに成功し、価格的にも魅力的となって売り上げを伸ばしている。

　電気を充放電する蓄電池ではなく、水素で電気を発電する燃料電池を用いる自動車の開発も進んでいる。2000年代から本格化した固体高分子型の燃料電池自動車は、当初は貴金属の使用量が多いことなどから高価で、さらに耐久性に課題があったが、その後の技術開発により、そうした車両自体の課題の解決は目途が立ってきた状況である。

　このように様々な電動車の開発・商品化が進んで

いるが、約10年前まで、ハイブリッド自動車を除けば、普及は全く進まなかった。しかし、2010年に日産自動車が本格的な電気自動車を販売したところ、ノルウェーでは、エンジン車も含めた全ての車両の中でベストセラーのブランドとなった。その後、他の大手自動車会社でも本格的に電気自動車の販売を開始し、市販のモデル数が増加したことや、搭載する蓄電池性能も向上したことなどから、欧米での電気自動車の販売シェアは上昇している。また、高級車のカテゴリーで電気自動車の人気が高まっている。米国のテスラ等が製造する電気自動車は、モータ駆動による電気自動車ならではの特長である加速性能等がユーザーに認められ、エンジン車よりも高価でも販売が伸びている。

3．技術開発の方向性

　近年、普及が進んでいる電動車であるが、今後のさらなる普及に向けて、より一層の技術開発が期待されている。電気自動車に関しては、エネルギー密度や耐久性の向上といった蓄電池の性能向上が望まれる。そのため、現在のリチウムイオン電池に代わる次型蓄電池として、固体電解質を用いて安全性を向上させる全固体電池や、金属空気電池のような革新的な新たなメカニズムで性能向上を目指す研究開発が世界で繰り広げられている。

　車両以外の面では、エネルギー供給面も課題となる。電動車の利点は環境負荷が低減することであり、

その点から、電気や水素をいかにクリーンに安価に製造するかが課題となる。特に現状の工業用水素は、化石燃料を改質したもの、あるいは供給量に制約のある副生物として発生した水素の供給が主体となっており、今後、安価でクリーンな水素製造のための新たな技術開発が期待される。また、そうしたエネルギーをいかに供給するかも課題である。これまで、エンジン車が普及してから、石油系以外の専用燃料で走行する自動車の普及はなかなか進んでいない。石油系燃料に代わる新たな専用のエネルギー供給インフラを整備する場合、そのインフラ整備の負担に合うだけのエネルギーの経済性の実現が不可欠である。今後、水素ステーションの整備を、どのように進めるかは大きな課題であろう。

　自動車を取り巻く環境は、ここ数年、大きな変化が生じている。例えば、自動車を個人で所有せず、シェアリングするような動きが出てきている。さらに自動運転技術の開発が進めば、例えば、タクシーや配送車のように人件費が大きな用途において大幅なコストダウンが実現し、特に旅客部門では、既存のタクシーとシェアリングの間に位置するような新たなモビリティの出現が期待できる。こうした、シェアリングや自動運転化に向けてメンテナンスや制御性で優れる電気自動車は、より重要な位置を占める可能性がある。また、都市間のような長距離移動では、電気自動車だけではなく燃料電池自動車の普及も期待される。

　今後、大きく社会が変化する中で、電動車が果たす役割は大きく、これまで以上に新たな技術開発の推進と、それを実装する社会システムの構築の重要性が高まっている。

［船舶］

1．背景

　船舶のエネルギー消費量は運輸部門全体の10%近くを占め、約80%が外航海運である。使用燃料は主に軽油と重油で、特に外航海運で硫黄分が高い重油が用いられてきたことが特長である。

　この状況に大きな転換が訪れつつある。まず一般海域で使用可能な燃料の硫黄分上限が2020年から大幅に引き下げられた。このため船社は代替燃料や船上脱硫装置等の対策を講じている。また、LNGを燃料とする船舶が、北欧を中心に徐々に普及している。さらに国際海事機関（IMO）は2018年、2050年までに外航海運起源のCO_2排出量を2008年比で

50%削減する目標を設定した。この目標の達成はLNG転換だけでは不可能であり、新たな動力源が求められる。

　激変する環境の中で船舶の脱炭素化をどのように達成するかは難問である。船舶の耐用年数は約30年と長く、さらに受注から竣工まで数年を要するため、現在発注される船舶は2050年に就航していることを想定して建造される必要がある。また、特に寄港地がない外航海運において航行中の事故等は避けねばならないため、新技術の導入に対しては慎重にならざるを得ない。

　2050年目標を踏まえた対策の1つにエネルギー転換があり、電動化は水素、バイオ燃料など他の選択肢と併せて議論されている。

2．電動化の現状

　船舶における電気推進は古くは潜水艦などで進められ、その静粛性、低振動等の特長から現状では一部の客船・フェリーで用いられているが、加減速が少ない船舶では回生電力の利用による効率向上が期待できないことなどがデメリットとなっている。電気推進に関する近年の技術開発の例として、プロペラの付いた電動機を繭型の躯体に格納し、それを回転させて操舵を行う「ポッド推進」が挙げられる。ポッド推進は低速でも操舵性が高く、客船や砕氷船などで装備されている。この背景として、モータの小型化、高出力化が挙げられる。

　蓄電池にエネルギーを貯蔵する完全電気推進船の普及は進んでいない。現状では蓄電池や燃料電池はエネルギー密度の観点で不十分であり、遠洋航行は困難である。ただし、内航や近海は環境規制が厳しい箇所もあり、また頻繁な寄港による充電が可能なため蓄電池の容量が比較的少なくて済むほか、不測の事態への対応が可能となる。したがって、完全電気推進船は当面は内航や近海航行船に限定されよう。現状で最大の完全電気推進船はデンマークで2019年8月に就航したフェリーEllen（定員最大196名）と言われている。同船は4.3MWhの蓄電池を持ち、同国の島嶼間航路（片道20km）を航行する。

　なお、蓄電池に比べて燃料電池船の進捗は遅れており、小型船舶による試行的航行が緒に就いた段階である。

3．技術開発の方向性

　前述した低速での操舵性および回生エネルギー利用というメリットに鑑み、船舶の電動化は港湾、近海、内航用の船舶から進むと思われる。モータの小

型化、性能向上により導入可能性は高まったが、船舶に適した特性（低回転・高トルク）への最適化が今後とも求められる。

蓄電池を用いた完全電動化や燃料電池についても、環境規制が外洋に比べて厳しく、給電や補修等のインフラが整備されている、これらの水域からの導入が考えられる。今後陸上の発電システムの低炭素化が進むにつれ、完全電動化の環境効果はさらに高まると思われるが、より広い普及のためには電池のエネルギー密度の向上が特に求められる。

航空機

1. 背景

航空のエネルギー消費量は運輸部門全体の約12％を占め、その約60％が国際航空である。燃料はほぼ100％がジェット燃料である。航空におけるエネルギー消費は過去20年間でほぼ倍増したが、国際民間航空機関（ICAO）は2010年に、国際航空起源 CO_2 排出量を2020年水準で安定化させ、さらに年平均2％の効率向上という目標を打ち出した。これは中期的には CORSIA と呼ばれる排出量取引スキームによるオフセット、長期的には持続可能な燃料、運航管理の改善、および航空機自体の改善（省エネ）による達成が想定されている。

次世代の航空燃料の候補としての最右翼はバイオ燃料であろう。バイオ燃料は導入が段階的に進められており、IEA の脱炭素シナリオにおける導入比率は2040年には20％近くに達すると想定されている。

2. 電動化の現状

バイオ燃料はライフサイクルで見た場合、GHG排出が発生するとみなされるため、ゼロエミッションを目指すには電動化を実現も選択肢となる。加えて、電動化を含む次世代技術は騒音対策でのメリットも指摘されている。

しかし、航空機における電動化、特に完全な電動化は非常に困難である。現状では蓄電池のエネルギー密度は燃料に比べてはるかに低く、現在の長距離旅客機と同等の航続距離（15,000km）を可能にするエネルギーを電池に蓄えると、航空機の離陸が不可能なほどの重量になるとも言われている。加えて蓄電池は燃料のように翼中に配置することが難しく、またエネルギー消費に伴い重量が減少しない。以上のような特性より、航空における完全電動化はまだ緒に就いたばかりであり、セスナ機を改造した1人

乗り機が2019年に飛行した状況である。なお燃料電池は燃料となる水素を圧縮あるいは液化すれば現状の蓄電池よりもエネルギー密度が高くなるため、完全電動化に比べ有望と考えられるが、4人乗りの試作機での飛行が行われた段階である。

完全電動化に比べてハイブリッド化はより現実的な技術であり、ヘリコプターや地域内旅客輸送での利用が想定されている。IATA によると2025～30年に15～20座席程度の機体に適用、将来的に60～70％の地域内旅客輸送を代替するとの試算もある。

3. 技術開発の方向性

航空機航空技術に関して留意すべき点として、故障の可能性を限りなくゼロに近づける必要があるため、新技術の導入に慎重にならざるを得ない点、および重量に大きな制約があるため、船舶以上にエネルギー密度が求められる点が挙げられよう。以上の点が航空分野における電動化を船舶以上に困難なものとしている。ただし、ドイツ、オランダ等では技術開発が検討されており、特にオランダでは2030年の自国の航空機の GHG 排出削減目標案に水素利用を織り込む動きもある。

本稿では自動車、船舶、航空機の電動化について概観した。エネルギー密度の観点から石油系燃料の比率が高い運輸部門において、電動化がもたらす環境面でのメリットが期待できるものの、輸送モードによりその展望には差がある。

自動車の電動化は回生エネルギーの利用も含めメリットが大きく、電動化への移行は確実であり、その中で、いかに企業あるいは国の競争力を高めていくか、および製造業の中でも雇用に大きく影響する自動車産業の構造をいかにスムーズに電動化へシフトしていくかが課題となっている。

船舶においては新技術の導入に慎重とならざるを得ず、また回生エネルギー利用のメリットを享受しにくい場合が多い。したがって、船舶の電動化は近距離を航行するものから導入が徐々に進み、また完全電動化に困難が伴うことが想定される。

航空機は船舶以上に重量の制約を受けることから課題はさらに大きく、また、バイオ燃料という選択肢が台頭してきたため、電動化は将来も限定的であろう。

〈（株）三菱総合研究所　志村 雄一郎、山口 建一郎、河岸 俊輔〉

超電導リニア

東京〜大阪を1時間で結ぶ超高速鉄道・超電導リニアの研究は、東海道新幹線の開業前1962年に始まった。営業運転に必要な技術は完成、夢は現実のものとなり、東京〜名古屋〜大阪を結ぶ中央新幹線の建設が進んでいる。

超電導リニアの原理と構成

超電導リニアは車上に搭載された超電導磁石と地上の浮上・案内コイルの誘導電磁作用により、150 km/h 程度から支持輪タイヤを格納し、浮上のための制御なしで超高速走行する。

超電導磁石はリニア同期モータの界磁と共用され、車両の両側は異なるモータを構成する（図1）。超電導磁石の NS 極の間隔は 1.35 m、500 km/h では周波数 51.4 Hz となる。同期モータとして機能するため、車両の長さは 1.35 m の偶数倍、構造物の長さは 0.9 m の整数倍の制約を受ける。16両編成の定員は約 1,000 人、毎時 8 本以上が可能な大容量輸送システムである。超高速・高加減速の車両は利用率が高く、少ない編成数で大量輸送を実現できる。

中央新幹線計画の概要

1. 中央新幹線計画の推進

開業から 50 年を超えた東海道新幹線は、高速鉄道の新しい地平を切り開き、現在、1日に 46 万人、年間 1.7 億人を運んでいる。この地域には 7,000 万人の人々が暮らし、GDP 330 兆円は、英・仏1国よりも大きく、独にも迫る。2020 年 3 月には、のぞみ 12 本ダイヤを実現したところだが、高経年化への対応や自然災害等への備えが重要である。

JR 東海は、自らの使命である首都圏〜中京圏〜近畿圏を結ぶ高速鉄道の運営を維持すると共に、企業としての存立基盤を将来にわたり確保していくため、超電導リニアによる中央新幹線計画を全国新幹線整備法に基づき進めている（表1〜3）。

このプロジェクトの完遂に向けて、安全・安定輸送の確保と強化に必要な投資を行うと共に健全経営と安定配当を堅持し、柔軟性を発揮しながら、着実に取り組む。その上で、まずは名古屋市まで（図2、3）、さらには大阪市まで実現する。

開業時期について、品川・名古屋間の開業は

表1 中央新幹線計画の進捗

1973年11月	運輸大臣が基本計画を決定
1990年2月	運輸大臣が地形地質等に関する調査指示
2007年12月	超電導リニアによる中央新幹線計画について、自己負担による路線建設を前提に、必要な手続きを進めることを決定および公表。併せて、全国新幹線鉄道整備法の適用に掛かる基本的な事項について国土交通省に照会
2008年10月	地形、地質等に関する調査報告を国土交通大臣に提出
12月	国土交通大臣が残り4項目に関する調査を指示
2009年12月	残り4項目に関する調査報告書を国土交通大臣に提出
2010年2月	国土交通大臣が交通政策審議会陸上交通分科会鉄道部会中央新幹線小委員会（以下：交政審）に、営業主体および建設主体の指名並びに整備計画の決定について諮問
5月	交政審において長期試算見通しを含む当社の考え方を説明
2011年5月	交政審が国土交通大臣に答申 国土交通大臣が当社を営業主体・建設主体に指名 国土交通大臣が整備計画を決定し、当社に建設を指示
6月〜	東京都・名古屋市間の環境アセスメントを実施
12月	国土交通大臣が技術基準を制定
2014年8月	品川・名古屋間工事実施計画（その1）の認可を国土交通大臣へ申請
10月	国土交通大臣が同計画を認可
12月	品川駅・名古屋駅で工事安全祈願式を執り行い、工事に着手
2017年9月	品川・名古屋間工事実施計画（その2）の認可を国土交通大臣へ申請
2018年3月	国土交通大臣が同計画を認可

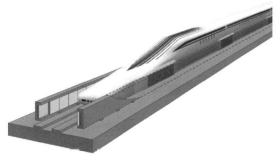

車両：台車（中間車は連接）両側に超電導磁石を搭載
地上：側壁表側に浮上・案内コイル、裏側に推進コイル
図1 超電導リニアの構成

表2 整備計画の内容

建設線	中央新幹線
区間	東京都・大阪市
走行方式	超電導磁気浮上方式
最高設計速度	505 km/h
建設費概算額	90,300 億円（車両費含む）
その他必要な事項	残り4項目に関する調査報告書を国土交通大臣に提出
主要な経過地	甲府市附近、赤石山脈（南アルプス）中南部、名古屋市附近、奈良市附近

表3 品川・名古屋間工事実施計画（その2）概要

区間	品川・名古屋間
駅	品川駅、神奈川県*駅、山梨県*駅、長野県*駅、岐阜県*駅、名古屋駅 　　　　　　*仮称
線路延長	285.6 km
工事費	48,536 億円（車両費含む）
完成予定時期	2027 年

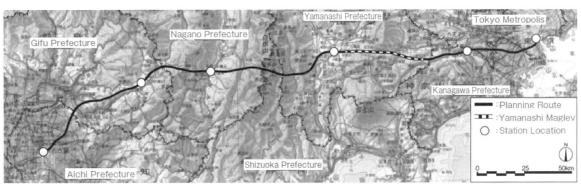

図2 中央新幹線（東京都・名古屋市間）の路線

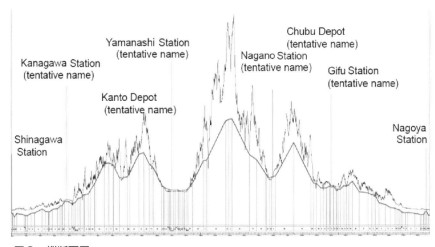

図3 縦断面図

2027 年、大阪市までの全線開業は 2045 年を予定していたが、財政投融資を活用した長期借入により、経営の自由、投資の自主性を確保し、健全経営と安定配当を堅持しつつ、長期、固定かつ低利の財政投融資からの融資による経営リスクの低減を活かし、名古屋開業後連続して、大阪への工事に速やかに着手し、全線開業までの期間を最大8年前倒しすることを目指して、建設を推進している。

2. 中央新幹線の建設状況

品川・名古屋間では、ターミナル・同変電所2か所、中間駅4駅、本線変電所10か所、車両基地・同変電所2か所を設ける。

名古屋駅の建設では、東海道新幹線や在来線の既設の構造物を安全に受け替えると共に、周囲に影響がないように地中連続壁工法により土留め壁を構築したのち、その内側を掘削する（図4（a））。南アルプストンネルはトンネル延長約25 km、地表からの深さ（土被り）最大約1,400 m、長さ・深さ共に国内

（a）名古屋駅 2019 年 12 月

（c）北品川非常口および変電所 2019 年 3 月

（b）南アルプストンネル 2019 年 12 月

（d）北品川非常口 立坑 2019 年 12 月

図 4　建設状況

表 4　超電導リニア技術の進捗

1990 年 6 月	山梨リニア実験線の建設計画を運輸大臣に申請、承認
1997 年 4 月	山梨リニア実験線における走行試験開始
2000 年 3 月	超電導磁気浮上式鉄道実用技術評価委員会（以下：評価委員会）において「実用化に向けた技術上のめどは立ったものと考えられる」との評価
2003 年 12 月	有人走行で鉄道の世界最高速度となる 581 km/h を記録
2004 年 11 月	相対 1,026 km/h のすれ違い走行実施
2005 年 3 月	国土交通省の評価委員会において「実用化の基盤技術が確立したと判断できる」との評価
2006 年 9 月	山梨リニア実験線の延伸および設備更新に関わる設備投資計画を決定
2007 年 1 月	山梨リニア実験線の建設計画の変更を国土交通大臣に申請、承認
2009 年 7 月	評価委員会において「営業線に必要となる技術が網羅的、体系的に整備され、今後詳細な営業線仕様および技術基準等の策定を具体的に進めることが可能となった」との評価
2011 年 5 月	超電導磁気浮上方式（超電導リニア）を走行方式とする中央新幹線（東京都・大阪市間）の整備計画を国土交通大臣が決定
12 月	国土交通大臣が超電導リニアに関する技術基準を制定
2013 年 8 月	山梨リニア実験線の 42.8 km への延伸および設備更新の工事を完了し、L0 系による走行試験を開始
2015 年 4 月	1 日の走行距離 4,064 km を記録 有人走行で鉄道の世界最高速度となる 603 km/h を記録
2017 年 2 月	国土交通省の評価委員会において「営業線に必要な技術開発は完了」との評価

最大級である（図 4（b））。

　都市部の地下におけるトンネル工事では、一般的に「シールド工法」が広く採用される。まずシールドマシンの発進基地となる立坑を掘削し、その後、立坑からシールドマシンの搬入・組み立てを行い、水平方向に掘削する。立坑は、将来、非常口として使用する（図4（c）、（d））。

超電導リニア技術

1．超電導リニア技術の進捗

　営業線に必要な技術開発は完了している（**表4**）。中央新幹線計画を着実に推進するため、山梨実験線において、営業線仕様の車両 L0（エル・ゼロ）系（**図5**（a））による走行試験を通じ、超電導リニア技術のブラッシュアップと営業線の建設・運営・保守のコストダウンに取り組んでいる。現在は 1 日平均約 2,000 km を安定して走行しており、累積走行距離は 300 万 km を超え

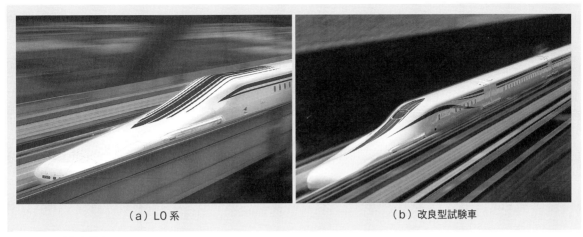

（a）L0系　　　　　　　　（b）改良型試験車

図5　山梨実験線車両

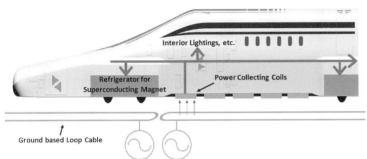

図6　非接触給電システム

表5　非接触給電地上ループの諸元

周波数	10 kHz 未満		
電流	350 A	空隙	0.25 m
電圧	6 kV	ループ幅	0.55 m
最大電力	1.8 MW	ループ長	2.5 km

ている。

2．高温超電導磁石の長期耐久性検証

高温超電導磁石は、従来の超電導磁石で必須であった液体ヘリウムや液体窒素などの寒剤が不要になり、構造が簡素化され、製造費・保守費の低減が期待できる。営業線に導入すべく長期耐久性検証を進めている。

3．非接触給電システム

車上電源として非接触給電システムを導入した（図6）。2009年から山梨実験線の1.5km区間で試験を始め、2011年には基本技術を確立、国土交通省の評価を得た。2013年からは地上設備を15kmに拡大、全ての車両に集電装置を設備し、5両・7両編成の日々の運転に供している。

周波数は10kHz未満、1両当たり75kW供給可能である（表5）。2014年6月には12両編成により550km/hまでの安定動作を確認している。非接触給電システムから発生する磁界は、解釈基準で定められたIEC/TS62597に準拠して測定を行い、ICNIRP2010ガイドラインの1％以下であるこ

とを確認している。また、電磁的エミッションはIEC62236-2に適合している。

4．乗り心地の追求

乗り物にとって、車内の振動や騒音の低減、快適さの追求は不断のテーマである。また、超高速で急こう配を走行する車両では、車外の圧力変化に伴う、いわゆる「耳つん」現象の緩和も課題の1つである。これらを含め新しい技術の検証のため改良型試験車（先頭車・中間車各1両）を新製し2020年8月に走行開始した（図5（b））。遺伝的アルゴリズムを適用した最適形状解析により、先頭部の空気抵抗を約13％低減している。

リニア中央新幹線を支える革新的な超電導リニア技術は単に日本だけのものではない。世界を身近に、豊かにし、社会を進歩させる。東京と大阪を1時間で結ぶ新しい輸送システムは世界に新しい可能性をもたらすものと確信する。

〈東海旅客鉄道（株）　北野　淳一〉

CCS

近年、深刻度を増す地球温暖化問題に対し、2015年12月に採択されたパリ協定では、世界の平均気温上昇を産業革命前と比較して2℃未満に抑え、さらに1.5℃に抑制する努力をすること、そのために21世紀後半までに人間活動による温室効果ガス排出量を実質ゼロにすることを目標に掲げた[1]。

CCS（Carbon dioxide Capture and Storage）は、代表的な温室効果ガスである二酸化炭素（CO_2）を含んだガスからCO_2のみを分離・回収して、地下深くの安定した地層の中に貯留する技術であり、地球温暖化の対策として注目を集めている。

本稿では、CCSの基本技術、実施例、さらに、当社が経済産業省および（国研）新エネルギー・産業技術総合開発機構（NEDO）より受託した「苫小牧におけるCCS大規模実証試験に係る事業」（以下：本事業）の成果の一部を報告する。

CCS の基本技術

CCSには主に（1）分離・回収、（2）輸送、（3）圧入・貯留の3つの技術が必要とされる。

（1）分離・回収

CO_2を含むガスからCO_2を分離し、高純度CO_2として回収する方法は、アミン溶液等を利用した化学反応を用いる方法等があり、工業的に確立された技術である。

（2）輸送

分離・回収された高純度のCO_2を、地中に圧入する施設まで輸送する方法には、CO_2専用パイプラインやCO_2輸送船、少量輸送のタンクローリー車や鉄道コンテナ輸送等がある。

（3）圧入・貯留

高純度CO_2を、地下1,000～3,000m程度にある、隙間の多い砂岩等からなる「貯留層」と呼ばれる地層中に貯留する。貯留層の上部にはCO_2を通さない泥岩等の緻密な地層である遮蔽層が必要である。

CO_2の貯留層には、深部塩水層（孔隙が塩分を含む地層水で満たされた地層）と油層がある。油層にCO_2を圧入する手法は、石油増進回収（EOR：Enhanced Oil Recovery）として米国等で40年以上前から実施されている。圧入したCO_2の一部は原油と共に地上に戻るが、回収・再圧入の繰り返しにより大部分が地下に貯留される。

世界の大規模 CCS プロジェクト

2020年7月時点で、21件の大規模なCCSプロジェクトが世界で稼働しているが、深部塩水層にCO_2を貯留するプロジェクトは5件で、他はEORを目的としている。深部塩水層への貯留の例として、ノルウェーのSleipnerプロジェクトが挙げられる。天然ガスの生産設備において1996年に世界初の深部塩水層への貯留が開始され、現在も海底下800～1,000mの貯留層へ年間約85万tのCO_2圧入が続けられている。これまでの累計圧入量は1,700万t以上である[2]。また、現在建設中の大規模プロジェクトは3件で、全てEORが目的である。これら合計24件の総計画圧入量は年間約4,000万tのCO_2に及ぶ。現状のCCSプロジェクトはEORが先行しており、民間によるCCSの導入には、EORへの利用のほか、補助金、税額控除等の経済的な動機づけが必要である。

苫小牧における CCS 大規模実証試験事業

1．実証試験事業の全体概要

本事業では、出光興産（株）北海道製油所（以下：製油所）の水素製造装置から発生する、約52%濃度のCO_2を含むPSA（Pressure Swing Adsorption）オフガスの一部を、隣接するCO_2分離・回収/圧入設備まで1.4kmの長さのパイプラインにより輸送してCO_2を分離・回収し、独立した2坑の圧入井（傾斜井）により、海岸から3～4km離れた海底下の異なる深度の2層の貯留層（萌別層、滝ノ上層）へ圧入・貯留する（図1）。

2．実証試験事業の目的とスケジュール

本事業では、2020年頃のCCS技術の実用化を目指し、我が国初となるCO_2の分離・回収から貯留までの一貫CCSシステムとしての機能を確認し、CCSが安全かつ安心できるシステムであることを実証すると共に、本事業に関する情報を広く公表し、CCSの理解を得ることを目的とする。

本事業の実施期間は、2012～2020年度までの9年間である（図2）。

2012～2015年度までの4年間で、本事業に必要な地上設備の設計・建設・試運転、圧入井の設計・

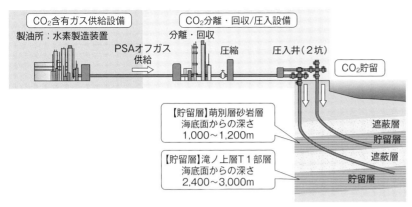

図1　事業全体フロー図

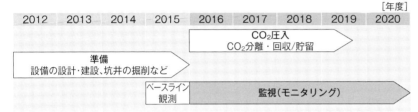

図2　事業全体スケジュール

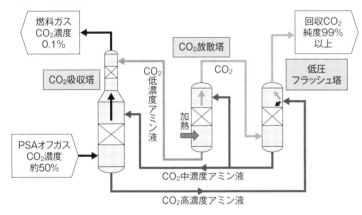

図3　CO₂分離・回収フロー

掘削およびモニタリング設備の設計・設置を完了させ、さらに、CO₂圧入前の各種データ取得のための二次元弾性波探査、「海洋汚染等及び海上災害の防止に関する法律」（以下：海洋汚染防止法）に対応した海洋環境調査(四季調査)を実施した。また、2014年度末からは、完成したモニタリング設備による圧入開始前の連続観測を開始した。

2016年4月にCO₂圧入を開始した。ただし、海洋汚染防止法の定めによる監視計画に基づいて最初に実施した海洋環境調査の結果、各種調査および監視計画見直しを行うこととなり、CO₂圧入を一旦中断した。当初計画では2018年度までの3年間で累計CO₂圧入量30万tを達成する予定であったが、

上記中断等の影響によりCO₂圧入期間を2019年度まで延長し、累計CO₂圧入量300,110tに達した2019年11月22日にCO₂圧入を停止した。なお、現在はモニタリングを継続中である。

3．苫小牧実証試験事業の概要
3.1　CO₂分離・回収/圧入設備の概要

製油所の水素製造装置から供給されるオフガスには約52％のCO₂のはか、水素、メタン等の可燃性ガス成分が含まれる。分離・回収設備（CO₂吸収塔、CO₂放散塔、低圧フラッシュ塔）では、このオフガスから活性アミン系化学吸収プロセスにより濃度99％以上の高純度CO₂を回収する（**図3**）。

本事業では、二段吸収法（CO₂吸収塔の上段に低濃度CO₂のアミン溶液、下段に中濃度CO₂のアミン溶液を供給）を採用し、さらに低圧フラッシュ塔を設置してCO₂分離・回収のためのエネルギー消費量の大幅低減を可能にした。

隣接する圧入設備（低圧CO₂圧縮機（2基）、高圧CO₂圧縮機）では、回収したCO₂を圧入に必要な圧力まで遠心式圧縮機で昇圧した後、圧入井により海底下の貯留層に圧入・貯留した。

CO₂吸収塔の塔頂から排出される、CO₂分離・回収後のオフガス（水素とメタンを主成分とする燃料ガス）を、CO₂放散塔においてアミン溶液からCO₂を分離させるための熱源および分離・回収/圧入設備等用の電力を供給する蒸気タービン発電機の燃料として利用した。

3.2　圧入井およびCO₂圧入・貯留の概要
（1）圧入井の概要

本事業の2坑の圧入井は共に、陸上沿岸部の坑口地点から沖合の海底下へ向けて掘削された傾斜角（鉛直方向を垂直とし、垂直からの角度）が大きな高傾斜井である。

萌別層圧入井IW-2（**図4**）は、掘削長3,650m、垂直深度1,188m、水平距離3,058m、最大傾斜

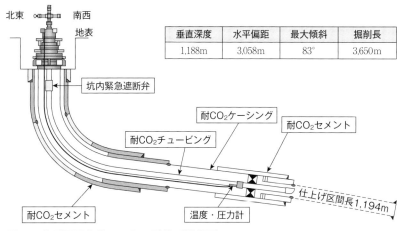

垂直深度	水平偏距	最大傾斜	掘削長
1,188m	3,058m	83°	3,650m

図4　萌別層圧入井 IW-2 の形状（模式図）

表1　モニタリング項目

観測設備/作業	モニタリング項目
圧入井・プラント設備	坑内：温度・圧力 坑口：圧入温度・圧力・CO₂圧入量
観測井	坑内：温度・圧力 微小振動、自然地震
常設型海底受振ケーブル（OBC）	微小振動、自然地震 二次元弾性波探査の受振
海底地震計（OBS）	微小振動、自然地震
陸上設置地震計	微小振動、自然地震
二次元弾性波探査	貯留層中のCO₂分布範囲
三次元弾性波探査	貯留層中のCO₂分布範囲
海洋環境調査	海洋データ（物理・化学的特性、生物生息状況など）

角約83°であり（水平/垂直比率は国内最大）、滝ノ上層圧入井 IW-1 は、掘削長5,800m、垂直深度2,753m、水平距離4,346m（国内最長）、最大傾斜角約72°である。

両圧入井共に、圧入区間を約1,100m以上確保し、圧入区間はスリット管等で仕上げている。萌別層は固結度が比較的低いため、砂が坑井管内に流入するのを防止するために、圧入区間をワイヤースクリーンで覆っている。

（2）圧入・貯留の概要

本事業では、萌別層と滝ノ上層の合計で累計CO₂圧入量300,110tを達成したが、このうち、300,012tは、2基の低圧CO₂圧縮機を使用して萌別層に圧入したものである。萌別層は圧入性状が良好であり、測定圧力は上限圧に対して十分に低く、1坑で50～100万t/年のCO₂圧入可能性が示唆された。

2018年2月と8月には、各3～4週間にわたっ

て高圧圧縮機も稼働させ、滝ノ上層にも圧入し、異なるタイプの貯留層（萌別層、滝ノ上層）への同時圧入を実施した。滝ノ上層の圧入性状は当初の期待よりも低く、上限圧力の制限により圧入レートを調整したため98tの圧入に留まった。

3.3　モニタリングおよび海洋環境調査の概要

（1）モニタリングの概要

本事業では、CO₂圧入前、圧入中を通してモニタリングを実施し（表1、図5）、圧入したCO₂の挙動を把握した。

3坑の観測井（OB-1、OB-2、OB-3）に設置された地震計と温度圧力計、複数の地震計が接続された常設型の海底受振ケーブル（OBC）、4か所の海底地震計（OBS）および1か所の陸上地震計を用いて連続観測を行い、CO₂圧入に伴う貯留層の温度圧力の変化が、予め想定した設定値の範囲内にあること、また、圧入開始以降から2019年度まで、平成30年北海道胆振東部地震本震前後を含めて、貯留地点近傍において、圧入との関連を疑うべき微小振動等が検知されていないことを確認した。さらに、弾性波探査から、2017年度以降、萌別層のCO₂分布状況が確認でき、圧入したCO₂は貯留層の上部付近に限定して存在し、貯留層区間外への漏洩等の異常は生じていないと考えられた。なお、滝ノ上層へのCO₂累計圧入量は98tと非常に少ないため、弾性波探査によるCO₂分布状況は確認できなかった。

（2）海洋環境調査の概要

国内においてCO₂を海底下へ地中貯留する際は、海洋汚染防止法の定めにより提出する監視計画に基づき、CCSが計画に従い安全に行われていることを確認する必要がある。本事業の監視計画では、前項のモニタリングに加え、海洋環境調査として、海域の流況観測、採水・採泥等による水質・底質・プランクトン・底生生物の調査等を年4回（四季調査）実施した。

その結果、CO₂の漏出またはその恐れがある事象は確認されなかった。前項のモニタリングの結果と合わせ、安全なCO₂貯留状況が確認された。

3.4　社会的受容性の醸成活動の概要

本事業への理解およびCCSの社会的受容性の醸

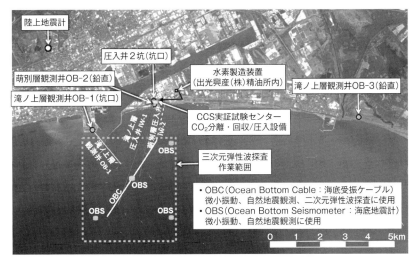

図5　モニタリング設備の配置
出典：LC81070302016141LGN00、courtesy of the U.S. Geological Survey を加工

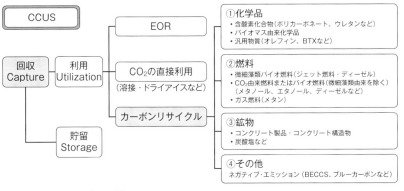

図6　CCUS 分類図 [3]

CO_2 の輸送の観点では船舶等を用いる方法、貯留の観点では効率的なモニタリングの実施等もコスト低減の検討課題となる。最後に、地域社会との密接な連携および国民理解の促進も重要である。

CCS から CCUS へ

地球温暖化対策の１つとして、CCS と共に重要性が高まっているのが、CO_2 の回収・利用技術、CCU（Carbon dioxide Capture & Utilization）である。CCS も含めて CCUS（Carbon dioxide Capture, Utilization & Storage）と呼ぶこともある（図6）。

CCU の中でも近年、世界各国で特に再生可能な電力を用いて、CO_2 を化学品、燃料等の炭化水素に変換する技術に注目が集まっている。2020 年１月に策定された「革新的環境イノベーション戦略」の中でも、炭化水素への変換技術は、温室効果ガスの削減量が大きく、日本の技術力による大きな貢献が可能なテーマとされ、官民挙げての取り組みが期待される。

成を目的として、苫小牧市民をはじめとして国内に向けた情報発信活動を継続的に実施した。また、本事業の進捗や成果等の海外に向けた情報発信、CCS に関連する国際的な情報収集、海外との国際協力や連携を推進する活動を継続的に行った。さらに、有事における情報発信活動および地元ステークホルダーとのコミュニケーションの実績を検証し、社会的受容性醸成活動の総括を行った。

実用化に向けた課題

今後、国内で CCS を普及、発展させるための課題の１つは、CO_2 の貯留適地の確保である。地質情報をベースにした、弾性波探査、調査井掘削等の探索プロセスの加速が望まれる。課題の２つ目は、CCS コストの低減である。コストの大半を占める分離・回収コストについて、プロセスの改良や低コストの固体吸収材等の開発が期待される。また、

当社（日本 CCS 調査（株））においては、三菱日立パワーシステムズ（株）（2020 年９月１日付けで「三菱パワー（株）」へ社名変更）、三菱重工エンジニアリング（株）および三菱ガス化学（株）の３社が NEDO より受託した「苫小牧の CO_2 貯留地点におけるメタノール等の基幹物質の合成による CO_2 有効利用に関する調査事業」における調査の一部を担うと共に、今後さらに CCUS 技術の発展に尽力する所存である。

◆参考文献◆
（1）21st Conference of the Parties to the United Nations Convention on Climate Change（COP21）
（2）GCCSI Facilities Database
（3）経済産業省資源エネルギー庁，カーボンリサイクル技術ロードマップ

〈日本 CCS 調査（株）　木原　勉〉

アンモニア混焼

アンモニア技術開発の現状

　石炭火力発電のGHG削減のため、近年注目されているのが石炭ボイラーで、直接アンモニアを混焼させる技術である。アンモニアを再エネ水素のキャリアとして直接燃焼させる試みは、日本で2014～2018年にSIP（戦略的イノベーション創造プログラム）の開発テーマの1つとして取り上げられた。石炭混焼以外に産業用炉用直接燃焼、ガスタービン、エンジン、燃料電池への適用が研究された。

　海外でも、アンモニアは余剰再エネのエネルギー貯蔵技術としての役割が検討されてきた。A.Valera-Medinaら[1]によると、米国のARPA-E（the Advanced Research Project Agency-Energy）のREFUEL（Renewable Energy to Fuels through Utilization of Energy-dense Liquids）プログラムや、英国Cardiff大学、Siemens、Oxford大学、UK Science and Technology Funding Councilらが風力発電の電力をアンモニアに変換・貯蔵する技術を開発中である。豪州では、Monash大学が中心となってアンモニアや水素をつくる企業を支援する「NH3 Fuel Association」が設立され、グリーンアンモニア製造を支援している。世界2位のアンモニア製造会社Yara Internationalは、太陽エネルギーからアンモニアをつくる実証プラントを西オーストラリア州のPilbaraに建設するFSを実施している。

なぜ石炭火力でアンモニアを混焼するのか

　このように、再エネ水素のエネルギー貯蔵技術としてアンモニア直接利用が注目されている。それでは、なぜ水素ではなくアンモニアの利用が注目されているのか。それは水素キャリアの中では安く、貯蔵しやすいことが挙げられる。

　最終的にはグリーン水素を原料にしたアンモニア製造となるので、アンモニアは水素より高くなるが、輸送・貯蔵を含めたコストではアンモニアが安くなることがあり得る。

　また、天然ガスからアンモニアを製造する段階で発生するCO_2を、CCSやEORで貯留するブルー水素では、経済産業省が目標価格268\$/t（LNG10\$/MMBTU熱量等価に50\$/CO_2-tの価格を加えた値）[2]を提示しており、この価格は1.20¥/GJの熱量単価になる。一方、ブルー水素は褐炭から豪州で製造・輸送する場合の2030年のCIF目標価格30円/Nm^3が2.37¥/GJ、経産省の水素目標価格20円/Nm^3が1.57¥/GJである。貯蔵は、－30℃で貯蔵するアンモニアと、－269℃で貯蔵する液体水素で貯蔵設備費に差があると考えられる。輸送技術も液体水素がこれからタンカーやロード、アンロード設備を開発する必要があるのに対して、アンモニアは貿易量こそ全世界生産量の10%と少ないが、ケミカルタンカーでの輸送の実績がある。このように石炭火力の脱炭素化技術としてアンモニア混焼を考える場合に、経済的には水素よりアンモニアが適しているためアンモニア混焼が注目されていると言える。

石炭とのアンモニア混焼の技術課題

　既存の石炭火力にアンモニアを石炭と混焼する場合の技術課題は、①混焼によるNOx発生量増加、②アンモニアの急性毒性、強い皮膚腐食性、刺激性、目に対する重篤な損傷に対する安全対策、③プラスチック、フッ素ゴム、銅、アルミニウム、ステンレス鋼などの腐食に対する設備設計への配慮、④熱による容器爆発、強い引火性/可燃性、漏洩を止めないと消火できないことから漏洩時には隔離が必要であること、⑤漏洩防止にはガス拡散を防ぐため散水が必要だが、水生生物、魚類に毒性があり排水処理が必要なこと、が挙げられる。このため、管理・隔離された区域で専門家が取り扱う必要がある。

技術課題の開発状況

1．アンモニア漏洩事故実績と設備考慮点

　アンモニアの事故実績を見ると、2011年から4年間の国内事故例では死亡事故は発生しておらず、冷凍関係で目の充血の軽傷事故が4件発生している。事故原因は、装置不備、誤動作による漏洩で、発生場所が多いのは、冷凍、一般、コンビナート、消費先の順であった。また、2011年の震災時には120tの液化アンモニアタンク2基からの残液が漏洩する事故が発生した[3]。

　海外では輸送中のアンモニアボンベからの漏洩や肥料工場からの漏洩が報道されている[4]。2020年

4月25日早朝に米国イリノイ州 Beach Park で農業トレーラに牽引された 1,000 gal 加圧液化アンモニアタンク2つから突然漏洩が発生し、周囲の住宅地にアンモニアの雲となって広がった。入院83名で死者は発生せず、消防が放水してボンベからのアンモニアが周囲へ広がることを抑えている画像も報道された。また、このほか2002年1月にノースダコタ州 Minot 近郊で 146,200 gal のアンモニア漏洩事故が発生している[3]。

このように国内では、通常運用上の事故例はほとんどなく、火力発電では、すでに脱硝装置用にかなりの量のアンモニアを貯蔵し利用しているので、管理・隔離された区域で専門家が取り扱う場所であると言えるが、取り扱い量が増えるので以下の点を考慮する必要がある。

① 取り扱い量が100から200倍でタンクが大型化するため加圧常温タンクから常圧冷凍タンクに変わることで SCC 発生が懸念、ボイルオフガス処理量も増えるため考慮必要。

② 定検時のパージアンモニアの処理量に適した処理設備(除害・排水設備)の大型化。

③ アンモニア気化の熱源確保も大きな課題。

2．アンモニア燃焼の基礎技術開発

アンモニア燃焼の特徴は以下のものがある。

① 層流燃焼速度がメタンの 1/5、水素の 1/15 と遅い。

② アンモニア火炎は、アンモニアの直接酸化と熱分解により生じた水素の燃焼の混合である。

③ 直接酸化で発生した NOx はアンモニア自体と水素によって生成された化学種で還元される。

④ 混焼率を上げていくと NOx は増加するが、次第に NOx の還元率が増加して専焼に近づくと NOx 発生量は低下していくと考えられる。

アンモニアは燃料中のN分が極めて多く、いわゆる Fuel NOx が高いと考えられるが、アンモニア自体に脱硝能力があることは知られており、ボイラー内の適切温度域にアンモニアを噴射することで脱硝できる。1990年代に脱硝技術として研究されたが、脱硝触媒より脱硝率が低く実用化には至らなかった[5]。

アンモニア燃焼の化学反応モデルが大友ら[6]によって研究された例があり、還元雰囲気でアンモニアが水素に分解され、NO が還元されることを化学反応モデルから予測している。Sun ら[7] は還元雰囲気で NO の還元に OH ラジカルが影響することを、メタン・アンモニア混合燃料に水蒸気を添加する割合を変えて実験的に見出した。Alexander ら[8] は Shrestha と Tian と AramcoMech 2.0 を化学反応ベースモデルとして、アンモニア水素メタン混合燃料燃焼時に、還元雰囲気で NO が減少することを示している。

このように公開された文献から、アンモニアを二段燃焼で燃焼させた場合、還元雰囲気で NOx が還元され、また、アンモニア自体も直接燃焼するだけでなく、熱分解で水素になってから燃焼することが推測される。したがって石炭と混焼する場合でも二段燃焼の還元雰囲気で、NOx 還元に必要な時間を取れば、アンモニアの燃料中N分から発生する NOx より大幅に低い NOx で燃焼させることができると考えられる。NOx 発生量を抑えるにはアンモニアの投入を還元雰囲気で行うことや、二段燃焼後の空気混合時に発生する NOx を低く抑える必要がある。しかし、石炭火力でも同様の対策を低 NOx 燃焼技術で行っており、同様の対策で実現できるものと思われる。また、アンモニアの燃焼速度は石炭とほぼ同じオーダーなので、通常の石炭焚きボイラーの還元雰囲気滞留時間であれば、アンモニアから発生する NOx を十分還元できるものと考えられる。

3．石炭混焼技術特許の調査

技術開発状況を知るには、特許を調査してみるのが1つの方法である。アンモニア石炭混焼で抽出された国内公開特許は21件あった（図1）。アンモニアの石炭混焼は2016年に初出願され、その後2017

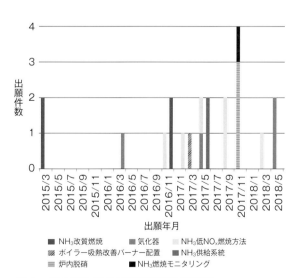

図1　国内アンモニア混焼特許件数調査

年に掛けて7件出願されており、この時期に研究開発が行われている。バーナーの後流にアンモニアを注入して炉内脱硝する技術も2017年に3件出願されている。

アンモニアの供給系統に関する特許も2016～2018年に掛けて6件出願された。また、液体アンモニアを気化させる熱源についても特許が出願されており、アンモニアの大きな気化熱をどう供給するかが重要となっている。

4. 石炭ボイラーへのアンモニア石炭混焼研究

電中研の原ら[3]はSIP研究で、横型シングルバーナー炉と縦型マルチバーナー炉でアンモニアの石炭混焼試験を実施している。シングルバーナー炉、マルチバーナー炉でアンモニア混焼率を熱量ベースで20％まで混焼されている。次に、原らの研究内容を紹介する。

シングルバーナー炉では石炭専焼時NOx発生量170ppm（O_2 6％換算）がアンモニア10％混焼まではほとんど変化がないが、10％以上で増加し、20％混焼で約2割増加している。一方、マルチバーナー炉の場合には、混焼率の増加で135ppmが255ppmまで約120ppm増加している（図2）。マルチバーナー炉の方がNOx増加量が多いのは、複数のバーナーの火炎干渉等で増加したと説明されている。いずれにしろ、両炉共アンモニアの含まれるN分から発生するNOxに比べ、極めて少ないNOxの増加量となっており、二段燃焼によるNOxの還元がNOxの低減に効果を発揮している。灰中未燃分はアンモニアの混合量の増加によって増加するが（図3）、投入燃料の燃焼効率で評価すると、アンモニアは100％燃焼するため石炭の燃焼効率が低下した分を補って、ボイラー全体としての燃焼効率は増加

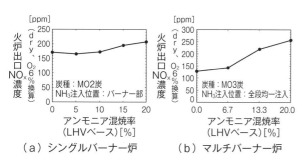

図2 アンモニア混焼率が火炉出口NOx濃度に与える影響
（a）シングルバーナー炉　（b）マルチバーナー炉

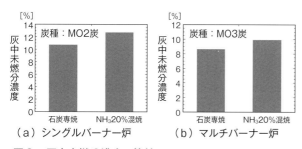

図3 灰中未燃分濃度の比較
（a）シングルバーナー炉　（b）マルチバーナー炉

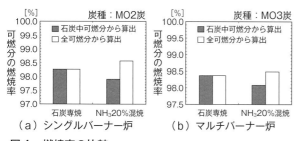

図4 燃焼率の比較
（a）シングルバーナー炉　（b）マルチバーナー炉

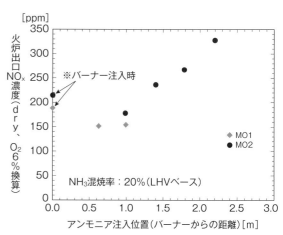

図5 アンモニア注入位置が火炉出口NOx濃度に与える影響

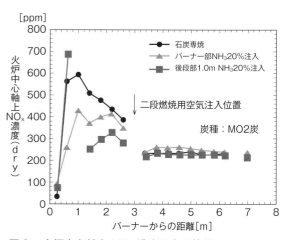

図6 火炉中心軸上NOx濃度分布の比較

している（図4）。

また、試験ではアンモニア注入位置をバーナー部、炉内数点と変化させて最も NOx 発生量が低くなる条件を調べており、バーナーから 0.5〜1 m 付近に注入する場合が最も NOx が下がる（図5）。

火炉中心軸上 NOx 濃度比較（図6）では、バーナー部投入の場合、アンモニアによる NOx 還元、石炭の燃焼阻害で二段燃焼用空気投入前の NOx は石炭専焼に比べ全体的に低くなるが、二段燃焼用空気により NOx が増加（バーナー近傍での燃焼阻害の影響）し、火炉出口では石炭専焼より NOx 濃度が上昇した。

一方、後段部 1 m 投入では、アンモニア投入後急激に NOx が低下（アンモニアによる NOx 分解）し、二段燃焼用空気による NOx 増加は小さく（バーナー部投入のような燃焼性の悪化は生じていない）、火炉出口 NOx 濃度が石炭専焼時と同程度になったと述べられている。

マルチバーナー炉で 3 段あるバーナーに入れるアンモニア量を変化させた場合、下段に入れた場合の方が NOx は低くなっている（混焼率 13.3%では下段、中段にアンモニア注入）。NOx が多く出やすいアンモニア混焼を下段側のバーナーで行うことにより、上段側の微粉炭火炎中の還元物質による NOx 還元が効果的に働くことに加え、NOx 還元のための滞留時間を長く確保できると推察される（図7）。

将来展望

石炭火力の低炭素化技術として、比較的容易に実現できるアンモニア石炭混焼は、現状 HHV ベースで 20%の混焼技術が開発されている。アンモニア混焼で、排ガス損失や火炉熱負荷分布が変わる可能性も示唆されており、実機適用にはさらに詳細な検討が必要である。今後、石炭火力発電所実機での実証試験が行われていくものと期待される。地球温暖化対策として石炭火力の置かれる立場は厳しいものがあるが、エネルギーと環境は常に背反してきており、日本のように天然資源、再生エネルギー資源が少ない国では、安価な化石燃料と国内外の最も安い再生エネルギーをバランス良く利用して、環境と経済成長を両立していく必要がある。

政府は、2018 年 7 月に閣議決定した第 5 次エネルギー基本計画[9]に非効率な石炭火力のフェードアウトを明記した。具体的な方法は、電力・ガス基本政策小委で検討の方向性・論点について議論され、各論点に応じ総合資源エネルギー調査会の適切な場で議論されているところだが、亜臨界圧、超臨界石炭火力は、新設を制限することを含めたフェードアウトを促す仕組みや、2030 年度に向けて着実な進捗を促すための中間評価基準の設定等の具体的な措置が議論されている。省エネ法では、現在でも効率の上限を設けつつバイオマスの混焼を行った場合の発電効率算出方法を示しており、再エネ電力水電解水素を原料としてグリーン水素や CO_2 を CCS で貯留したブルー水素をバイオマスと同等の扱いにすることで低炭素化する方法も考えられる。

このように、アンモニアの石炭混焼技術は、既存設備を利用しつつ低炭素化できる現実的な解の 1 つとして実現が期待される。

◆参考文献◆
（1）A.Valera-Medina etc.：Progress in Energy and Combustion Science 69, pp.63-102, 2018
（2）江澤正名：石炭関連政策の方向性について，JCOAL CCT-WS，平成 30 年 6 月
（3）原三郎：既設火力発電所におけるアンモニア利用に関する検討，SIP 最終報告書，平成 31 年 3 月
（4）https://www.chicagotribune.com/suburbs/lake-county-news-sun/ct-lns-cdc-report-ammonia-fog-zion-st-0131-20200130-bphoo3jltjffxnsed2u3ftbqqq-story.html
（5）J.Brouwer etc.：Twenty-Sixth Symposium（International）on Combustion, The Combustion Institute, pp.2117-2124, 1996
（6）J.Otomo etc.：International journal of hydrogen energy 43, pp.3004-3014, 2018
（7）Z.Sun etc.：Fuel 247, pp.19-25, 2019
（8）R.L.Alexander etc.：Fuel 257, 116059, 2019
（9）エネルギー基本計画，平成 30 年 7 月
https://www.enecho.meti.go.jp/category/others/basic_plan/pdf/180703.pdf

〈三菱パワー（株）　山内　康弘〉

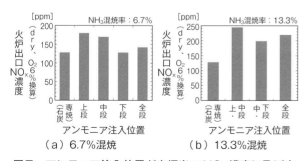

図7　アンモニア注入位置が火炉出口 NOx 濃度に及ぼす影響（マルチバーナー炉）

（a）6.7%混焼　　（b）13.3%混焼

水素エネルギー

水素は、一次エネルギー供給構造を多様化させ、大幅な低炭素化を実現するポテンシャルを有することから、脱炭素化したエネルギーの新たな選択肢として期待されている。水素は、再生可能エネルギーを含め多種多様なエネルギー源から製造し、貯蔵・輸送することができる。また、製造段階でCCS（Carbon dioxide Capture and Storage）技術や再生可能エネルギー技術を活用することで、トータルでも脱炭素化したエネルギー源とすることが可能で、水素から高効率に電気・熱を取り出す燃料電池技術と組み合わせることで、電力、運輸のみならず、産業利用や熱利用など、様々な領域で究極的な低炭素化が可能となる。

2011年の東日本大震災以降、水素エネルギーにおいても取り巻く環境が大きく変化し、2018年7月に策定された「第5次エネルギー基本計画」では、水素を再生可能エネルギーと並ぶ新たなエネルギーの選択肢とするため、環境価値を含めた水素の調達・供給コストを従来エネルギーと遜色ない水準まで低減させていくことが記載されている[1]。本稿では、再生可能エネルギーからの水素製造、水素の貯蔵・輸送および利用技術の開発に関する最近の動向について紹介する。

再生可能エネルギーからの水素製造技術

太陽光発電や風力発電などの再生可能エネルギーを利用した水素製造方法としては、水電解が中核技術として位置づけられている。水電解は、電力エネルギーにより水を分解して化学エネルギーである水素を製造する技術で、主な方式としては、アルカリ形水電解、固体高分子形水電解、高温水蒸気電解がある。図1に、各電解方式の概略図を示す。アルカリ形水電解では、多孔質材料を隔膜とし、高濃度の塩基性電解質が用いられる。技術開発や商用利用の歴史も長く、水電解の中では最も実績のある技術であるが、最近では、変動の大きい再生可能エネルギーに対応した技術・システムの開発が積極的に進められている。

固体高分子（PEM：Polymer Electrolyte Membrane）形水電解は、電解質として水素イオン導電性の固体高分子膜を用いた水電解となり、アルカリ形水電解と同様に商用化されている。PEM形水電解では、より高い電流密度での運転が可能であり、また純水を用いることができる。一方で、電極触媒に、貴金属が用いられていることなどから、低コスト化に向けた研究・技術開発も進められている。また、アニオン交換膜（AEM）を用いたAEM水電解に関する研究開発も進められている。高温水蒸気電解は、固体酸化物形燃料電池（SOFC：Solid Oxide Fuel Cell）の技術が基盤となっており、通常700〜1,000℃で運転される。高効率な水素製造が可能な水電解として、材料も含めて研究開発が進め

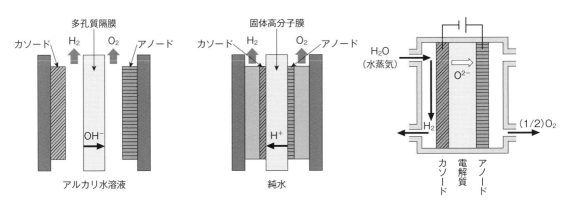

アノード反応：$2OH^- \rightarrow H_2O + (1/2)O_2 + 2e^-$
カソード反応：$2H_2O + 2e^- \rightarrow H_2 + 2OH^-$

（a）アルカリ形水電解

アノード反応：$H_2O \rightarrow 2H^+ + (1/2)O_2 + 2e^-$
カソード反応：$2H^+ + 2e^- \rightarrow H_2$

（b）固体高分子形水電解

アノード反応：$O^{2-} \rightarrow (1/2)O_2 + 2e^-$
カソード反応：$H_2O + 2e^- \rightarrow H_2 + O^{2-}$

（c）高温水蒸気電解

図1　各水電解方式の概略

図2　福島水素エネルギー研究フィールド(イメージ)

られている。

　再生可能エネルギー由来の電力を用いた、水電解による水素製造技術の社会導入に向けた取り組みが、国内外で積極的に進められている。国内では、福島県浪江町において、新エネルギー・産業技術総合開発機構（NEDO）の事業として、「福島水素エネルギー研究フィールド（FH2R)」が建設され、2020年2月末に完成、稼働を開始している。FH2Rには、再生可能エネルギーを利用した世界最大級となる10MWのアルカリ形水電解装置が導入され、太陽光発電由来の電力を水素にして貯蔵・輸送するPower-to-Gasシステムの実証を目的として、事業が進められている(**図2**)[2]。

水素の貯蔵・輸送技術

　水素を日常の生活や産業活動で利活用する社会、すなわち「水素社会」を実現していくためには、水素の製造、貯蔵・輸送、利用まで一気通貫したサプライチェーンの構築が求められ、効率的な水素の貯蔵・輸送を可能とするエネルギーキャリア技術が必要となる。2017年12月に策定された「水素基本戦略」では、この水素・エネルギーキャリア技術として、液化水素、有機ハイドライド法によるメチルシクロヘキサン（MCH)、アンモニアおよびメタンが挙げられている[3]。

　液化水素は、①気体水素に比べて体積が約1/800となること、②気化することで、純度の高い水素の取り出しが容易であること、③液化天然ガス(LNG)と同様のインフラ構成であり、技術的に連続的であること、④国内の輸送インフラが確立していること

図3　液化水素運搬船進水式

等の特長を持つ。

　一方で、LNGよりさらに低温であることから、海上輸送、荷役・貯蔵に関する新規のインフラが必要となり、技術開発を進める必要がある。現在、NEDO事業として、オーストラリアの褐炭等の海外の安価な未利用資源から水素を製造し、日本に輸送する国際水素サプライチェーンの実証事業が実施されている。褐炭のガス化による水素製造技術、液化水素の長距離大量輸送技術および液化水素荷役・貯蔵技術の確立を目指して、技術研究組合 CO_2 フリー水素サプライチェーン推進機構（HySTRA）により事業が進められており、2019年12月には世界発の液化水素運搬船の進水式が行われている(**図3**)[4]。

　有機ハイドライド（MCH）は、①体積が気体水素の約1/500となること、②常温常圧で液体であることから取り扱いが容易であり、長期貯蔵が可能であること、③タンカーやタンク等の既存の輸送・荷役インフラを活用可能であること等の特長を持つ。

一方で、水素化・脱水素化に係る設備が必要であり、技術開発を要する。また、脱水素にはエネルギーを要することから、例えば発電時の排熱を脱水素化プロセスに組み込むなどの工夫が必要となる。現在、NEDO事業として、MCHを使った国際水素サプライチェーンの実現に向けた実証事業が、次世代水素エネルギーチェーン技術研究組合（AHEAD）において実施されている。この事業では、ブルネイ・ダルエスサラーム国のプラントで水素化により転換したMCHを海上輸送し、日本に設置したプラントで脱水素を行う計画となっており、2019年11月には水素化プラントが完成している（図4）[4]。

アンモニア（NH_3）は、①他の水素キャリアと比較して体積水素密度が大きい（液化水素の1.5倍）ため、インフラ整備をより小規模で安価に形成できること、②天然ガスから製造されるため比較的安価で

あること、③既存の商業サプライチェーンを活用可能であること等の特長を持つ。また、アンモニアから水素を取り出す（脱水素）ことなく、発電等に直接利用することも可能であり、燃焼時にはCO_2を排出しないが、一方で、①天然ガス改質によるアンモニア製造段階でのCO_2フリー化や、②直接燃焼利用時の窒素酸化物（NOx）の低減、③可燃性劇物に係わる安全性確保に課題がある。

エネルギーキャリアとしてのアンモニアの利活用については、2014年度から開始された内閣府戦略的イノベーション創造プログラム（SIP）「エネルギーキャリア」事業において、アンモニア製造から利用に至る幅広い技術開発が実施された。本事業における「CO_2フリー水素利用アンモニア製造・貯蔵・輸送関連技術の開発」（研究責任者：日揮（株））では、産業技術総合研究所福島再生可能エネルギー研究所にアンモニア合成実証試験装置が建設され（図5）、新たに開発した、従来法より低温・低圧でアンモニアを合成できる触媒を用いてアンモニア合成が行われている。さらに、2018年10月には、再生可能エネルギー由来の水素を原料とするアンモニア合成および合成したアンモニアを燃料としたガスタービンによる発電に世界で初めて成功している[5]。

水素は、CO_2と反応させることでメタン化（メタネーション）することが可能で、①国内における既存のエネルギー供給インフラ（都市ガス導管やLNG火力発電等）の活用や、②熱利用の低炭素化の観点から、エネルギーキャリアとして大きなポテンシャルを有する。

一方で、大量かつ安価にCO_2フリー水素が調達可能であることを前提として、近隣に大規模なCO_2排出源が存在することや、既存のLNGインフラが利用可能なことが条件となる。さらに、メタネーションに係わる追加コストが掛かることから、サプライチェーン全体でのコスト評価が必要となる。このメタネーション技術は、最近では、カーボンリサイクル技術として期待されて

図4　水素化プラント外観

図5　アンモニア合成実証試験装置外観

おり、NEDO、国際石油開発帝石（株）（INPEX）、日立造船（株）は、CO_2 と水素からメタンを合成する試験設備を INPEX 長岡鉱場（新潟県長岡市）の越路原プラント敷地内に完成させ、各種試験および連続運転を実施している[6]。

水素の利用技術

水素の主な利用技術としては、燃料電池と水素発電があるが、ここでは水素発電について紹介する。

水素発電は、天然ガス火力発電等と同様に、電力量価値に加え、調整力や供給力（容量）の価値の提供も可能と考えられることから、中長期的には再生可能エネルギーの導入拡大に必要となる調整電源・バックアップ電源としての役割を果たしつつ、低炭素化を図るための有力な手段となり得る。

「水素基本戦略」では、社会実装に当たっては、水素は、天然ガス火力での混焼も可能であることから、導入初期は既設の天然ガス火力における混焼発電を中心に、小規模なコジェネレーションシステム等における水素混焼も含め、導入拡大を図っていくとしている。2018 年 4 月には、神戸市ポートアイランドにおいて、1 MW 級のガスタービン発電設備（水素コジェネレーションシステム）を用いて、水素混焼だけではなく専焼（水素 100%）による市街地への熱電供給も達成されている[7]。また、既存大規模火力発電所での水素混焼を可能とするための技術開発も進められている。

水素発電については、海外においても取り組みが進んでいるところで、オランダのヌオン・マグナム発電所では、出力 132 万 kW 級の天然ガス炊きタービン複合発電（GTCC）を水素に転換する事業が進められている[8]。また、米国ユタ州のインターマウンテン電力においても、水素を利用したガスタービン・コンバインドサイクル発電事業が計画されている。

今後の展望

2019 年 3 月に、「水素基本戦略」および「エネルギー基本計画」で示された方向性を踏まえ、「水素・燃料電池戦略ロードマップ～水素社会実現に向けた産学官のアクションプラン～」が策定されている。本ロードマップでは、目標実現に向けて必要な要素技術のスペックおよびコスト内訳が明確化され、必要となる取り組みが示されている[9]。また、2019 年 9 月には、ロードマップで掲げられた目標の達成に向けて、技術開発のより一層の推進を図るべく重点的に取り組むべき技術開発項目を定めた「水素・燃料電池技術開発戦略」が策定されている[10]。

大幅な低炭素化が求められる中、水素エネルギーへの期待はさらに高まっている。今後、モビリティや発電分野だけではなく、産業プロセスや熱利用など、電化がより困難な分野においても、水素エネルギー利活用の検討が進む方向となっている。

◆参考文献◆

（1）第 5 次エネルギー基本計画，2018 年 7 月
https://www.meti.go.jp/press/2018/07/20180703001/20180703001-1.pdf

（2）経済産業省ウェブサイト，福島生まれの水素をオリンピックで活用！浪江町の「再エネ由来水素プロジェクト」，2020 年 8 月 16 日
https://www.enecho.meti.go.jp/about/special/johoteikyo/fukushimasuiso.html

（3）水素基本戦略，2017 年 12 月
https://www.meti.go.jp/press/2017/12/20171226002/20171226002-1.pdf

（4）経済産業省ウェブサイト，2020 年，水素エネルギーのいま～少しずつ見えてきた「水素社会」の姿，2020 年 1 月 31 日
https://www.enecho.meti.go.jp/about/special/johoteikyo/suiso2020.html

（5）日揮プレスリリース，再生可能エネルギー由来の水素を用いたアンモニア合成と発電に世界で初めて成功，2018 年 10 月
https://www.jgc.com/jp/news/assets/pdf/20181019.pdf

（6）NEDO ニュースリリース，CO_2 を有効利用するメタン合成試験設備を完成，本格稼働に向けて試運転開始，2019 年 10 月 16 日
https://www.nedo.go.jp/news/press/AA5_101217.html

（7）NEDO ニュースリリース，世界初，市街地で水素 100 ％による熱供給を達成，2018 年 4 月 20 日
https://www.nedo.go.jp/news/press/AA5_100945.html

（8）三菱パワープレスリリース，オランダで天然ガス焚き GTCC 発電所の水素焚き転換プロジェクトに参画　年間 130 万トンの CO_2 排出削減に向けて FS（実現可能性調査）を実施　2018 年 3 月 8 日
https://power.mhi.com/jp/news/20180308.html

（9）水素・燃料電池戦略ロードマップ，2019 年 3 月
https://www.meti.go.jp/press/2018/03/20190312001/20190312001-1.pdf

（10）水素・燃料電池技術開発戦略，2019 年 9 月
https://www.meti.go.jp/press/2019/09/20190918002/20190918002-1.pdf

〈(国研)産業技術総合研究所　高木　英行〉

風力発電

風力発電は、上空の高速の風が持つ運動エネルギーをとらえて、その約50％を電気として取り出す発電方式である。風力発電は、発電時に温暖化ガスを出さないクリーンな再生可能エネルギーであり、大規模化と経済性に優れている。風は国内資源のため輸入化石燃料に依存しない利点もあり、世界中で大量に導入されている。

風車は古代から灌漑や製粉に利用されていた。発電用途では、1887年に英国のJ.ブライスによる3kWの垂直軸風車が嚆矢になる。続いて1891年からデンマークのポール・ラ・クールが交流で発電して送電線に連系する風車を開発した。1980年代の2度の石油危機を契機に石油代替電源として注目を集め、米国のカリフォルニアに10～300kW級の風車が数千台導入され、発電用風車の製造と設置が産業として成立した。その後もデンマークとドイツで大量導入が続き、1990年代にUpwind（タワーの風上側でプロペラが回る方式）水平軸3枚翼のプロペラ型風車という現代に繋がる形式（デンマークモデル）が確立した。量産と大型化により経済性が向上し、大型水力以外の再生可能エネルギーの中では、いち早くグリッドパリティを達成した。

2019年末時点で、世界で6億5千万kW・34万基の大型風車が運転しており、世界の電力需要の7％を供給している。2009年末の1億4千万kWから、10年間で4.7倍に成長した。2019年には6千万kW・2万基/年が新規導入されており、年成長率は9.2％である。最近では、広大な海の上に巨大な風車を大量に建てる洋上風力発電も増えてきている（図5）。

風力発電の仕組み

典型的な発電用大型風車の例を図1に示す。70～130mの鋼製モノポールタワーの上に、発電機等を収めたナセルが載っており、風上側に3枚のブレードとハブから成るロータが付いている。ブレードは軽量高強度のガラス繊維強化プラスチック製で中空構造である。

ドライブトレイン（ロータ～発電機までの主軸系の構成）と発電機形式は、増速機と中高速発電機の

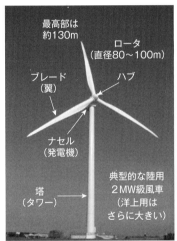

最高部は
約130m
ロータ
（直径80～100m）
ブレード
（翼）
ハブ
ナセル
（発電機）
塔
（タワー）
典型的な陸用
2MW級風車
（洋上用はさらに大きい）

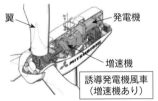

翼
発電機
増速機
誘導発電機風車
（増速機あり）
現在の主流派（約73%）

翼
発電機
同期発電機風車
（ギアレス式）
現在は少数派（約27%）

図1　発電用大型風車の例　出典：三菱重工業、注記は筆者が追記

表1　風車の発電機のタイプ　　　　　　　　　　　　　×は該当する風車がほとんどない

		ドライブトレイン	増速機		直結式（ギアレス）
			約100倍	数十倍	
		極数	4・6極	6極以上	数十極
発電機の構造		電力変換装置の容量	発電機径	小	中	大（4m以上）
		回転数	約1,000rpm	数百rpm	10～20rpm
誘導型	籠型	なし	固定速	（旧式風車）	×	×
	巻線型	可変抵抗	部分可変速	（旧式風車）	×	×
		定格出力の約30%容量	可変速	**今の主流**	×	×
同期型		定格容量100%	フル可変速	×	×	Enercon
	永久磁石			×	最近の大型機	SGRE、Goldwind

組み合わせが多数派（2019年時点で73%）、直結式（ギアレス）と大直径多極同期発電機（永久磁石式が多い）の組み合わせが少数派（同27%）である（**表1**）。ロータの回転数は10〜20 rpm位と遅いので、歯車式の増速機で約100倍に増速して発電機を小型化する方が主流になっている。

タワーは中空の鋼製で、昇降用の梯子と昇降機（ハブ高／タワーが低いとない場合もある）が設置されている（**図2**）。輸送の方便から、2ないし3分割されており、フランジでボルト結合されている。タワーの最下部は、機械室として開閉盤、変圧器、制御装置が置かれていることが多い。

風車の制御（運転方法）

運転方法は、ヨー制御（能動的に首を振って風向追従する）、ピッチ制御（風速に応じて翼の捩り角を変える）、可変速制御（風速に応じてロータの回転数を増減する）が現代では標準装備である。このため、ナセル・タワー間には旋回輪軸受、翼付根には翼旋回輪軸受がある。ピッチの駆動方式には、油圧シリ

ンダー式と電動式の2流派がある。

風車の出力は風速の3乗に比例して増加する（**図3**）。ピッチ制御の主な役割は、定格風速を超える強風時にブレードを寝かせる方向に捻って（ハブへの取付角度を変えて）、余った風のエネルギーを受け流すことで、定格出力を超える発電（過出力）を防ぐことである。風車が起動風速（カットイン風速：風速3〜4 m/s）を超えると、ブレードピッチ角を、風をしっかり受け止める角度（ファイン）に保持し（②）、定格到達風速（風速12 m/sくらい）を超えると（③）、ブレードの迎え角を減らして余った風を受け流す。暴風時（カットアウト風速：風速25 m/sくらいを超える風速）には（④）、ブレードの角度を風と平行にして（フェザリング）、風を完全に素通りさせて、風車の発電を停止する。以上がピッチ制御の仕組みである。

インバータ技術の進歩により、現代風車は風速の強弱に合わせて回転数を増減する可変速運転を標準採用している（表1）。可変速運転の採用により、ピッチ制御の間に合わない極短周期の風の強弱を、回

図2　風車のタワーの内部

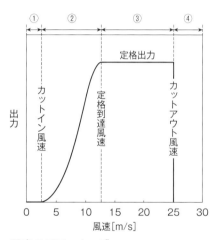

図3　風車のパワーカーブ

表2　最近開発された洋上風車

風車機種名	定格出力	ロータ直径	メーカー名（国名）	初号機運開/商用化
V 164 10.0	10 MW	164 m	MHI Vestas Offshore Wind（デンマーク）	2018年／2021年
V 174 9.5	9.5 MW	174 m		2020年／2022年
SG 11.0-193 DD	11 MW	193 m	SGRE（Siemens Gamesa）（ドイツ・スペイン）	2020年／2022年
SG 11.0-200 DD	11 MW	200 m		2020年／2022年
Haliade X	13 MW	220 m	GE Renewable Energy（アメリカ）	2019年／2021年
D 10000-185	10 MW	185 m	Dongfang（DEC：東方電気）（中国）	2020年／—
MySE 11-203	11 MW	203 m	Mingyang（明陽）（中国）	2021年／—

転数の変化(ロータの回転エネルギーの変化)で一旦吸収してから、送電線に送り出せるため、固定速運転の風車に比べて出力の急激な変化や過出力の発生を抑制できるようになった。

最近は、定格容量の電力変換装置を備えた機種(フルコンバーター)も2019年時点で57％にまで増えてきている。この場合、無効電力や周波数変動に応じた疑似的な慣性力も供給可能であり、系統運用に寄与できる。

また、最近の風車には遠隔運転制御装置(SCADA)が標準装備されており、給電指令に応じた出力抑制や停止(解列)も行えるようになっている。さらに2010年頃から瞬間的に系統電圧が低下しても風車の運転を継続する機能(LVRT：Low Voltage Ride Through)も標準装備されている。

風車の大型化

風力発電の初期コスト(Capex)では、風車本体(タワーから上)以外の輸送・建設費用が、陸用では約1/3、洋上では約2/3を占めている。そこで、経済性向上のために、定格出力を増大して必要台数を減らすことで、建設工数(建設費用)を削減する工夫が際限なく進められている。風車の大きさは、2000年頃は定格出力1,000〜1,500kW・ロータ直径50

〜70mだったが、2019年の新規設置風車の平均出力は2,700kW・ロータ直径約110mまで大型化した。

建設コストの比率が高く、輸送上の寸法制約のない洋上風車はさらに大型化が激しく、2019年の新規設置風車の平均出力は7,800kW・ロータ直径は約160mになっている。

風車メーカー各社の最新鋭機の一覧を表2に示す。2020年11月時点で運転中の世界最大の風車はGEのHaliade Xで、定格出力は1万3千kW、ロータ直径は220mである(図4)。

世界の洋上風力発電

欧州は陸上適地に風車を建て尽くしたため、広大で風の強い海上に風車を建てる洋上風力発電(着床式)を実用化した(図5)。世界初の洋上風力発電所は1991年のデンマークのVindeby(450kW風車×11基)である。関連制度の整備と技術進歩により、欧州では信頼性向上とコスト低減(約10円/kWh)が達成されて、2010〜14年は約100万kW/年、2015年以降は約300万kW/年のペースで建設されている。世界累計は2019年末で2,910万kW(うち、欧州は2,190万kW)。新規は610万kW/年(うち、欧州が360万kW/年)である。2020年末時点で最大の洋上風力発電所はイギリスのHornsea 1で121万kW、さらに、360万kWのDogger Bank A、B、Cが開発中である。

風力発電全体に占める洋上風力発電の比率は、累計で約5％、新規では約10％である。2010年以降、

図4　世界最大のHaliade X 13MW風車
出典：GE Renewable Energy 社

図5　オランダの洋上風力発電所 Borssele1&2
　　　(8,000kW風車×92基、75.2万kW、2020年運転開始)
出典：Ørsted 社

表3　日本の洋上風力建設船の建造計画

竣工（予定）	発注会社	クレーン	自行・非自行	建造費
2018年8月	五洋建設	800 t	非自行式	—
2022年9月	五洋建設・鹿島建設・寄神建設	1,600 t	非自行式	185億円
2022年10月	清水建設	2,500 t	自行式	500億円
2022年以降	日本郵船・オランダVan Oord社※	1,000 t	—	—
2023年4月	大林組・東亜建設	1,250 t	—	—

※新造するか既存船を欧州から回航するか未定

図6　WindFloat Atlantic 浮体式洋上風力発電
（8,400kW 風車×3基、セミサブ浮体、ポルトガル沖で2020 年に運転開始）
出典：Principle Power 社

欧州は毎年 50 ～ 182 億ユーロ（0.6 ～ 2.3 兆円）を洋上風力開発に投資している。世界の 2019 年の洋上風力発電への投資額は 299 億ドル（3.3 兆円）/ 年に上る。

　さらに、まだ実証段階ではあるが、浮体式洋上風力発電も各国で開発が進められている（**図6**）。今後の技術革新によるコスト低減が成功すれば、2025 ～ 30 年頃には商用化できると期待されている。

日本の洋上風力発電

　日本では、まず 2016 年の港湾法改定、次いで 2019 年 4 月に海洋再生可能エネルギー発電設備の整備に係る海域の利用の促進に関する法律（再エネ海域利用法）が施行されて、海域の 30 年間の長期占有を認める法令が整備され、洋上風力発電の海域入札が始まった。2020 年 6 月には長崎県五島沖で、一般海域で最初の入札が開始された。同年 11 月には千葉県銚子沖と秋田沖の計 4 件も入札が始まった。

　民間も建設会社が次々に洋上風力発電の建設専用船（**図7**）の建造を発表した（**表3**）。さらに 2018 年 7 月の東京電力をはじめとして、電力会社や海運会

図7　五洋建設の洋上風車建設船 CP-8001
出典：五洋建設

社が続々と洋上風力産業への参入や海外の洋上風力関連企業との協力を発表している。2020 年 9 月時点で 2 千万 kW 以上の洋上風力発電の開発計画（環境アセスメント申請）がある。

　2020 年 7 月 17 日には日本政府が「第 1 回 洋上風力の産業競争力強化に向けた官民協議会（官民対話）」を開催。梶山弘志経産相と赤羽一嘉国交相も出席した。これは洋上風力発電の導入拡大と関連産業の競争力強化を官民一体で進めることを目的としている。さらに同年 12 月 15 日の第 2 回協議会では、政府から「洋上風力産業ビジョン」が発表された。年に複数件（計約 100 万 kW）の開発を進め、2030 年までに 1,000 万 kW、2040 年までに 3,000 ～ 4,500 万 kW の導入目標が示された。国土交通省も、北九州、鹿島、秋田、能代の 4 港を洋上風力発電の拠点港に選出して、インフラ整備を進めている。日本もいよいよ本格的な洋上風力の導入期を迎えつつある。

〈（一社）日本風力発電協会　上田　悦紀〉

核融合

核融合は、燃料がほぼ無尽蔵で安全性に優れた脱炭素社会に大きく貢献するエネルギー源である。その研究開発は、世界最高の炉心プラズマ性能の達成をはじめ、黎明期から日本が世界を主導している。21世紀半ばの発電実証に向けて、国際熱核融合実験炉ITER（イーターと読む）の建設が進み、国内では大型超伝導トカマク装置 JT-60SA が完成し、産学官の全日本体制が構築されて原型炉の概念設計も大きく前進している。

核融合エネルギーの特長

太陽の巨大なエネルギーは核融合反応で発生している。核融合とは、水素のような軽い原子核同士が融合して、ヘリウムなどのより重い原子核に変わる現象で、その際、大きなエネルギーが発生する。ただし、正の電荷を持ち互いに反発する原子核同士を融合させるためには、原子核を高速で運動させる（温度を高くする）ことが必要である。そういう高温では物質はプラズマ状態となっている。太陽の中心は1,500万度で、大きな重力で生じた高密度状態の中で、4個の軽水素が1個のヘリウムになる（4H → He）核融合反応が起きている。一方、我々が地上で核融合反応によってエネルギーを生み出す場合、最も有効な反応は、重水素（D）とトリチウム（T）による D＋T → He＋n（n は中性子）の反応である。そのためには重水素とトリチウムを数億度の高温プラズマ状態とする必要がある。

このように核融合は、核分裂とは異なる現象であり、したがって発電炉としても全く異なるシステムとなる。核融合炉

燃料は無尽蔵で偏在しない
海水から、重水素33g/t & リチウム0.2g/t

少しの燃料で大量のエネルギー
燃料1gで石油8t分のエネルギー

環境に優しく安全
CO_2は出ない。暴走しない。高レベル廃棄物は出ない。

図1　核融合エネルギーの特長

の特長を列記する（**図1**）。

① 燃料がほぼ無尽蔵で偏在しない。重水素は水素の0.015％を占め、水の形で地球上に大量に存在する。自然界にほとんどないトリチウムは、炉内に置いたリチウムに核融合反応で生まれた中性子を当ててつくる。このリチウムも海水から採取できるため、燃料はほぼ無尽蔵である。しかも世界の何処でも採れるので、地域偏在性がない。これは、世界平和にとって重要な事柄である。

② 発生するエネルギーは大きく、燃料（DとT）1gから発生するエネルギーは石油8tを燃やして出るエネルギーと同じである。

③ 環境保全性と安全性に優れている。まず、温暖化の原因となる二酸化炭素の発生がない。そして、核融合炉は暴走しない。なぜならば、核融合は連鎖反応を利用しないからである。そして、必要な燃料を常に外部から供給しているため、その供給を停止すればすぐに反応が停止するからである。また、高レベル放射性廃棄物の発生もない。ただし、核融合中性子により炉機器が放射化し、定期交換や解体時に低レベルではあるが相当量の放射性廃棄物が発生するため、適切な管理が重要である。

核融合システムの全体像

核融合炉の概観図を**図2**に示す。「トカマク型」と呼ばれるプラズマ閉じ込め形式である。まず、炉の中心に、核融合反応を起こすドーナツ状をした炉心プラズマがある。この炉心プラズマから出てくる熱や粒子を主に受けるのが「ダイバータ」である。そし

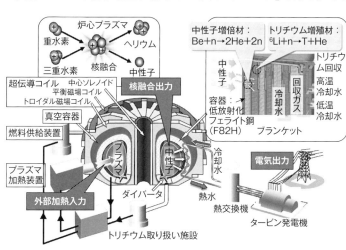

図2　核融合炉の構成

て、核融合反応で発生した中性子のエネルギーを熱に変えると共にトリチウムを生産する「ブランケット」がプラズマを取り囲むように真空容器の中に設置される。その外に、プラズマを閉じ込めるための強磁場を発生する超伝導コイル(電磁石)が並んでいる。そして、プラズマを加熱する装置、ブランケットから出てきた熱水で電気を発生させるタービン施設、トリチウムの回収・精製・供給を行う取り扱い施設、燃料供給装置などが炉を構成する。

炉心は数億度の重水素とトリチウムのプラズマで、ドーナツ状の真空容器の中に強い磁場によって保持する。このドーナツの周回方向(トロイダル方向)の磁場をトロイダル磁場、この磁場を発生させるコイルをトロイダル磁場コイルと呼ぶ。さらに、プラズマにトロイダル方向の電流を流し、その電流がつくる磁場をトロイダル磁場と合成することで螺旋状磁場をつくってプラズマを効率良く閉じ込めるのである。なお、強い磁場をつくるための電力とコイルの発熱を最小化するため、ニオブ・スズなどの超伝導導体を用いたコイルとする。

炉心プラズマを数億度まで加熱する方法は2つある。1つは電子レンジと同様に高周波をプラズマに入射する方法で、もう1つは高エネルギーの中性粒子ビーム(数百keVから1MeV程度)を入射する方法である。中性粒子ビーム法では、まず重水素のイオンを電場で加速してビームをつくる。ただし、イオンのままでは、プラズマに入る前に強い磁場によって軌道が曲がってしまうため、中性粒子(原子)に変換して中性粒子ビームとする。これらの加熱装置は、プラズマ中に電流を流す役割も担っている。

「ブランケット」は、真空容器内側にブロックのように取り付ける数百個のモジュールで構成され、熱エネルギーの取り出し、中性子の増殖、燃料トリチウムの製造という複合的役割を担う。モジュールは箱構造(図2の右上)で、その中に中性

子増倍材(ベリリウム)とトリチウム増殖材(リチウム)の微小球を充填する。そこに不活性ガスを通気して、核融合中性子との核反応で生成したトリチウムを取り出し、精製して燃料として用いる。同時に構造部には冷却材の流路を設け、発生した熱を取り出して発電に用いる。また、中性子により放射化した炉内構造物の交換や修理を行う遠隔操作設備も必要である。

我が国の核融合研究開発の進め方

我が国の核融合研究開発の進め方を図3に示す。日本を含む世界の核融合研究開発は1950年頃に始まった。その後、1970年代までの基礎研究の第一段階を経て、臨界プラズマ試験装置JT-60(茨城県那珂市)の建設開始から科学的実現性を実証する第二段階に入った(図3左)。このJT-60において、大目標である臨界プラズマ条件(エネルギー増倍率=核融合で発生するエネルギー/プラズマに注入した加熱エネルギー=1となる条件)を達成すると共に、プラズマ温度5.2億度、エネルギー増倍率1.25等の世界記録を樹立した(JT-60では重水素のみを用いトリチウムは用いていないため、両者を用いた実燃料とした場合の換算)。そして現在は、核融合の科学的・技術的実現性を実証する第三段階にある(図3中央)。その中核装置として、JT-60と同じトカマク型の国際熱核融合実験炉ITERをフランスに建設中である。ITERの大目標は重水素とト

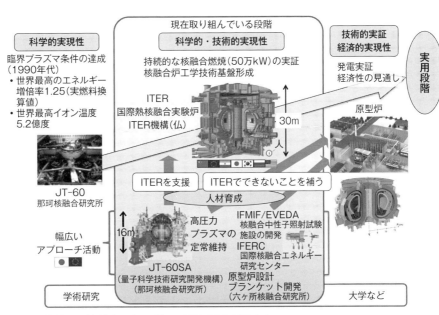

図3　我が国の核融合エネルギーの研究開発の進め方

リチウムを用いた核融合燃焼と統合された核融合炉工学技術の実証である。初期実験の開始（初プラズマ）は2025年、重水素とトリチウムの実燃料の実験は2035年開始を予定している。そして、この2035年頃に、技術的実証と経済的実現性の実証を目的とする原型炉の建設判断を行い、今世紀中葉までに核融合エネルギーの実用化の見通しを得ることを目指している（図3右）。

このITERと並行し、ITERを支援する研究開発と原型炉に向けてITERでは行うことの難しい研究開発を、日欧共同事業である「核融合エネルギー研究分野における幅広いアプローチ（BA）活動」を活用して進めている。BA活動には、国際核融合材料照射施設の工学実証・工学設計（IFMIF/EVEDA）事業、原型炉の設計・工学R&DやITER遠隔実験や計算機シミュレーションを行う国際核融合エネルギー研究センター（IFERC）事業（以上青森県六ヶ所村）、そして、JT-60装置を、超伝導コイルを用いた装置に改修するJT-60SA事業（茨城県那珂市）の3事業が含まれている。

そして、ITER計画・BA活動を最も大きな柱としつつ、トカマク型原型炉に必要な技術を開発・総合していく原型炉研究開発ロードマップが2018年に策定された。

ITER計画の進展

ITER計画の目的は「燃焼プラズマの実現」である。これは、重水素とトリチウムの実燃料を用いて、エネルギー増倍率が10を超える核融合燃焼を実現するもので、核融合出力50万kWを300〜500秒間維持する。また、超伝導コイルや加熱装置などの核融合炉工学技術を統合し、評価・実証することも重要なミッションである。さらに、原型炉のためのブランケットモジュールの試験を行う。以上の目的のため、日、米、欧、露、中、韓、印の7極によるITER協定が2007年10月に発効し、建設サイトであるフランスのサン・ポール・レ・デュランスにITER機構が設立された。ITERはトカマク本体の直径および高さが30mで重量2万3千tの巨大な装置で、その中に外形16.4m、体積約840m³のドーナツ状のプラズマを生成する。ITERに必要な機器は、参加7極が分担して製作し、それをITERサイトに持ち寄り、ITER機構が全体を組み立てる。最先端の技術開発を必要とする機器製作を参加極が分担することで、各極の核融合技術を高めることや

人材を育成することも重要な側面である。そして、各極での機器製作やサイトでの建設工事などが、困難を克服しつつ進展し、2020年6月時点で、2025年の初プラズマまでに必要な建設工程の70%を達成している。図4上にITERサイトの全景を示すが、主要な建屋・施設はほぼ完成している。

日本の担当は全て高度な技術力が必要な機器であり、トロイダル磁場（TF）コイル（予備1基を含む全19基中、9基を日本、10基を欧州が製作。コイル構造物は全19基を日本）、中心ソレノイド用超伝導導体、ブランケット交換用遠隔保守装置、中性粒子ビーム加熱装置（1MV高圧電源全数、加速器1基（全数の33%））、高周波加熱装置（発振管8機（33%）、水平入射機全数）、タングステン製外側ダイバータ（全数）、トリチウムプラントの50%、プラズマ計測（6装置（約15%））である。ITER計画における日本の国内機関は量子科学技術研究開発機構（以下：量研）であり、R&Dと実機製作を順調に進めている。例として、TFコイルに注目してみる。ITERのTFコイルは、18基が放射状に並び、最大12テスラの強力な磁場を発生させる世界最大級の超伝導コイルである。図4下は、ITER用TFコイルの1号機である。国内メーカーとの様々なR&Dを経て、極低温用特殊ステンレス製の大型・厚肉（約230mm）構造物の難溶接技術を確立し、高

16.5m

ITER用超伝導トロイダル磁場コイル初号機

図4 ITERサイトの全景（2020年6月）と日本が製作した超伝導コイル初号機（2020年1月）

さ 16.5 m、幅 9 m、総重量 300 t の巨大な超伝導コイルを 1 万分の 1 以下の高精度で製作した。

JT-60 SA 装置の完成

JT-60 SA 計画は、量研那珂核融合研究所の JT-60 を日欧が製作した機器を用いて超伝導装置に改修し、ITER の支援研究と、原型炉に向けた ITER の補完研究を行うこと、これらによって ITER・原型炉開発を主導する人材を育成することを目的としている（図3）。ITER の支援では、臨界条件クラスの高性能プラズマを長時間（100 秒程度）維持する実験を ITER に先行あるいは並行して実施し、その成果によって ITER 計画を効率的に進める。ITER の補完では、ITER では難しい「経済的な原型炉に必要な高出力密度を可能とする高圧力プラズマの長時間維持」を実現し、その制御手法を確立する。核融合の出力密度は、プラズマ圧力の 2 乗に比例するため、プラズマ圧力を高めれば、必要なプラズマ体積が小さくて済み、経済性に優れたコンパクトな炉になる。そして、「ITER での燃焼プラズマ」と「JT-60 SA での定常高圧力プラズマ」を複合することで、原型炉への路が開くのである。

JT-60 SA のプラズマの大きさは ITER の約 1/2（体積は約 1/8 の 130 m³）であり、ITER の完成までは世界最大のトカマク装置である。JT-60 SA はトリチウムを用いずに重水素で実験を行うことで高い機動性と柔軟性を確保し、先進的で挑戦的な研究を進める役割を担っている。実験開始後は、国内研究者 200 ～ 300 名、欧州を中心とする外国研究者 200 ～ 250 名が参加することが想定され、我が国に立地する大型国際研究開発拠点となる。JT-60 SA

図5　組み立てが完了した JT-60 SA（2020 年 3 月）

の組み立ては、事業開始後 13 年を経て、2020 年 3 月に完了し（図5）、総合機能試験を開始した。

核融合炉工学研究の進展

核融合反応で発生する中性子（14 MeV）が照射された場合の材料の健全性を検証するために国際核融合材料照射施設 IFMIF が構想されている。IFMIF は、大電流の高電圧（40 MeV）重水素ビームを液体リチウムに当て、核融合炉と同等のエネルギースペクトルを持つ大強度中性子フラックス（ITER の 20 ～ 30 倍）を発生する試験施設である。現在、その加速器のプロトタイプとなる大電流重陽子加速器の整備を日欧 BA 活動として量研六ヶ所核融合研究所で進めている。これまでの試験で、5 MeV/125 mA という大電流の目標値を達成している。

ブランケットについては、構造材や中性子増倍材（Be）、トリチウム増殖材（Li）などの開発が重要である。構造材料では低放射化フェライト鋼（日本の F82H）の特性試験が進み、中性子増倍材ではベリライド（$Be_{12}Ti$ 等）の微小球、トリチウム増殖材ではリチウム含有セラミックス用いた微小球の量産化技術など日本独自の技術開発が進んでいる。また、イオン伝導体をリチウム分離膜として海水からリチウムを回収する画期的な技術も開発している。

プラズマを加熱する高周波（100 ～ 200 GHz）や、中性粒子ビーム（～ 1 MeV）技術に関しても、日本が世界を牽引し、ITER の要求を概ね満足する性能を実現している。

原型炉設計の進展

原型炉の概念設計は日、欧、中、韓など、世界各国で進められている。原型炉の目標は、数十万 kW の発電を行うこと、炉の運転・保安技術を開発すること、トリチウム燃料を自給自足する技術を開発することなどである。このような原型炉概念を構想し、研究開発の道筋を示すために、量研を中心とした原型炉設計合同特別チームが産学官を結集して 2015 年に組織された。そして、産業界の発電プラント技術等を取り入れつつ、遠隔保守なども含めた発電運転に必要な全ての設備を配する原型炉 JA DEMO の設計が進み、21 世紀中頃に電気出力 64 万 kW（核融合出力 150 万 kW）を発生する原型炉の建設が可能であることが示された。21 世紀の後半に、核融合エネルギーが基幹電力の 1 つとなることが期待される。

〈（国研）量子科学技術研究開発機構　鎌田　裕〉

太陽光発電

太陽光発電システムの概要

　太陽光発電（以下：PV）システムの設置が広がりつつある。現状の用途では、大きく住宅用と産業用に大別できるが、基本の設備構成は同様である。**図1**は、産業用の一種であるビル（建物）の屋上に設置した場合のPVシステムの構成概要である。太陽電池アレイ（太陽電池モジュール、架台などを含む）、パワーコンディショナ（インバータ、系統連系保護装置、接続箱などを含む）、受変電設などで構成される発電設備であり、火力発電所や水力発電所と同じく電気事業法によって規制されている。

太陽光発電システムをめぐる動向

　2012年7月の再生可能エネルギー固定価格買取制度（FIT）の導入を契機に、PVシステムの導入がさらに進んだ。現在、PVシステムの「主力電源化」に向け、長期安定な電源となるよう、国の審議会においてFITの抜本改正のため、2021年4月に改正FIT法の施行を目指し、次の検討が進められている。
- 電源の特性に応じた制度構築
- 市場統合における論点と市場統合に向けた環境整備の基本的考え方
- 競争電源としての新制度（FIP）の基本的な考え方
- 地域活用電源
- 適正な事業規律

　また、FITによるPVシステム等の増加や設置形態の多様化に伴い事故の増加、保安を担う将来的な人材不足、ドローン等の新たな技術の登場、自然災害の頻発化・激甚化などにより、PVシステムを取り巻く電気保安の環境も大きく変化している。経済産業省の電力安全小委員会において持続的な電気保安体制の構築に向けた取り組みの議論が行われている。

　電気設備の技術基準の解釈の改正に関し、2017年3月のJIS C 8955の改正に合わせて、PVシステムの発電設備の安全を確保するための基準が以下のように改定された。

（1）2018年10月太陽電池発電設備に関する電気設備の技術基準の解釈の一部改正
- 電気設備の技術基準の解釈の第46条第2項が改正され、太陽電池モジュールの支持物は日本産業規格のJIS C 8955（2017）「太陽電池アレイ用支持物の設計用荷重算出方法」によって算出される設計荷重に対して許容応力度設計を行う。
- JIS C 8955（2017）による風荷重等の計算方法の見直し（設計荷重の適正化）により、耐風圧の強度に関しては、太陽電池パネルが受ける風の強さは風力係数の変更により約1.5倍に、周囲の構造物の影響を踏まえた風の速度圧（地表面粗度区分）は区分ⅢからⅡの適用変更により約1.5倍になり、設置方法や設置環境によっては、双方の影響により約2.3倍の耐風圧性能が求められる。

（2）2020年2月電気設備の技術基準の一部改正
　小出力発電設備であるPVシステムの「仕様規定化」や太陽電池モジュールの支持物を土地に自立して施設する場合に、施設による土砂の流出または崩壊を防止する措置を講じることが求められた。

太陽光発電システムを支えるガイドライン類

　PVシステムの安心・安全な運用に向けて、業界団体等がPVシステムに関連するガイドライン類の整備を進めている。

1. 地上設置型太陽光発電システムの設計ガイドライン2019年版[2]

　新エネルギー・産業技術総合開発機構（NEDO）の事業（太陽光発電システム効率向上・維持管理技術開発プロジェクト）の一環として、主に建築・土木

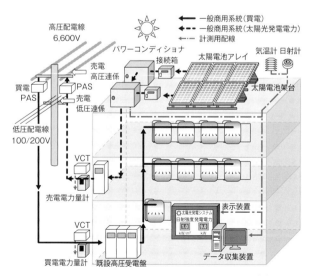

図1　太陽光発電システム概要（全量配線の例）[1]

関連の各種規基準をもとに PV システムに適用できる内容を抽出・選定し、また、基礎や架台、金属腐食等の実証試験によって得られた知見をもとに「地上設置型太陽光発電システムの設計ガイドライン」が策定された。同時に、構造設計に有用な「技術資料」と代表的な仕様による「設計例」の充実も図られた。

2. 太陽光発電システム保守点検ガイドライン[3]

2019 年 2 月に発電設備である低圧太陽光発電設備（50kW 未満）のシステム所有者に対し、電気事業法上の義務（発電設備を設置・管理する責任は発電設備の施工業者や設備メーカー等ではなくシステム所有者にあり、設置後の発電設備の安全を保つために稼働後も現地の状況を確認し適切な管理計画を立案し、実施する）の注意喚起が行われた。PV システム所有者は、電気事業法第 39 条または第 56 条に基づき、所有する発電設備を経済産業省令で定める技術基準に適合させる義務があり、技術基準に適合していないことが判明した場合は自主的に補修等を行う必要がある。また、電気事業法第 107 条に基づく発電設備の立入検査が実施されることがあり、適切な保守点検がされていない状態の悪い発電設備は、稼働の一時停止を命じられることがある。

これらを背景として、日本電機工業会（JEMA）と太陽光発電協会（JPEA）では、電気設備の技術基準や国際電気標準会議（IEC）の基準などを参照して「太陽光発電システム保守点検ガイドライン」を策定した。国内では「電気設備に関する技術基準を定める省令」及びその解釈を示す「電気設備の技術基準の解釈」が定められており、IEC の基準に代えて国内基準に準拠することによっても、電気設備の技術基準を満たすことができる。

この保守点検ガイドラインの適用範囲は、直流 1,500 V 以下（日本国内では直流 750 V 超は高圧に区分）の PV システム及びケーブルなどを対象（パワーコンディショナ出力の交流側は規定しない）とし、この範囲の系統連系の PV システムの基本的な予防保全、是正及び発電性能に関わる保守要件並びに推奨案の記載として次の内容が扱われている。

- 信頼性、安全性及び耐火性に係わるシステム機器及び接続部の基本的保守
- 不具合対応手順及びトラブルシューティングのための手段
- 作業者の安全

3. 太陽光発電事業の評価ガイド[4]

PV システムを長期安定な電源として今後の拡大が想定される中古市場の活性化を図るため、JPEA が中心となり太陽光発電事業の運用面で参考となる「太陽光発電事業の評価ガイド」を策定した。発電事業者がこの評価ガイドを参考に、システムを評価することにより PV システムの現状を理解し、修繕や保守点検、売却といった行動の契機となる。また、低圧の PV システムの事業者の意識改革、発電所の健全化に繋がることを目指すと共に、太陽光発電事業への新規参入、市場活性化等を促すことを期待している。

評価ガイドの概要は、以下の通りである。

- 太陽光発電事業に関する「権原・手続き」、「土木・構造」、「発電設備」の観点でのリスクの存在を評価する際のガイドとなる必要な評価項目・ポイントや評価方法がまとめられている。
- 中古市場における売買や発電設備の安全性チェック等では評価項目や評価方法のレベルが異なるため、目的に応じて評価ガイドの必要な個所を参照するように利用用途が想定されている。
- 住宅用以外の地上または建築物等に設置される PV システムを対象とし、評価者は一定程度の専門性を持つ者が実施することを想定しているが、評価項目によって専門性が異なるため、複数の評価者が必要であることも想定されている。
- 評価のレベルは、形式確認や目視確認など比較的簡易に実施可能な 1 次評価と実態確認や検査確認などさらに深耕を行う 2 次評価の 2 段階としている（評価項目により 2 次評価のみの場合もある）。

この評価ガイドは、次のような利用シーンでの活用を想定している。

- 太陽光発電事業計画・設計時の評価
- 太陽光発電所竣工時の評価
- 太陽光発電所運用・保守点検時の評価
- 太陽光発電トラブル時の評価
- 太陽光発電所売買時の評価

なお、評価ガイドに示す評価項目の全てが適切であることをもって適切な発電設備であることや発電事業であることを担保するものではない。また、指摘事項のあることをもって発電事業の価値が毀損されるものでないことに留意されたい。

新しい PV システムの例

1. 営農型 PV システム[7]

図2は近年、増加傾向にある営農型 PV システムの一例で、このシステムは農地を利用するため、農

図2　営農型 PV システムの例

図3　水上設置型 PV システムの例

林水産省のホームページに参考となる資料等[5]、[6]が掲載されている。

営農型 PV システムの設置には、農地法に基づき PV システム架台の支柱の基礎部分については一時転用許可が必要となる。2018 年 5 月に農地転用許可の取り扱いが見直され、担い手が自ら所有する農地を利用する場合や荒廃農地（荒廃農地の発生・解消状況に関する調査要領（2008 年 4 月 15 日付け 19 農振第 2125 号農林水産省農村振興局長通知）の 2 に規定する荒廃農地）を再生利用する場合等において、一時転用許可期間が 3 年以内から 10 年以内に延長されたことから、さらなる導入の増加が予想される。また、一時転用の条件として「支柱を立てて営農を継続する太陽光発電設備等についての農地転用許可制度の取り扱いについて（30 農振第 78 号農林水産省農村振興局長通知）」では、以下の条件等が示されている。

- 簡易な構造で容易に撤去できる支柱で、申請に係る面積が必要最低限で適正と認められること。
- 支柱の高さは、農地の良好な営農条件が維持されるよう、効率的な農業機械等の利用が可能な高さ（農業機械による作業を必要としない場合でも、農業者が立って農作業を行うことができる高さで、最低地上高は概ね 2 m 以上）を確保していると認められること。
- 下部の農地における営農が行われない場合や営農型 PV システムによる発電事業が廃止される場合は、支柱を含む当該設備を速やかに撤去し、農地としての利用ができる状態に回復すること。

しかし、営農型 PV システムは、一般的な地上設置型の PV システムと比べ、高所に太陽電池モジュールを設置することや支柱間隔が広いこと、畑や水田などの軟弱な農耕地等に基礎を設置することが想定されるため、電気事業法で要求される構造や風の荷重に耐える強度を有しているとは言い難い案件が混在していると考えられ、営農型 PV システムを設計・施工する際の技術資料の整備が望まれる。

2. 水上設置型 PV システム[8]

近年の新たな PV システム設置形態のひとつとして、図3のように水面に樹脂製の浮体設備であるフロート上に太陽電池モジュール等の設備を設置する水上設置型 PV システムがある。

この PV システムは、建設に適した土地が減少する中で、未使用（利用）である「水の上」の有効活用、土地造成工事の必要がない、陸上設置に比べ日照を遮る障害物が少ない等の理由により増加している。

水上設置型 PV システムは 2007 年に愛知県に初めて建設されたと言われ、現在では設備の規模が概ね 1 MW となるメガソーラーも誕生している。2018 年末時点で世界では 1,314 MW（うち国内で約 200 MW）の導入実績があり、国内では農業用の溜池やダム湖へ導入されている（海外では海上に設置している事例もある）。このシステムの導入実績が増加している一方で、耐風設計に関して参考となる設計資料等はほとんどなく、近年の台風等の強風時には幾例かの被害が発生した。今後、水上設置型 PV システムを設計・施工する際の技術資料の整備が望まれる。

太陽光発電の将来ビジョン

2030 年を見据えたエネルギーミックスや再生可能エネルギーの電源構成比率など、エネルギーの将来ビジョンが幾つかの団体から公表されている。ここでは、太陽光発電協会が 2020 年 5 月に公表した JPEA PV OUTLOOK 2050（感染症の危機を乗り越え、あたらしい社会へ「太陽光発電の主力電源化への道筋」）[9]を紹介する。

JPEA では、将来ビジョンとして 2017 年 6 月に前版となる JPEA PV OUTLOOK 2050（太陽光発電 2050 年の黎明）を公開した。その後、世界と日本

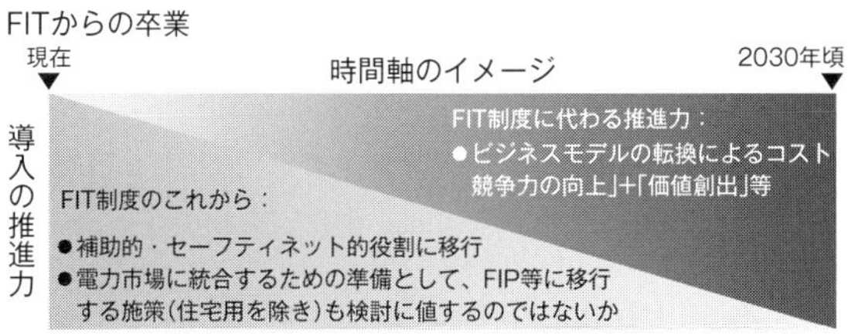

FITからの卒業

図4　FITからの自立化のイメージ

を取り巻く環境は大きく変化し、太陽光発電・風力発電を中心とした再生可能エネルギーへのエネルギーシフトは、これまでのビジョンで想定した以上のペースで進み、また、昨今の世界的な気候変動や新型コロナウイルスへの対応は、新しいエネルギー社会への転換点のひとつであると言える。

このような環境の下で、パリ協定の長期目標を達成するため2050年のカーボンニュートラルの実現のひとつの方策に、再生可能エネルギーで発電量の50〜60％を賄うことの議論が進められ、その中でもPVシステムの役割が重要になってくる。一方で、再生可能エネルギーの導入による国民負担（賦課金）が大きな課題にもなってくる。JPEA将来ビジョンの改訂は太陽光発電の導入に伴う費用対便益についての分析・試算も行い、太陽光発電が自立した主力電源になるため、5つのチャレンジ（FITからの自立としての①コスト競争力の向上、②価値創出と主力電源の土台としての③系統制約の克服、④長期安定稼働そして⑤地域との共生）により、賦課金を上回る便益を国民に供与すること、そのためにできるだけ早くFITから自立し主力電源の土台をつくることを示した。

図4は2050年に至る過程として、2030年頃までを目安として、FITからの自立化のイメージを示したもので、現状のFITが時間軸に応じていたが、FITに代わる推進力として電力市場と一体化したモデルへの変換が進むと想定している。既に2019年11月からの住宅用太陽光発電のFIT期間が終了（卒FIT）したPVシステムの出現や事業用での自家消費モデル、第三者所有モデルによる普及の動きも始まっている。また、今後は需要地の近傍（オンサイト）での自家消費モデルや遠隔地（オフサイト）での地域一体モデルへの導入などへ普及が進むと考えられる。

上述のように、PVシステムはこれからもエネルギー・環境面から事業環境が大きく変化していく中において、時代の変化を取り込みながら、将来の主力電源としての方向を目指して発展していく（いくべき）と考えられ、長期電源として社会インフラストラクチャを支える重要な役割を担う責務と責任が生じている。

エネルギー問題は国家百年の計であり、再生可能エネルギー、特に太陽光発電は長期安定電源として次代へ継承し、脱炭素社会の実現の一助になると確信している。

◆参考文献◆
（1）太陽光発電協会，公共・産業用太陽光発電システム手引書
http://www.jpea.gr.jp/point/index.html
（2）新エネルギー・産業技術総合開発機構ほか：地上設置型太陽光発電システムの設計ガイドライン2019年版
https://www.nedo.go.jp/activities/ZZJP2_100060.html#guideline
https://www.okuji.co.jp/news/190709/#article-start
http://www.jpea.gr.jp/topics/guideline2019.html
（3）日本電機工業会，太陽光発電協会，太陽光発電システム保守点検ガイドライン，第2版
http://www.jema-net.or.jp/Japanese/res/solar/20191227.html
http://www.jpea.gr.jp/pdf/t191227.pdf
（4）太陽光発電事業の評価ガイド策定委員会，太陽光発電事業の評価ガイド
http://www.jpea.gr.jp/topics/hyouka_guide.html#to_guide
（5）農林水産省，営農型太陽光発電について
https://www.maff.go.jp/j/shokusan/renewable/energy/einou.html
（6）農林水産省，営農型太陽光発電取組支援ガイドブック
https://www.maff.go.jp/j/shokusan/renewable/energy/attach/pdf/einou-53.pdf
（7）相原知子ほか：日本風工学会誌，Vol.45，No.2，No.163，2020年4月
（8）作田美知子ほか：日本風工学会誌，Vol.45，No.2，No.163，2020年4月
（9）太陽光発電協会，JPEA PV OUTLOOK 2050，2020年5月
http://www.jpea.gr.jp/topics/200518.html

〈（一社）太陽光発電協会　井上　康美〉

高効率火力発電

世界最高水準のクリーンコール技術である石炭ガス化複合発電（IGCC：Integrated coal Gasification Combined Cycle）が大容量商用化の段階を迎えている。IGCCとは石炭をガス化し、高効率のガスタービン複合発電（GTCC：Gas Turbine Combined Cycle）技術を適用した最新鋭の発電技術であり、従来の石炭火力発電に比べ発電効率が高く、石炭火力における地球温暖化防止対策の切り札としても新設やリプレイスが国内外で期待されている。

IGCCの開発は1970年代以降に欧米で始まり、1990年代に入ると複数の実証プラントが運転を開始した。日本では1980年代から独自技術の空気吹、および酸素吹IGCCの開発・実用化が取り組まれてきた。空気吹IGCCを適用した発電出力250MWのIGCC実証機は、実証目標を全て達成し、2013年4月に常磐共同火力（株）勿来発電所10号機として日本初の商用運転を開始した。酸素吹IGCCは、EAGLE（多目的石炭ガス製造技術開発：Coal Energy Application for Gas, Liquid, and Electricity）プロジェクトのガス化技術検証が完了し、2017年3月より大崎クールジェンプロジェクトとして166MW実証機の実証試験を開始している。

本稿では、IGCCの構成および特徴、ガス化技術、ならびにプロジェクトの最新状況について紹介する。

［IGCCの概要］

1．IGCCの構成

IGCCは、ガス化炉設備、ガス精製設備、ならびにガスタービン、蒸気タービン、発電機および排熱回収ボイラ（HRSG：Heat Recovery Steam Generator）から成る複合発電設備で構成されている（図1）。

ガス化炉設備は、空気や空気分離設備で製造される酸素等を酸化剤として、燃焼反応やガス化反応等により石炭を石炭ガスに転換する設備である。石炭中の灰は炉内で一旦溶融状態（溶融スラグ）となり、それが炉

底に設置された水槽で急冷された後、ガラス状の固化スラグとして排出される。また、未反応炭素を多く含むチャー（固定炭素と灰分から成る残留固形物）が石炭ガス中に含まれているが、ガス化炉後流のチャー回収設備で回収し、ガス化炉へリサイクルすることで未反応炭素をほぼ100％反応させ、これによりエネルギー損失を防いでいる。

ガス精製設備は、石炭ガスをガスタービン燃料基準、およびガスタービンで石炭ガス燃焼後の排ガスの環境基準に適合するように、石炭ガス中に含まれる不純物（アンモニア、硫化水素、塩酸など）を除去する設備である。

複合発電設備では、ガス精製設備で精製された石炭ガスを燃料としてガスタービンで発電を行い、さらにその燃焼排ガスの熱をHRSGで回収して蒸気を発生させ、蒸気タービンでも発電を行う。

2．IGCCの特徴

2.1　幅広い石炭が使用可能

従来型石炭火力発電では、灰が炉壁や伝熱面に付着してトラブルを引き起こすスラッギングやファウリングのため、含まれる灰の融点が低い石炭の使用に課題がある。一方、IGCCはガス化炉で灰を溶融して排出することから、灰の融点が低い石炭に適しており、これまで制約があった低品位の石炭（亜瀝青炭や褐炭等を含む）も使用可能である。

2.2　高い環境特性

IGCCはシステムの高効率化により、従来型石炭火力発電と比較して発電電力量（kWh）当たりのCO_2の排出量が低減される。また、より積極的に排出量を低減するためにCO_2を回収する場合、石

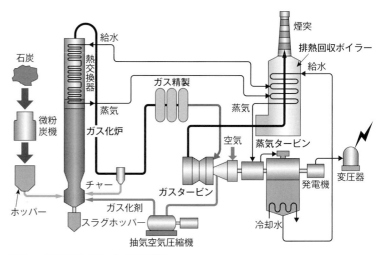

図1　IGCCシステムの系統例

炭ガスからガスタービン燃焼前に高圧状態でCO_2を回収（燃焼前回収）できるので、効率的に対応可能である。加えて、温排水量の大幅な低減が可能である。

2.3 副生物の有効利用

従来型石炭火力発電が灰をフライアッシュとして排出するのに対し、IGCCはガラス状のスラグとして排出する。同じ重量で比べたスラグの容積は、フライアッシュの半分以下（**図2**）である。また、化学的に安定であるなど品質が優れているため、セメントの原材料のほか路盤材としても有効利用され、さらにコンクリート用骨材としても2020年10月にJIS規格化を制定するなど、さらなる用途拡大の取り組みを行っている[1]。

石炭中に含まれる硫黄はガス精製設備で石灰石膏法により石膏として回収されるが、市場のニーズに応じて硫酸等として回収し、有効利用することも可能である。

石炭ガス化技術

1. 空気吹ガス化技術

空気吹ガス化技術は、石炭の酸化剤として空気を用いる方式である。

ガス化炉には、ガスタービンの燃焼に必要な石炭ガスのカロリーを確保しつつ、ガス化炉内で灰を溶融させて円滑に排出するという2つの機能が求められる。これらを同時に達成するため、ガス化炉内を高温に保つ必要があるが、空気吹ガス化炉の場合、酸素製造が不要というメリットがある一方、酸素吹ガス化炉に比べて大量の窒素が存在するため、炉内温度が上がりにくい傾向があり、技術的難度が高い。この課題を解決するための有効な手段は、ガス化炉に2室2段噴流床ガス化方式を採用し、燃焼とガス化の2つの機能をそれぞれ、ガス化炉下段のコンバスタ（1段目）とガス化炉上段のリダクタ（2段目）に分離することである（**図3**）。すなわちコンバスタでは、微粉炭とチャーを酸化剤で燃焼させて、ガス温度を灰の融点以上とし、灰を溶融すると共に、ガス化反応に必要な高温ガスをリダクタに供給する。

一方、リダクタでは、酸化剤を供給せず微粉炭のみを供給することでコンバスタから上昇してきた高温ガスにより、微粉炭の乾留およびチャーのガス化反応を促進し、可燃性ガスを生成する。

2. 酸素吹ガス化技術

酸素吹ガス化技術は、石炭の酸化剤に酸素を用いる方式である。

国内では、竪型円筒炉の上下段に複数のバーナーを設置した1室2段旋回型噴流床ガス化炉を採用している（**図4**）。このガス化炉は、①炭種に応じて下段部で

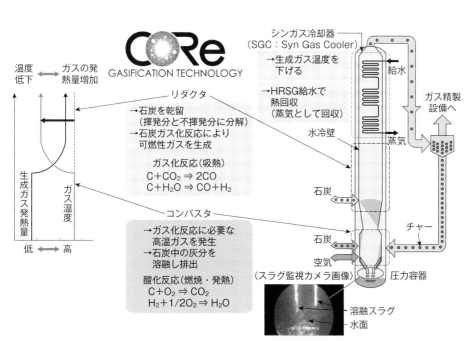

図2 フライアッシュとスラグ

図3 空気吹ガス化炉

は灰の溶融に必要な温度、上段部では高効率なガス化反応条件になるように上下段の酸素/石炭比を適正に配分し、②炉内に旋回流を発生させることで石炭粒子の滞留時間を確保してガス化反応を促進させながら、チャーおよび溶融スラグの上方飛散を抑制し、③炉内の高温ガス流れ（自己循環流）で炉底のスラグ排出孔を保温・加熱することでスラグ安定流下を図ることにより、欧米の先行機での課題を改善している。冷ガス効率（＝石炭ガス発熱量/石炭発熱量）は実績値82.7％で世界最高水準である。さらに、ガス化部出口に供給する冷却用クエンチガスについては、従来、石炭ガスとほぼ同量を必要としていたが、これを約1/10に大幅削減して消費動力の低減を達成している。

国内のプロジェクト開発状況

1．福島復興電源プロジェクト

空気吹IGCCの実現に向けて、IGCCの中核技術となる石炭ガス化炉の開発は1970年代初めより開始されており、1980年代の石炭処理量2t/日の小規模試験炉（電力中央研究所横須賀地区設置）から200t/日のパイロットプラントを経て、商用化への最終段階として発電出力250MWのIGCC実証機プロジェクト（勿来発電所10号機）が取り組まれた。

そして、空気吹IGCCシステムを用いた実証機は、約2倍の発電機出力となる540MW級の世界最高効率を誇る福島復興電源プロジェクトの大型商用機へと繋がっていく。このプロジェクトは、常磐共同火力（株）の勿来発電所（福島県いわき市）の隣接地に勿来IGCCパワー合同会社[2]が、また（株）JERAの広野火力発電所（福島県双葉郡）構内に広野IGCCパワー合同会社[3]が、それぞれIGCC各1基を建設するものである。

同プロジェクトには「世界最新鋭の石炭焚き火力発電所」の建設から運営を通じて、福島県の経済再生と産業基盤の創出に貢献すると共に、クリーンコール技術で世界を牽引するとの思いが込められており、福島復興電源プロジェクトと称して取り組まれている。

勿来地点では2017年4月、広野地点では2018年4月に本体工事に着工しており、運開を目指している（図5、6）。福島復興電源プロジェクトでは、IGCC実証機/勿来10号機で得られた知見全てを反映することにより、信頼性と運用性のさらなる向上を図っている。また、IGCC実証機/勿来10号機で冗長性を確認した各部の最適設計を適用することなどにより、大幅な経済性向上が期待されている。

2．大崎クールジェンプロジェクト

酸素吹IGCCの実現に向けては、1980年代から開発が取り組まれてきた。石炭処理量1t/日のガス化要素試験に始まり、50t/日のHYCOLプロジェクト（国立研究開発法人新エネルギー・産業技術総合開発機構（NEDO）委託事業/HYCOL組合）、150t/

図5　勿来IGCC完成予想図[2]

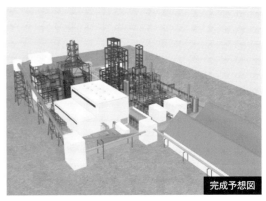

図6　広野IGCC完成予想図[3]

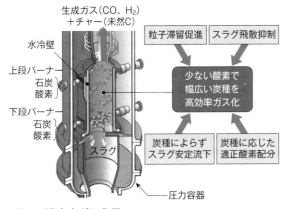

図4　酸素吹ガス化炉

日の EAGLE プロジェクト（新エネルギー・産業技術総合開発機構／電源開発（株）共同研究事業）で、着実なステップでガス化炉のスケールアップ検証が行われてきた。EAGLE プロジェクトで得られた知見を適用し、2016 年度より大崎クールジェンプロジェクトとして総合試運転を実施し、2017 年 3 月より酸素吹 IGCC 実証試験（第 1 段階）が開始されている（図7）。

本プロジェクトは、大崎クールジェン（株）（中国電力（株）／電源開発（株）で共同設立）が、新エネルギー・産業技術総合開発機構助成事業として実施するプロジェクトである。

実証試験は 3 段階に分けて行われる。第 1 段階として 166 MW 酸素吹石炭ガス化技術の実証試験設備を建設し、酸素吹 IGCC システムの基本性能（発電効率、環境性能）、信頼性、運用性（起動停止時間、負荷変化率等）、および経済性の実証試験運転が行

われた（2017 年 3 月～ 2018 年 10 月）。送電端効率は目標を上回る 40.8%（高位発熱量基準）を達成した。その後の第 2 段階では、CO_2 分離・回収設備を追設し、システムの基本性能、プラント運用性、信頼性、経済性に関わる CO_2 分離・回収型 IGCC の実証試験が行われている（2019 年 12 月～）。さらに第 3 段階では燃料電池を追設し、石炭ガスの燃料電池への適用性を確認する CO_2 分離・回収型 IGFC システム実証が行われる（図8）。

　　　◇　　　　　◇　　　　　◇

空気吹 IGCC については、250 MW 実証機である勿来 10 号機の成果を受けて、大型機である福島復興電源プロジェクトが開始されており、酸素吹 IGCC については、166 MW 実証機である大崎クールジェンプロジェクトが開始され、CO_2 分離回収や IGFC の実証試験成果が期待される。

国内で大型プロジェクトがスタートしたことから、国策に沿って次世代を担う我が国の IGCC 技術を海外展開し、国際的貢献に繋げるため、国および関係諸機関・企業が連係して、具体的な検討に着手している。各国、中でも産炭国やエネルギー資源の多くを輸入炭に負わねばならぬ諸国にとって、経済と環境の調和は喫緊の課題であり、IGCC 技術はその解決の一翼を担うものである。

空気吹／酸素吹両技術の完成度を引き続き高め、国内外に IGCC の普及を図り、世界的な環境負荷低減・CO_2 削減ならびに経済発展に貢献していくことが期待される。

図7　大崎クールジェン IGCC 外観
出典：大崎クールジェン（株）

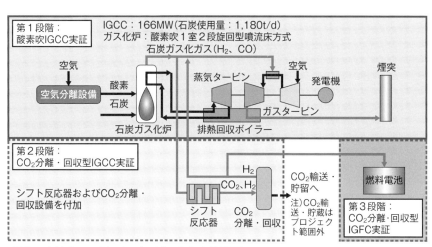

図8　大崎クールジェンプロジェクト全体計画

◆参考文献◆
（1）内田信一，堀江嘉彦，中下明文，赤津英一，真田洋一，石川嘉崇：IGCC 石炭ガス化溶融スラグの有効利用に関する取組み－磨砕特性と細骨材としての性状評価－，第 25 回エネルギー学会講演要旨集，pp.188-189, 2016
（2）勿来 IGCC パワー合同会社
　　http://www.nakoso-igcc.co.jp/
（3）広野 IGCC パワー合同会社
　　http://www.hirono-igcc.co.jp/

〈三菱パワー（株）坂本　康一、藤井　貴〉

新型原子炉

2011年3月に発生した東京電力福島第一原子力発電所の事故以降、安全性ならびに経済性に優れた新型原子炉が世界的に求められるようになった。

本稿では、国内の主要原子力プラントメーカーである、三菱重工業（株）（以下：三菱重工）、日立GEニュークリア・エナジー（株）（以下：日立GE）、東芝エネルギーシステムズ（株）（以下：東芝ESS)の新型原子炉開発をそれぞれ紹介する。

三菱重工の新型原子炉

1．次世代加圧水型軽水炉の開発

原子力発電は、大規模かつ安定的に供給可能なカーボンフリー電源であり、2050年のカーボンニュートラルの実現に向けた脱炭素化目標の達成やエネルギーセキュリティの観点から今後も重要なエネルギー源である。

三菱重工は、非常に高いレベルの「安全性」と社会からの「安心」を得ると共に、天候によって出力が大きく変動する再生可能エネルギーとの「共存性」を備えた、大規模・安定電源の役割を担う次世代のPWR（図1）の開発を行っている。

次世代PWRでは、地震/津波への耐性を強化し、従来の原子力発電所に要求される安全機能の多重性

をさらに強化すると共に、炉心溶融を伴う重大事故時に使用する設備、航空機衝突やテロ対策を強化することで安全性、信頼性を向上させる。これにより、事故発生リスクを極限まで低く抑え込むと共に、万一重大事故が発生したとしても、放射性物質の環境への放出を抑制し、事故影響を発電所敷地内に限定することにより、安心が得られ、社会から受け入れられる発電所とする。また、次世代PWRでは、再生可能エネルギーのさらなる拡大を見据え、これと共存するベースロード電源として、火力発電所並みの負荷追従能力を有するよう出力調整能力を強化する。

2．核燃料サイクルの実現に向けた高速炉開発

ナトリウム冷却高速炉は、核燃料サイクル（資源の有効利用）による長期的なエネルギーの安定供給と放射性廃棄物の減容化・有害度低減の観点から、国家プロジェクトとして、1960年代から開発が行われてきた。三菱重工は、日本原子力研究開発機構（JAEA）主導のもとに開発・建設された実験炉「常陽」、原型炉「もんじゅ」の設計、製作を通じて知見・技術を蓄積し、日本の高速炉開発の中核企業として、実証炉建設の早期実現に向けた従来の大型炉概念検討と共に、将来の多様化するニーズに柔軟に対応すべく、国産原子力技術としての高速炉開発に取り組んでいる（図2）。

3．将来に向けた新たな炉型の開発

三菱重工は、従来の大規模・安定電源としての発電利用に加えて将来の多様化するエネルギー需要に応えるべく新たな炉型開発を行っている（図3）。

3.1 高温ガス炉

高温ガス炉は、炉心溶融を起こさない固有の安全性と900℃以上の超高温熱利用を特徴とし、カーボ

図1　次世代PWRの開発（安全設計の例）

図2　国内向高速炉実証プラントの概念図
出典：三菱重工技報、Vol.57、No.4、2020

- **高温ガス炉**
- 炉心溶融のない固有安全性
- 鉄鋼業界の脱炭素化ニーズに応える水素製造・ガスタービン発電コジェネプラント

- **マイクロ炉**
- 新しい炉型概念による超小型・超安全炉
- 可搬性に優れ、エネルギー備蓄、宇宙開発、僻地/災害用電源など多目的用途に適用

- **軽水小型炉**
- 小規模グリッド向け電源や災害時/離島向けのモバイル電源など多様な将来ニーズに応える小型炉
- 発電炉/船舶搭載炉の共通コンセプト

図3　将来に向けた新たな炉型の開発

ンフリーの高温熱源を利用した水素製造が可能であり、非電力分野における脱炭素化・水素社会の実現に寄与することが期待される。三菱重工は、900℃以上の高温ガスによる水素製造を基軸に蒸気発電に比べて高効率な直接サイクルガスタービン発電を組み合わせ、将来的に水素還元製鉄などの産業プロセスへの適用を見据え、産業界のユーザー、パートナーと連携しつつ、大量かつ安定的な水素供給を可能とする高温ガス炉プラント開発を推進する。

3.2　軽水小型炉

三菱重工では、小規模グリッド向けの発電用炉（300MW級）およびモバイル利用が可能な舶用搭載炉（30MW級）への展開も見据えた多目的軽水小型炉の開発を行っている。実証性の高いPWRの技術や、これまでの小型炉開発（原子力船むつ：1960年代、一体型小型炉IMR：2000年代）の豊富な知見・実績をベースに開発に取り組んでいる。主要機器を原子炉容器内に統合する独自の一体型原子炉設計を採用し、原子炉冷却材の喪失による事故の発生を原理的に排除することに加え、日本の規制基準で要求される多重性・多様性を有する安全設備や厳しい耐震性能を確保することにより高い安全性を実現する。

3.3　マイクロ炉

三菱重工では、僻地、災害用電源等の多目的用途を想定し、出力が数MWクラスの超安全マイクロ炉の実用化を目指した開発を行っている。高熱伝導体で炉心を冷却する全固体原子炉のコンセプトを採用し、長期間燃料交換不要、自律制御運転、メンテナンスフリー運用を実現すると共に、コンテナサイズ

として可搬運用も可能とする。

日立GEの新型原子炉

日立GEでは、沸騰水型軽水炉（BWR）の建設経験と燃料サイクル技術をもとに、小型化・簡素化により安全性と経済性の両立を目指した高経済性小型軽水炉BWRX-300、実績豊富な軽水冷却技術を用いた高速炉RBWR、固有安全性を有する金属燃料を採用したナトリウム冷却の革新的高速炉PRISMの3つの炉型について、オープンイノベーションを活用した国際共同開発を進めている（図4）。

1．高経済性小型軽水炉BWRX-300

世界市場では資本費が低い小型原子炉のニーズが高まっているが、他電源と同等以下の発電コストの実現が課題であった。この課題を解決するため、日立GEは米国のGE Hitachi Nuclear Energy（以下：GEH）社と協調し、高度な安全性を維持した上で経済性を向上する高経済性小型軽水炉BWRX-300の日米共同開発を進めている。

BWRX-300は、電気出力300MW級の小型BWRである。従来BWRのプラントシステムを大幅に簡素化することを目指し、原子炉一次冷却材圧力バウンダリの信頼性を高めることで原子炉の主要な事故想定である大破断および中破断冷却材喪失事故の発生確率を徹底的に低減する、革新的な概念を採用した。この革新的な概念は、ライセンシングトピカルレポート（LTR）として、米国原子力規制委員会（NRC）の審査を受け、2020年11月に認可を取得しており、プラント概念の実現に向けて大きく前進している。この結果、ほぼ全ての事象を電源および運転操作が不要な静的安全系である非常用復水器のみで収束可能となった。安全性を高めつつ、冷却材喪失事故対応に必要であった非常用炉心冷却系ポンプ等の大型機器を削除でき、原子炉建屋および原子炉格納容器を大幅に小型化できる見通しを得た。プラントシステムの簡素化は機器点数削減による信頼性の向上や、廃炉時の廃棄物量の低減にも繋がる。

今後、米国で先行安全審査を進め、2030年頃に北米での初号機運開を目指す。また並行して、国内を含めてBWRX-300の市場開拓を進めていく。

2．軽水冷却高速炉RBWR

RBWR（Resource-renewable BWR：資源再利用型BWR）は、資源有効利用と使用済燃料の環境負荷低減を目指した炉心概念である。燃料棒を密に配置すると共に、原子炉内で冷却水が沸騰するBWR

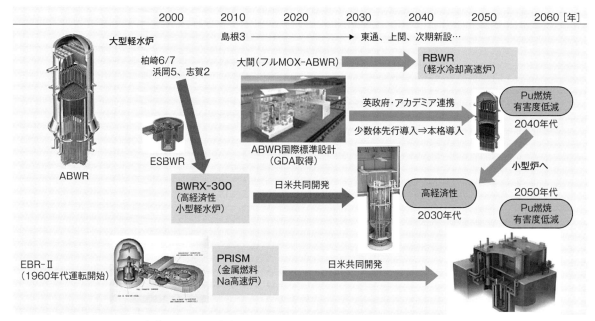

図4 日立 GE の原子力ビジョンと開発戦略 出典：GE Hitachi Nuclear Energy-Americas、LLC-、2018

の特徴を活用し、中性子の冷却水との衝突による減速を抑制して中性子のエネルギーを従来 BWR よりも高めている（高速中性子利用）。原子炉内の挙動を詳細に評価するため、日英米の研究機関と連携して炉心解析手法の高度化と適用性確認にも取り組んでいる。炉心以外のタービン系や安全システムなどは商用実績のある現行 BWR 技術を適用する。

RBWR は、社会的な要請に応えつつ燃料サイクル技術開発の進展に合わせて段階的に開発を進めていく計画である。実績豊富な軽水冷却技術を用いて、稠密燃料や高速中性子利用を段階的に実証することで、燃料サイクルの推進に寄与していく。

3．革新的小型ナトリウム冷却高速炉 PRISM

PRISM（Power Reactor Innovative Small Module：革新的小型モジュール原子炉）は、GEH 社により開発が継続されている小型モジュールナトリウム冷却高速炉であり、原子炉モジュールの電気出力は標準で 311 MW である。PRISM は、高熱伝導率等の特性により高い安全性を有する金属燃料を採用し、さらに事故時の崩壊熱除去に自然循環の空気を利用して運転員による操作を必要としない静的安全系である原子炉容器補助冷却システムを採用するなど、固有の高い安全性・信頼性を実現している。また、小型モジュール炉であることから、設置する原子炉モジュールの数により初期投資を抑えると同時に柔軟な発電プラント構成を実現できる特徴がある。

日立 GE は、開発元の GEH 社と協力し、経済性と安全性を兼ね備えた PRISM を日本へ導入することを目指している。

東芝 ESS の新型原子炉

1．革新的大型安全炉 iB1350

地域社会との共生を目指し、シビアアクシデント時の緊急避難や長期移住を不要にする安全コンセプトを有する革新的大型安全炉 iB1350（innovative, intelligent and inexpensive BWR）を開発している（図5）。

様々な革新的安全系を採用することにより、万一のシビアアクシデント時の格納容器ベントを不要とし、大規模自然災害下においても二重円筒格納容器および革新的な静的安全系により、7 日間特別な運転操作を不要とできる。また、建設性や経済性にも配慮しており、経済性と建設実績のある改良型沸騰水型軽水炉 ABWR をベースとしつつ、航空機落下対策を施した格納容器建屋内に静的安全系を備えることで外部テロ対策施設を合理化するなどの対策を実施している。今後は、革新的安全系の実証試験を進め、脱炭素化に貢献可能な大型電源として、早期実用化を目指していく。

2．高温ガス炉

優れた安全性と多目的利用に応える次世代炉として、高温ガス炉を富士電機（株）と共同で開発してい

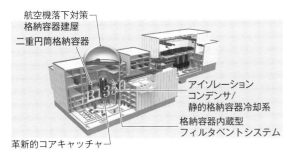

図5　iB1350 全体概要図 （Ref.ICONE26-82428）

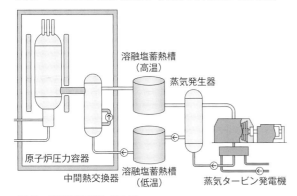

図6　蓄熱型高温ガス炉

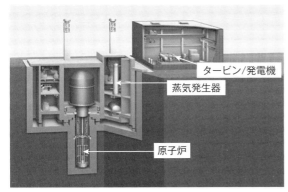

図7　燃料無交換原子炉 4S

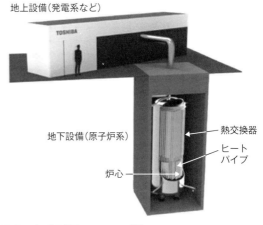

図8　超小型炉 Movelux™

る。750℃以上の熱供給が可能であり、発電だけで
はなく水素製造や産業プラント熱供給等に適用可能
である。

　高温ガス炉は燃料被覆として耐熱性に優れたセラ
ミックスを使用していること、冷却材の不活性なヘ
リウムガスは燃料と反応しないこと、黒鉛減速材の
熱容量・熱伝導のため事故時の温度変化が緩慢であ
ることなどの固有安全性を持つ。

　国内技術として確立した高温ガス炉と蒸気発電技
術に、実証段階にある溶融塩蓄熱システムを組み合
わせることで再生可能エネルギーの出力変動に対応
できる調整力を有したベースロード電源として期待
され、早期実用化と社会要請に応える 300MWe 級

の高温ガス炉の開発をしていく（**図6**）。サイトの出
力ニーズに柔軟に対応できるよう、原子炉4モジュ
ールを組み合わせることで1GWe 級の出力を供給
できるプラント構成としている。

3．燃料無交換原子炉 4S

　遠隔地電源、オイルサンド開発、海水脱塩等を目
的としたナトリウム冷却小型高速炉4S（Super-Safe,
Small & Simple）を開発している（**図7**）。

　金属燃料炉心であり、中性子反射体を徐々に移動
させる運転方式により長期の燃料無交換運転を可能
とし、炉心寿命は 10MWe で 30 年、50MWe で 10
年である。受動的安全性を有しており、炉停止後の
残留熱は自然循環のみで徐熱できる。電磁ポンプ等、
静的機器の適用によりメンテナンス要求を低減して
いる。これまで、米国原子力規制委員会による予備
審査を実施した。型式認証による徹底した標準化と
量産化によるコストダウンを目指していく。

4．超小型炉 Movelux™

　4S よりもさらに出力の小さい 3MWe 級の多目的
超小型炉 Movelux™（Mobile-Very-small reactor
for Local Utility in X-mark）を開発している（**図
8**）。分散発電としての用途のほか、約 700℃の熱
供給が可能である。宇宙炉向けに端を発しており、
液体の冷却材を用いずヒートパイプで炉心から熱を
取り出すことで冷却ポンプを削除するなど、システ
ムの簡素化を追求している。中性子減速材は水素化
カルシウム等の固体とし、異常時は高温により自然
に乖離するため出力が整定するなど、人為操作の低
減を目指していく。

〈三菱重工業(株)、日立 GE ニュークリア・エナジー
(株)、東芝エネルギーシステムズ(株)〉

燃料電池

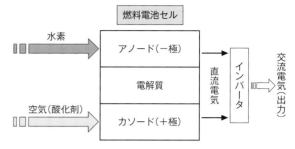

図1　燃料電池の基本構成

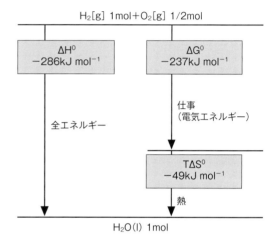

図2　水素と酸素から水が生成する時のエネルギー変化（1気圧、25℃）

　燃料電池とは、外部から燃料と酸化剤を補給しつつ発電を行う電池である。通常の電池と異なり、燃料と酸化剤を供給していれば、理論的には永久に発電が可能である。発電機、すなわち電気を得るためのエネルギー変換システムの1つである。

　燃料電池自体の歴史は古く、1839年にスイスのC.F. Schoenbein[1]、あるいはイギリスのW.R. Grove[2]らは、水素と酸素から電気化学システムを利用して電気が得られることを明らかにした。我が国でも1935年に田丸らは、木炭と空気から電気が得られることを実証している[3]。

　1960年代に宇宙開発が活発化すると、米国ではアポロ計画のもと、その電源としての燃料電池が材料開発を含めて進められ、1972年に月面に初めて人類が立つことになる。ここでは太陽電池と組み合わせた燃料電池が極めて重要な役割を担っている。

　その後、民生用に燃料電池技術が展開され、我が国では、2009年に家庭用発電機としてのエネファームが実用化され、2014年に燃料電池自動車の市販が開始され実用化が進んでいる。

　火力発電所でガスタービン等熱機関を用いて水素から電気をつくることはできる。しかし、高い変換効率を得るためには高温化が必要であり、材料問題を含めて簡単ではない。しかし、熱機関ではない燃料電池システムを利用すれば理論的に常温付近でも高効率で発電可能である。

　太陽光、風力等の自然エネルギーを用いて水からつくられた水素をグリーン水素と呼ぶことにする。このグリーン水素を使えば地球温暖化対策の切り札の発電システムになるはずである。ここでは電力系統への応用に向けて、水素を中心に、燃料電池発電の原理と技術の現状を解説する。

燃料電池発電の原理

　図1に水素を燃料に用いる燃料電池システムの基本構成を示す。水素を酸化させる燃料極（アノード：－極)に送る。一方、酸素を還元する空気極（カソード：＋極）には空気を送る。両極の間では電解質が陽イオンまたは陰イオンの伝導を担う。アノードで

水素の酸化、カソードで酸素の還元が同時に進行し、外部に直流の電流が流れる。電力系統の中ではインバータにより交流に変換して使用する。

　水素を燃料とする場合の電池反応は、次式で示される。ここでは、電解質にプロトン導電体を用いたタイプについて示す。

水素極：$H_2(g) \rightarrow 2H^+ + 2e^-$　　　　　　（1）
酸素極：$1/2O_2(g) + 2H^+ + 2e^- \rightarrow H_2O(l)$　（2）
全反応：$H_2(g) + 1/2O_2(g) \rightarrow H_2O(l)$　　（3）

　全反応は、水素と酸素から水が生成する反応であり、水の電気分解の逆反応となる。

　図2に1気圧、25℃において、水が1モル生成する場合のエネルギー変化を示す。水の生成に伴う全エネルギー変化(エンタルピー変化：ΔH^0)の286kJのうち、237kJが原理的に仕事（電気）として取り出しうるエネルギー変化（ギブスエネルギー変化：ΔG^0)である。残り49kJはエントロピー項であり（絶対温度×エントロピー変化：$T\Delta S^0$）熱エネルギーとなる。ここで、水素は燃料として燃焼して、全て

熱エネルギー ΔH^0 に変換し、熱機関により電気エネルギーを生み出すこともできる。しかし、その変換効率はカルノー効率の制約を受ける。燃料電池では電気化学反応を経て、原理的には ΔG^0 を直接、電気エネルギーとして取り出すため、25℃での理論的なエネルギー変換効率（$\Delta G^0 / \Delta H^0$）は83％と高い値となる。そのため燃料電池は、熱機関と異なり常温付近でも高効率が得られるエネルギー変換システムとして期待される。

図3には水素燃料電池の理論効率と熱機関の理論効率であるカルノー効率を比較して示す。水素燃料電池は発熱反応であり、高温では理論変換効率は低下する。一方、熱機関の理論効率であるカルノー効率は高温ほど高くなり、700℃以上ではカルノー効率の方が高くなる。すなわち熱機関の方が高い効率となる。理論的には燃料電池は低温で有利、熱機関は高温で有利と言える。

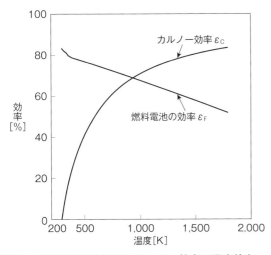

図3　燃料電池理論効率とカルノー効率の温度依存

燃料電池の種類

燃料電池は使用する燃料、内部の電解質の種類によって多くの種類があるが、発電用として使われる主なものとその特徴を**表1**に示す。

燃料としては水素のほか、炭素（木炭）、炭化水素、アルコールが利用できるはずだが、反応速度を十分に有するのは水素であり、これを主体に開発が進められている。メタノール、ジメチルエーテルまでが現状での利用範囲であるが、系統電力としての利用となると高い反応速度（電流値）が必要になる。

高い反応速度と、排熱が利用できる高温型燃料電池は、ガスタービンなどと組み合わせた複合発電に利用が可能である。特に溶融炭酸塩形燃料電池（MCFC）は、CO_2 濃縮機構（酸素極に供給した希薄 CO_2 を燃料極で濃厚 CO_2 として取り出す）を持つため、火力発電と組み合わせ、発生した CO_2 を濃縮回収できるという特徴を持っている[4]。

次には現在、実用化が進みつつある燃料電池である固体高分子形と固体酸化物形について示す。

実用化が進む燃料電池

1．固体高分子形燃料電池

固体高分子形燃料電池（PEFC）はイオン交換膜を電解質として利用するもので、当初は米国での宇宙開発の電源として開発されていた。初期は炭化水素系イオン交換膜であったので、劣化が早く、宇宙用にはアルカリ形が用いられることになる。その後、米国のデュポン社はフッ素樹脂系のナフィオンを開発したが、宇宙開発には用いられることはなかった。1986年頃、米国のダウ・ケミカルはナフィオンを改良したダウ膜を発表、電流密度が $3\,A/cm^2$ を超え、燃料電池の出力密度が大きくなることが分かった。

表1　燃料電池の種類と特徴

	固体酸化物形 （SOFC）	溶融炭酸塩形 （MCFC）	リン酸形 （PAFC）	固体高分子形 （PEFC）	アルカリ形 （AFC）
作動温度	600〜1,000℃	600〜700℃	160〜210℃	60〜80℃	50〜150℃
電解質	ZrO_2（Y_2O_3）	Li_2CO_3/K_2CO_3 Li_2CO_3/Na_2CO_3	濃厚リン酸 （H_3PO_4）	イオン交換膜	水酸化カリウム （KOH）
電荷担体	O^{2-}	CO_3^{2-}	H^+	H^+	OH^-
燃料 酸化剤	H_2、CO 空気	H_2、CO 空気	H_2 空気	H_2 空気	純水素 純酸素
電極材料	Ni LaNiOx	Ni NiO	Pt/C	Pt/C	Ni Ag
使用用途	・複合発電 ・分散型電源	・CO_2濃縮発電 ・分散型電源	分散型電源	・自動車用電源 ・分散型電源 ・家庭用電源	宇宙開発用電源

図4　筆者宅の燃料電池

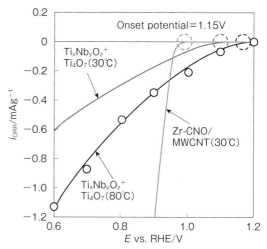

図5　酸化物触媒の酸素還元特性（0.1M H_2SO_4）

これをもとに GM、トヨタをはじめとする世界の自動車メーカーが燃料電池自動車開発にしのぎを削ることになる。

2014 年にトヨタが燃料電池車の販売を開始し、ホンダ、ドイツのダイムラー、韓国の現代自動車が追随する。乗用車だけでなくバス、トラック、さらには列車にも燃料電池は利用され始めている。

移動用だけでなく定置用としても実用化が進んでいる。筆者宅では 2005 年にエネファームの試験を開始し、家庭用の小型発電機として実用化に耐える性能と寿命を実証した（図4）。

2009 年に家庭用熱電併給システムとしての 1 kW の燃料電池システムのエネファームが販売を開始している。現在では約 30 万台が日本で稼働中である。熱と電気を合わせた総合熱効率は 80%（HHV）程度と理想に近い値を得ている。

最近では純水素を用いるものもつくられており、東京 2020 オリンピックの選手村、ないしは水素タウンで活用する計画である。

目下のところ定置用実用機は出力数 kW 以下であるが、100 kW から 1 MW クラスがテスト中である。小型分散型発電所への展開が期待されている。

現状の水素を燃料とする PEFC では、H^+ を輸送する固体高分子電解質膜の両側に、微細な Pt 触媒が担持された触媒層があり、炭素材料に担持された白金が利用されている。PEFC の特徴は NOx を排出せず、低温で理論効率が高いことにある。

一方で、大きな欠点は、電池の触媒に白金を利用していることである。白金は高価であり地球上の賦存量はわずかである。また、白金は酸素極（空気極）の触媒能も不十分である。水素を燃料として高効率

エネルギー変換を目指す場合、従来の内燃機関を超えには、燃料電池は 0.85 V 以上で運転することが必要であり、各種内部抵抗を削減して高電圧化することが必要である。

図5には我々が開発中の酸化チタン系電極触媒の酸素還元電位を示す[5]。酸素還元開始電位は、いずれも白金触媒より 0.1 V 以上高く、電圧の繰返し変動にも強い。実用化に向けた研究を進めている。この実用化ができれば高効率で資源制約のない安価な燃料電池システムが実現できるはずである。

2. 固体酸化物形燃料電池

酸化ジルコニウム（ZrO_2）は、19 世紀末に Nernst らによって酸素のイオン伝導体であることが見出された。すなわち金属酸化物の固体でありながらイオンが電気を運ぶことができ、電気化学システムの電解質の役目を担うことができる。1970 年代にはペロブスカイト型酸化物が水蒸気共存下で、条件により酸化物イオン伝導だけでなく、プロトン伝導も示すことが分かり、固体のイオン伝導体の領域、種類が大幅に拡大することになる[6]。

しかし、現状の実用化している固体酸化物形燃料電池（SOFC）では、電解質に安定化ジルコニアを用いるのが大半である。ここでは作動温度は 700℃～900℃と高温である。

我が国では 700 W 級の家庭用発電システムとして円筒平板型という特殊な電極構造を持ったものがエネファーム Type S として売られている。

やや大きな SOFC としては、200 kW 級の SOFC とマイクロガスタービンの複合発電システムが我が国で試験中である。また、大型データセンター用の

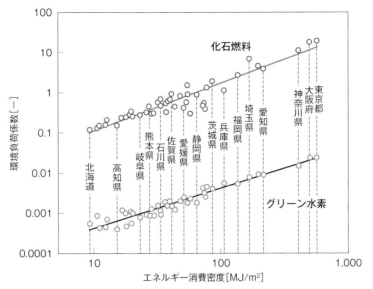

図6　エネルギー消費密度と環境負荷係数

電源としても SOFC が活用され始めている。

　これらでは SOFC の特性を生かしつつ、電源としての活用を図っている。しかし、現状のジルコニアを電解質とした水素酸素燃料電池システムでは作動温度は700℃を越えることになる。この温度域では燃料電池の理論効率は熱機関のカルノー効率を下回ることになる。系統電力のための高効率燃料電池を考えるなら、少なくとも400℃以下の燃料電池システムを考えるべきである。ここではプロトン伝導体を含む新規固体電解質材料の探索、あるいは溶融炭酸塩の活用が考えられる。

電力システムの要となる燃料電池

地球温暖化と電力システム

　我々人類は地球温暖化問題に苦しんでいる。大型台風、豪雨も増えている。何とかしなくてはならない。温暖化は化石エネルギー多消費による二酸化炭素の増大が原因である。ここで必要になるのは、系統電力を含めて、二酸化炭素放出のないエネルギーシステムの構築である。

　図6にはグリーン水素と化石エネルギーの環境への影響をエネルギー消費密度と環境負荷係数の関係として示す[7]。ここでは全てのエネルギーがグリーン水素を利用すると仮定している。

　図6よりグリーン水素システムの方が従来の化石燃料社会に比べて環境への影響が2桁以上小さいことが分かる。グリーン水素が地球温暖化対策に効果があることを定量的に示している。このグリーン水素は燃料電池システムを利用することにより、最も効率良く利用できるはずである。

　　　　◇　　　　　　◇　　　　　　◇

　これからの電力システムを考えると、太陽光、あるいは風力といった自然エネルギー、すなわち中規模あるいは小規模の分散型発電所が重要になると考えられる。ここでは貯蔵、輸送のことを考えるとグリーン水素エネルギーシステムがベストである。グリーン水素を用いる燃料電池システムをベースにしたエネルギーシステムが成立すれば、地球規模での人口増大が今より1桁大きくなっても、温暖化のない豊かな社会が築けるはずである。

◆参考文献◆
（1）C.F. Schoenbein：Philosophical Magazine, p.43, January, 1839
（2）W.R. Grove：Philosophical Magazine, p.129, February, 1839
（3）田丸節郎，落合和男：日本化学会誌，Vol.56, p.92, p.103, 1935
（4）宮内敏雄，上松宏吉，平田哲也，渡辺隆夫，谷本一美，宮崎義憲：エネルギー・資源，Vol.11, No.5, p.83, 1990
（5）K.Ota, K.Matsuzawa, N.Nagai, A.Ishihara, S.Mitsushima：ECS Trans., Vol.75, No.10, p.87, 2016
（6）岩原弘育，日比野高士，矢島保：日本化学会誌，No.9, p.1003, 1993
（7）K.Ota, S.Mitsushima, K.Matsuzawa, A.Ishihara："Advances in Hydrogen Production, Storage and Distribution," p.32, Woodhead publishing, UK, 2014

〈横浜国立大学　太田　健一郎〉

HVDC

電力を送る送電の方式には、交流送電（HVAC：High-Voltage Alternating Current）と、直流送電（HVDC：High-Voltage Direct Current）があり、一般的にHVACが適用されている。

近年、環境意識の高まりの中で、大容量の再生可能エネルギー（再エネ）設備が需要地の遠隔に建設されている。その送電に数百MWクラス以上のHVDCの建設が望まれている。本稿ではHVDCの背景、特徴と最新技術を説明する。

なお、HVDCという言葉は、数百V（380V等）の直流給電に使われる例もあるが、ここでは送電に限定して説明する。

交流か直流か

1. 送電の黎明期

人類最初の送電は、トーマス・エジソンが1882年にニューヨークで行った110VのDCであった。その後、変圧器、多相回路、誘導機などのHVAC関連の新技術が出現し、電源適地から需要地へ大容量電力を効率的に送電できるHVACが一般的に使われるようになった。HVACでは、高電圧化が容易で、大電力を低損失で長距離送電できる利点が特に大きい。

2. 交流と直流の大容量変換技術の実用化

HVAC系統が拡大・複雑化し、大容量電源適地が需要地からさらに遠隔化する中で、HVACの課題が出てきた。一方で、水銀バルブやサイリスタなど半導体の整流器が発明されて、交流と直流の電力変換器が実用化された。HVACの課題を解決する目的で、HVAC系統の一部にHVDCが適用されるようになった。

3. 再エネ電源の大容量・遠隔化

近年、環境対策として太陽光発電や風力発電など再エネ電源の導入が拡大している。再エネ電源は需要地から遠く、広大な設置エリアでも安価に利用できる立地に建設されることから、このような長距離送電へのHVDC適用が注目されてきている。

一方で、需要側では、効率や制御性の向上のために、電気を交流から直流に変換して利用している例が多い。また、太陽光発電のように直流で発電する電源も増加している。しかしながら、大電力送電を発電から消費まで直流で統一するという単純な考えにはならない。ただし、ローカルに蓄電池との組み合わせで直流グリッドを組むとメリットが出る場合はある。

HVDCの原理

図1にHVDCの原理を電池の記号で単純化して示す。電気を送る送電端の電圧と、電気を受ける受電端の電圧の差により電流が流れる。電流Iが1.2kAdcで、送電端電圧V_Rが125kVdcであれば、1.2kA × 125kV = 300MWの送電設備となる。送電端には交流から直流へ電力変換する順変換器（Rec.：Rectifier）を、受電端には直流を交流に電力変換する逆変換器（Inv.：Inverter）を適用し、直流電圧と電流を制御する。

図2にHVDCの基本的な制御機能を示す。交流系統Aから交流系統Bへ送電する有効電力を電力指令値（目標値）に制御する定電力制御（APR：Auto Power Regulator）があり、APRが出力する電流目標値に対してRec.端子の定電流制御（ACR：Auto Current Regulator）が電流を制御する。またInv.側は直流電圧を一定に制御する。Inv.で直流電圧を、

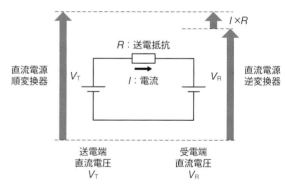

図1　HVDCの原理

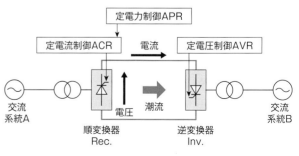

図2　HVDCの基本制御

Rec.で直流電流を制御することで安定な運転を行っている。自励式 HVDC では、Rec.で直流電圧を、Inv.で直流電流を制御する場合もある。

［ HVDC の特徴 ］

1．HVAC と比較した HVDC の特徴

HVDC には以下の特徴がある。

① 架空送電線では送電線の導体本数を少なく鉄塔高さを低くできるので、送電線建設費が安価。長距離架空送電で有利。

② 設備容量が送電線の対地静電容量（充電電流）による影響を受けない。長距離ケーブル送電で有利。

③ 送電線のインダクタンスが送電電力に影響しないので、HVAC ではある、安定度問題がない。長距離大容量送電で有利。

④ 交流系統間を非同期で連系できる。異周波数系統間も連系できる。

⑤ 高速・高精度に送電電力を制御できる。交流系の運用性向上に寄与できる。

さらに、自励式変換器の実用化により以下の特徴が新たに生まれた。

① 交流系統が全停（ブラックアウト）した場合に、HVDC 変換器で系統電圧を立ち上げるブラックスタート電源として使える。

② HVDC 変換器で無効電力制御や系統電圧制御を容易に行える。

③ 短絡容量が極めて小さな単独系統（例：洋上風力）との直流連系ができる。

上記の特徴により、長距離大容量送電、海底ケーブル送電、周波数変換、交流系統間連系に世界各国で HVDC が適用されている。直流送電線を持たない周波数変換設備を FC（Frequency Converter）、同周波数系統の非同期連系を BTB（Back To Back）

と呼ぶが、これらと送電線を持つ場合を総称して HVDC と言うことが多い。

他励式か自励式かの選択は HVDC の各計画で都度行い、決定している。

2．自励式 HVDC と MMC 変換器

他励式変換器ではスイッチングにサイリスタを用いるのに対して、自励式変換器では IEGT や IGBT など電流を自己消弧できる半導体を用いる。

大容量自励式変換器を適用した自励式 HVDC は 1990 年代に実用化されていたが、当時はパルス幅変調（PWM：Pulse Width Modulation）が適用されていたので運転損失が他励式に比較して大きく、実設備としての適用は限定的だった。その後、モジュラー・マルチレベル変換器（MMC：Modular Multilevel Converter）が開発され、スイッチングによる運転損失が低減された。

図３に示す DC/DC 変換器単位を多直列接続して MMC を構成する。各単位セルのコンデンサは充電されており、半導体のスイッチングでコンデンサを回路に直列接続またはバイパスする。

図４に、セルが３段の場合のスイッチングと出力電圧のイメージを示す。コンデンサを通過させる段数で出力電圧を制御できる。

図５に波形形成の例を示す。各段のセルのスイッ

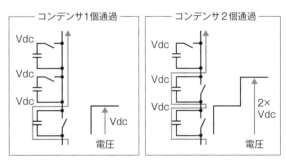

図４　直列セルのスイッチングと出力

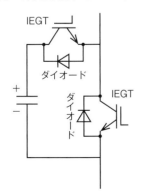

図３　MMC 変換器の単位セル

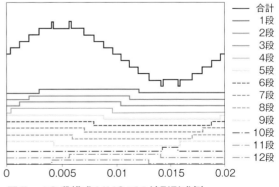

図５　12 段構成 MMC での波形形成例

チングでつくった矩形波を重ねることで合計波形を得る。12段のセルで構成したこの場合でも、正弦波にかなり近い波形をつくり出している。実際のHVDCでは直列段数がさらに多く、ほぼ完全な正弦波になる。

最新のHVDCプロジェクト

1．日本のHVDC

送電線があるHVDCとしては、ケーブルと架空送電線による海峡を挟んだ長距離送電として、北海道と本州を結ぶ北海道・本州間連系設備（以下：北本）、本州と四国を結ぶ紀伊水道直流連系設備がある。また、西の60Hz系統と東の50Hz系統間で電力を融通する佐久間周波数変換所、新信濃変電所、東清水変電所の3か所に周波数変換設備（FC）がある。潮流制御を目的とした同一周波数系統で非同期連系する南福光連系所（BTB）がある。

日本初の自励式MMC方式HVDCの新北本連系が2019年3月に最新設備として運転を開始した。

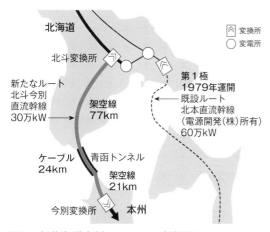

図6　新北海道本州HVDCの系統概要

図7　自励式MMC変換器の外観

図6に新北本の系統概要を示す[1]。

北海道電力の新北海道本州間連系設備（以下：新北本）は、北海道北斗市と青森県今別町を結ぶ300MWの自励式直流連系設備である。北海道・本州間は電源開発の他励式600MW双極構成である北本により既に直流連系されていたものの、電力安定供給の観点から新たに建設された連系設備が新北本である。新北本の直流送電線は青函トンネルの作業坑内に敷設された地中ケーブル区間24kmと架空線区間98kmで構成される。図7にMMC変換器の外観を示す。

新北本の両変換所は、他励式の変換所に必要な付帯設備であるACフィルタ、DCフィルタ、DCリアクトル、調相設備を必要とせず、また、変換所のACヤード、DCヤード共にGISを採用することで、変換所のコンパクト化を実現している。

運転上の特徴としては、自励式ゆえに可能な北海道系統のブラックスタート電源機能を具備している。

2．世界のHVDC

世界では、遠隔地の大容量電源から他励式での直流1,000kV送電や、洋上風力から自励式MMC方式での320kV送電などが建設され運転をしている。

日本の技術では初のDC500kVで初の海外HVDCでもあるイタリア－モンテネグロHVDC（MONITA）を以下に紹介する[2]。バルカン半島側で発電した再エネを主体とした電力をモンテネグロの変換所で直流に変換して約420kmの海底ケーブルを介してイタリアに送電し、同国で受電する際に他励式変換所で再び交流に変換して送電する設備である。定格容量は500MW×双極（±500kV/1,000A（過負荷1,200A））である。変換器

図8　MONITA向け他励式変換器の外観

ではサイリスタ素子複数個を直列接続している。欧州の耐震設計基準に経済的に対応する懸垂型（吊り下げ型）サイリスタバルブを日本製では初めて採用している。図8に変換器建屋内の写真を示す（本書の口絵も参照のこと）。口絵写真の下部中央に人が写っており、機器の大きさが理解できる。

制御・保護システムはステーションバスに関する国際標準 IEC 61850 に準拠した通信システムで相互に接続している。

最新の技術開発

遠隔地に分散している大規模な再エネ発電所を高信頼度で接続する集電網が各種構想されている。図9に2か所の洋上変換所から陸地への多端子 HVDC の構成例を示す。

各洋上風力発電機の出力電力は、洋上変換所に集められ交流から直流に変換される。直流送電線は各変換所から陸地へ向かうだけでなく、洋上変換所間にも設け、多端子 HVDC を構成する。洋上変換所 B から陸上変換所への送電ケーブルで故障があった場合に、この故障を高速に遮断（切り離し）することで別ルートの送電が可能になり、電力供給の信頼性

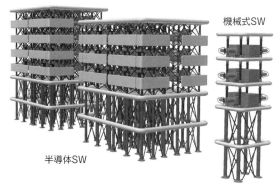

図11　320kV 直流遮断器のコンセプト図

を向上することができる。このためには直流の故障電流を遮断する新技術が必要となり、世界中で各種構成の直流遮断器の開発が行われている。

図10に直流遮断器の回路の例を示す[3]。半導体遮断部と機械式遮断部を組み合わせたハイブリッド方式である。通常運転時には、機械式断路部と機械式遮断部が導通状態になることで運転損失を低減する。送電線に故障が発生すると、半導体の転流回路を導通させて、コンデンサとリアクトルによる振動電流をつくり、機械式遮断部に電流の零点をつくって遮断させる。続いて機械式断路部を開路し、半導体遮断器を閉路する。これによって、直流故障電流の流路が機械式開閉器側から半導体遮断器に変わる。ここで半導体遮断器を開放することで直流電流を遮断する。

図11は定格電圧 DC 320kV の多端子 HVDC へ適用する直流遮断器のコンセプト図である。

◇　　　　◇　　　　◇

HVDC は再エネが増加した電力系統の高度化に必須な技術である。変換器の回路トポロジー、制御技術や適用先など発展する可能性も期待できる。

今後も HVAC が送電の主体ではあるが、AC 送電の課題を解決する HVDC の活躍の場は増加していくと考えている。

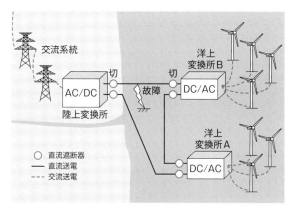

図9　洋上風力 HVDC の構成例

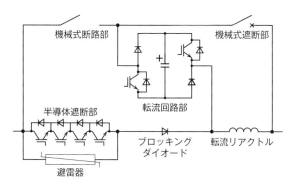

図10　ハイブリッド方式直流遮断器回路図

◆参考文献◆
（1）新井卓郎, 直井伸也, 鈴木大地ほか：新北海道本州間連系設備向けに適用した 250kV-300MW 自励式変換器の機能, 平成 31 年電気学会全国大会
（2）亀嶋孝佳ほか：懸垂型 HVDC サイリスタバルブの開発, 平成 28 年電気学会全国大会
（3）M.Nakai etc.：Low loss DC circuit breakers and DC GIS equipment, CIGRE 2020

〈東芝エネルギーシステムズ(株)　高木 喜久雄〉

ダイナミック
レーティング

［背景

近年の世界的な再生可能エネルギー（以下：再エネ）の急激な普及は、送配電システムにも大きな影響を与えつつある。特に系統受入制約が再エネ普及の大きな制約になっており（**図1**）、国内では地内系統強化や地域間連系線増設が進められている。

これまで送配電システムは、原発・火力・水力など大型発電所からの電力を隅々の需要家まで行き渡らせることを主目的に構築されてきた。しかし、分散電源である再エネの普及と主力電源化により、再エネの電力を需要家に送り届けるために、送配電システムの姿も変化する必要がある。

しかしながら、基幹系統強化のための長距離線路の建設には、許認可や用地確保も含め10年単位の長い期間を要し、その建設コストは一般負担などで電気料金の上昇に繋がるという課題がある。また、架空送電線の架線工や地中送電の接続工など施工人員は、高度経済成長期をピークに、近年は高齢化に伴うベテラン引退や若手人員不足による施工人員減少が課題となっている。限られた施工人員で既存系統の保守や改修への対応も行わざるを得ず、人的な課題から大規模かつ迅速な送電網構築は実現が難しいという面もある。

その解決策として、ダイナミックレーティング（Dynamic Rating）に注目が集まっている。従来は、

夏季・冬季において代表的な最悪気象条件（気温、風速、日射等）で運用可能な送電容量が、年間送電容量として規定されてきた（スタティックレーティング）。しかし、実際には気温低下や曇天・夜間・風雨による送電線の冷却で、多くの時間帯で余力を残した状態で運用されているのが実態と考えられる。ダイナミックレーティングとは、この点に着目し、周囲環境による送電線温度に応じ動的に送電容量を変化させることで、系統を柔軟かつ最大限活用しようという運用思想である。

［原理

ダイナミックレーティングの原理は、比較的単純である。送電線の導体温度をリアルタイムで測定もしくは推定し、その時々に応じて送電設備の許容温度内にて送電容量を最大化することである（**図2**）。従来のスタティックレーティングでは、最悪条件の送電容量100%を年間一定と規定するのに対し、ダイナミックレーティングでは、天候など周囲環境に応じ送電容量を規定するため、多くの時間で100%以上に送電容量を増やすことが可能となる（**図3**）。

特に架空線では、風により導体が冷やされるため、強風時に発電量が増加する風力発電と相性が良い。また、地中・海底ケーブルでは、土壌の放熱や熱容量が期待できることから温度上昇が緩慢なため、再

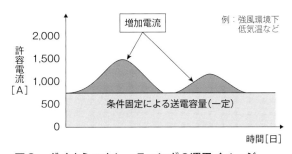

図2　ダイナミックレーティングの運用イメージ

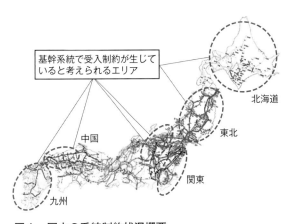

図1　国内の系統制約状況概要

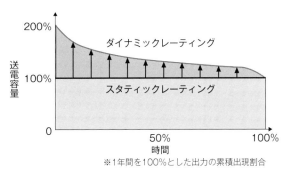

図3　ダイナミックレーティング効果の概念図

エネ出力変動の一時的ピーク電力受入も可能である。送配電網の稼働率を引き上げる有効な手段となる。

技術動向と実例調査

1．海外での先行実例

ダイナミックレーティングは、1990年代初頭より欧米で試みられてきた。その後、再エネ比率の高まりで現在の日本と同じく系統受入問題に直面し、まず架空線で解決策としてダイナミックレーティングを実用化し、現在欧米では一般的な技術となっている。その方式も気象予報のみで送電容量を予測する簡易な「気象レーティング（風速、日射、気温）」と、センサーで導体温度を把握することでより高精度かつ増容量が可能な本格的な「ダイナミックレーティング」に分類される（表1）。

再エネの導入が進むドイツでは、2000年代に各送電会社が気象レーティングを導入し、送電容量最大50％向上や、北部の強風地域での効果が高く、ボトルネック解消にも有効と報告されている（表2）。

ドイツ連邦送電網開発プランでは、既存送電網の「最適化」「強化（増容量、回線増）」「新設」という3段階のうち、ダイナミックレーティングを最初の「最適化」技術と位置づけている。既存送電網のキャパを最大限に生かし、次に電線を耐熱タイプに交換するなどして「強化」し、最後に「新設」するという順番

表1　送配電線の運用方式

方式	最大容量の既定	効果
スタティックレーティング	最悪条件温度（従来方式）	—
気象レーティング	気象情報（センサーなし）	○
ダイナミックレーティング	電線温度（センサーあり）	◎

表2　ドイツでの導入事例

送電会社	内容
E.ON	110kV送電線でフィールドテスト、最大電流量の50％増加に成功。110、220、380kV送電網でも実施
TenneT	220kV/380kV送電網900kmと変電所20か所に導入。全稼働時間の約80％で通常の120％の通電運用成功
50Hertz/TenneT	相互融通ボトルネック56kmに導入。2,500Aの送電能力を20％増大。さらに耐熱電線増強で3,600A送電成功

である。一方、2014年ドイツ連邦経済省の報告書「技術概要：ドイツ最高圧電力網技術と枠組条件 "Das deutsche Höchstspannungsnetz：Technologien und Rahmenbedingunen."」では、ダイナミックレーティングによる送電網の新設抑止効果の限界についても言及されている。ドイツでは、さらなる再エネ増加に対応するためドイツ南北を縦断する直流地中送電系統の新設に着手しており、まずダイナミックレーティングで早期に再エネ受入対応しつつ、並行して建設に時間の必要な基幹送電線の準備を進めるという、系統計画が上手く機能した好例と言える（図4）。

また、その後に欧米では、気象条件だけでなくセンサーを活用し、最大限の効果を期待する本格的なダイナミックレーティングが普及し、多くの送電会社が採用している。伊Terna、白Elia、独50Hz、英National Grid、米Amereonなど枚挙にいとまがない。一般的に架空基幹送電線は数GWクラスの送電容量を持ち、相応の大規模な再エネ受入容量拡大が図れることとなる。世界中でどの程度普及しているかの正確な把握は困難であるが、各社の導入事例情報から数百線路に適用されていると想定される。このように欧米の送電会社では、架空ダイナミックレーティングが急速に普及しつつある。

2．架空送電線での実用例

架空送電でのダイナミックレーティング用センサーの測定原理は、温度上昇時の電線弛度増加による電線張力低下をロードセルで力学的に測定し温度に換算する方法、同じく弛度増加による張力低下を振動センサーにより固有振動数低下として測定する手法、電線中央にセンサーを取り付け、超音波で地表

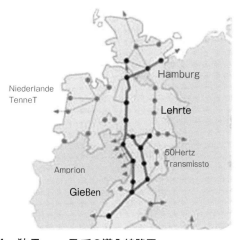

図4　独TenneTでの導入線路図

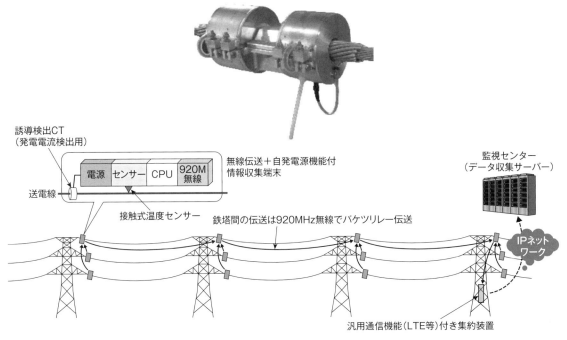

図5　国産の架空 DLR センサー例

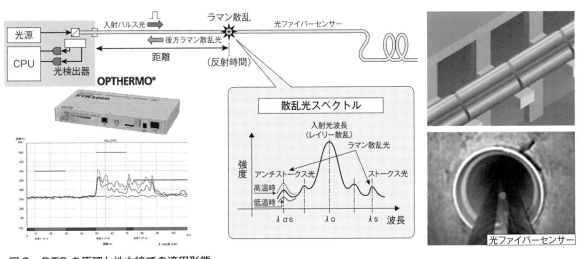

図6　DTS の原理と地中線での適用形態

までの距離（弛度）を測定する手法、電線に直接温度センサーを取り付ける方法などがある。その運用については「CIGRE WG B2.59 Forecasting Dynamic Line Rating」などで議論が進んでいる。

　国内でもこの分野において住友電工が開発を進め、現在は第2世代となる「架空 DLR センサー」の開発を完了している（**図5**）。架空線では高電圧の導体に取り付けることから地上からの電源供給が困難であり、バッテリ駆動では定期交換が必要になるため、導体の通電電流による誘導給電により電源を供

給する。また、マルチホップ通信により各センサーの情報をバケツリレー式に伝送することで、通信キャリアの電波が届きにくい山間部等でも情報伝達が可能である。送電線に直接温度センサーを取り付けることで、高精度の温度測定が可能である。

3．地中および海底ケーブルでの実用例

　ケーブルにおいても、再エネの送電が主目的の地中ケーブルや海底ケーブルでダイナミックレーティングの適用検討が進められている。ケーブルでは、内蔵もしくは並行布設された光ファイバーを使い、

その光学的な特性を活用した Distributed Temperature Sensing（以下：DTS）と呼ばれる全長温度分布測定技術が確立されている。光ファイバーの片端からレーザーパルス光を入射し、ファイバー中に発生するラマン散乱光やブリルアン散乱光成分が温度に応じて増減する特性を活かし、全長の温度プロファイルを得る手法で、数十 km 程度まで測定可能である（**図6**）。ケーブルは導体周囲に絶縁体等があり、直接導体の温度を測定することはできないため、表面温度を測定し、ケーブル断面の等価熱回路を逐次計算することにより導体温度を正確に算出する。変動再エネ電源に対して、これまで連系線では負荷率100％の設計をすることが前提であった。

しかし近年、地中線や海底線においても、DLRを利用して可能な限り稼働率を上げて投資効率の高い風力向け送電線へのアプローチが活発化している。CIGRE では「TB756 Thermal monitoring of cable circuits and grid operators' use of dynamic rating systems」や、「WG B1-67 Loading pattern on cables connected to windfarms」など活発な議論が行われている。

DTS は、国内においても住友電工が商品名「オーピサーモ」を約30年前に開発し、国内外で多くの納入実績を有している。その多くはケーブル温度監視用であるが、国内外ではダイナミックレーティングへの適用検討も進められている。

運用と課題

これまで述べてきた通り、ダイナミックレーティングを適用することで、既に容量制約が発生している送配電網からさらなる再エネ連系容量を生み出すことが可能となる。現在、広域機関で推進されている「想定潮流の合理化」「N-1電制」「ノンファーム型接続」といった新たな概念・手法は、本質的にダイナミックレーティングに近いもので相性が良い。現在国内での本格導入は未だであるが、今後導入が進むことで再エネ受入拡大が期待される。

一方、その課題は、送配電会社でダイナミックな送電容量の運用をしなければならないことである。また、その効果的運用には、現時点の許容送電容量だけではなく、数時間先までの送電許容容量を予測するシステム開発も必要となる。さらに許容温度内とはいえ、従来より平均運用温度が上昇することに

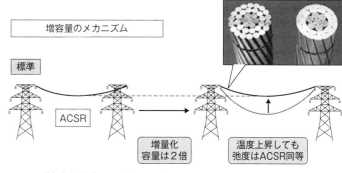

図7　低弛度増容量電線の一例

よる電線や各部品の寿命等に及ぼす影響にも慎重な配慮が必要であることは言うまでもない。これら課題は各送配電会社で順次解決が図られ、今後海外でのさらなる普及は勿論、国内での採用も増えていくものと想定される。

また、ドイツエネルギー庁 DENA と送電事業者4社のレポート、「ネットワーク分析 II。2015年から2025年までの再生可能エネルギーのドイツ電力供給へのインテグレーション 2025年への展望 "dena-Netzstudie II-Integration erneuerbarer Energien in die deutsche Stromversorgung im Zeitraum 2015-2020 mit Ausblick 2025"」の中で、ダイナミックレーティングと耐熱電線の組み合わせが記載されている。住友電工が開発したインバー電線・ギャップ電線等の低弛度増容量電線は、通常のACSR に対して耐熱性を上げながら弛度を抑えることで、既設線路の鉄塔のまま電線張替のみで送電容量を2倍にできる技術・製品である（**図7**）。この増容量電線とダイナミックレーティングを組み合わせることで、大きな投資を抑えつつボトルネックとなる区間の送電容量を増強し、さらなる送電容量の拡大も可能と考えられる。

将来展望

今後、世界的なさらなる再生可能エネルギー拡大が想定される中で、送配電システムも大きく変わっていくと考えられ、日本でもダイナミックレーティングへの試みがなされつつある。欧米の歩みを振り返れば、今後既設線路のダイナミックレーティングによる最適化や、増容量電線の適用による送電容量増大に加え、さらなる再エネ拡大に向けた架空・海底・地中線路の新設による「送配電ベストミックス」の実現が図られていくものと考えられる。

〈住友電気工業㈱　真山　修二〉

アクティブ配電網

背景

電力会社の重要な使命の1つに適正電圧の維持がある。近年、太陽光発電設備（以下：PV）の大量連系に伴い、配電系統を取り巻く環境が大きく変化し、従来の電圧調整手法では適正範囲に電圧を維持することが困難となってきた。この課題解決のため、各電力会社において、配電系統の高度化の取り組みが進められている。その取り組みの1つが、配電線路に設置したセンサーの計測情報に基づき能動的に電圧調整を図る配電系統のアクティブ化である。

本稿では、PV大量連系時における従来の電圧調整手法の課題を整理し、アクティブ配電網の概要を説明する。

維持すべき供給電圧

電力系統の電圧は、需要家の負荷変動やPVの出力変動などにより時々刻々と変化する。特に配電系統では、配電用変電所から高圧配電線の末端まで需要家が広く分布しており、各需要家の電気の使い方が季節や時間によって変わるだけでなく、PVの出力も天候によって大きく変動するため、需要家の供給電圧を一定に保つことはできない。

一方で、供給電圧の変動幅が大きくなり過ぎると、需要家の機器への悪影響が懸念される。そのため、電気事業法施行規則第38条において、電力会社は供給電圧を**表1**に示す範囲に維持するよう義務づけられている。

表1　維持すべき電圧の値

標準電圧	維持すべき値※
100 V	101 ± 6 V を超えない値
200 V	202 ± 20V を超えない値

※供給電圧の中心値が101V・202Vの理由

1942年7月に当時の逓信省電気局の通牒が出され、そこで電灯用屋内配線における電圧降下が、学校やその他特殊家屋を除いて平均1Vであることから、引込口の電圧は標準電圧100Vに1Vを加えた101V、電動機用屋内配線の電圧降下の平均値2.6Vを2Vとみなし、標準電圧200Vに2Vを加えた202Vを中心に定めたことが経緯となっている。

配電線路の電圧管理手法

電力会社における具体的な電圧管理手法を簡単にイメージしてもらうため、配電線路にPVが連系されていない場合を仮定して説明する。

配電用変電所から送り出された電気は、高圧配電線、柱上変圧器、低圧配電線、引込線を通って、それぞれの需要家に送られる（**図1**）。

この時、当然のことながら、高圧配電線、柱上変圧器、低圧配電線、引込線のそれぞれで電圧降下が発生する。そのため配電線路では、高圧側（高圧配電線および柱上変圧器）と低圧側（低圧配電線および引込線）の各部分における電圧降下の限度値を定め、各部分の電圧降下が、その限度値を超えないように管理する。

例えば、標準電圧100Vに対しては、電圧管理幅が12Vあるため、高圧側の電圧降下の限度値を6V（100V換算値）、低圧側の電圧降下の限度値を6Vと定めて管理する方法がとられている。このように管理すれば、電圧降下は最大でも12Vであるため、配電用変電所の送出電圧を107V（100V換算値）にした場合、需要家へ供給される電圧は最低でも95Vとなり、維持すべき電圧の範囲内に収めることができる。

なお、高圧側と低圧側のそれぞれの限度値の分担は、各電力会社で異なると共に、同一電力会社内においても地域（都市部・郡部）などによって異なる値で管理している場合がある。

配電線路の電圧調整器

需要家の供給電圧を表1に示す範囲に維持するために、配電用変電所および高圧配電線に設置する電圧調整器について説明する（**図2**）。

1．配電用変電所の電圧調整器

配電用変電所には、負荷時電圧調整器（Load

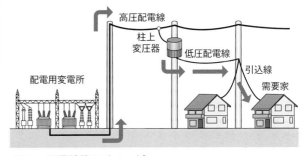

図1　配電線路のイメージ

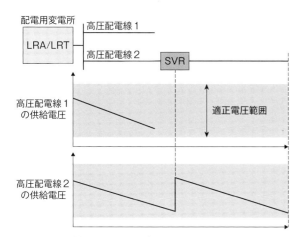

図2　配電線路のイメージ

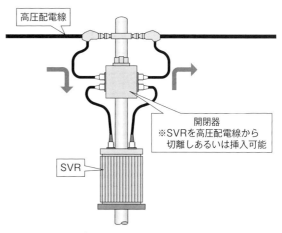

開閉器
※SVRを高圧配電線から
切離しあるいは挿入可能

SVR

図3　ステップ式自動電圧調整器（SVR）

Ratio Adjuster、以下：LRA）や負荷時タップ切換変圧器（Load Ratio control Transformer、以下：LRT）などの電圧調整器が設置され、複数の高圧配電線の送出電圧を母線で一括で調整する。

2．高圧配電線の電圧調整器

　高圧配電線の電圧降下（あるいは電圧上昇）が大きい場合、配電用変電所の電圧調整器のみでは需要家の供給電圧を適正に維持することが困難な高圧配電線も存在する。このような場合、高圧配電線にステップ式自動電圧調整器（Step Voltage Regulator、以下：SVR）（図3）を設置して電圧調整を行う。SVRは保守点検時などにおいて容易に高圧配電線から切り離し、あるいは挿入ができるように開閉器と組み合わせて設置される。

従来の電圧調整の課題

1．電圧・電流分布の推定

　高圧配電線の電流分布は、配電用変電所引出口で計測した電流を需要家の契約容量で按分するなどの方法で推定していた。また、電圧分布は、この電流分布と高圧配電線のインピーダンスなどを用いて推定していた。

　しかし、配電線路にPVが大量に連系され、PVから配電線路に向かって電流が流れると、従来の手法では高圧配電線の電圧・電流分布を推定することが困難となる。さらにPVの出力変動により時々刻々と電圧・電流分布が変化するため、高圧配電線の複数箇所で電圧と電流を監視し、リアルタイムに実測値で把握する必要が出てきた。

2．電圧調整器の設定変更

　高圧配電線の電流は、配電用変電所から高圧配電

線の末端に向かって流れ、電圧は末端ほど低くなっていた。そのため、ピーク負荷時とオフピーク負荷時の電流分布から最大電圧降下と最小電圧降下を推定し、どちらの場合でも供給電圧が適正範囲に収まるよう配電用変電所のLRAやLRTおよび高圧配電線に設置するSVRなどの電圧調整器の目標電圧などを現地に出向して設定していた。

　しかし、配電線路にPVが大量に連系されると、PVの出力変動により時々刻々と電圧・電流分布が変化するため、電圧調整器の目標電圧などの設定変更は、遠隔でタイムリーに行う必要が出てきた。

アクティブ配電網の構成機器・システム

　前述した課題を解決するために必要となる代表的な機器・システムを説明する。

1．センサー内蔵自動開閉器

　配電線事故時における健全区間への早期送電などを目的に設置されてきた従来の自動開閉器は、遠隔での開閉操作と開閉状態の監視のみが可能であった。しかし、センサー内蔵自動開閉器（図4）は、高圧配電線の電圧値と電流値などを計測するセンサーを内蔵し、専用の子局と組み合わせることで、遠隔で高圧配電線の電圧値と電流値などをリアルタイムに監視ができる。これによりセンサー内蔵自動開閉器の設置箇所における高圧配電線の電圧値と電流値などをリアルタイムに実測値で把握できる。

2．スマートメーター

　スマートメーター（図5）とは30分単位で需要家の消費電力量やPVの発電電力量を計量し、その記録を自動伝送する通信機能を持つ計量器である。こ

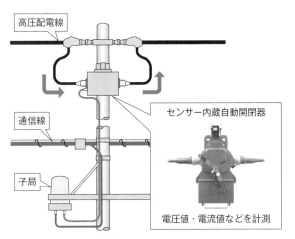

図4　センサー内蔵自動開閉器

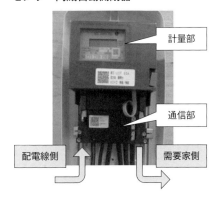

図5　スマートメーター

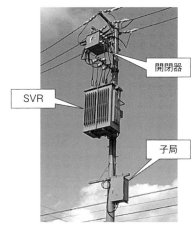

図6　電圧調整器（遠隔制御対応）

のスマートメーターの計量値を統合することで配電用変電所から高圧配電線の末端までの全ての地点の電圧値と電流値を推定する。

3．電圧調整器（遠隔制御対応）

従来の電圧調整器の目標電圧などは、現地に出向して設定していた。しかし、アクティブ配電網では、電圧調整器と専用の子局と組み合わせることで、遠隔で目標電圧などの設定が可能となる（図6）。

なお、高圧配電線において、一般的に使用されるSVR は、タップを切り替えることにより一次側と二次側の巻線比を変えて電圧を制御する。しかし、数～数十秒程度の動作時限をもってタップを切り替えるため、急峻な電圧変動には追従ができない。そのため、PV の連系量が多く、急峻な電圧変動への追従が必要な配電線路には、高速にタップを切り替えることが可能なサイリスタ式自動電圧調整器（Thyristor Voltage Regulator、以下：TVR）を設置する。

4．監視・制御システム

従来の配電自動化システムといった配電系統の監視・制御システムは、自動開閉器の遠隔での開閉制御と開閉状態の監視機能のみを有していたが、アクティブ配電網では、センサー内蔵自動開閉器で計測した電圧値・電流値やスマートメーターの計量値から高圧配電線の電圧・電流分布を推定する機能に加え、電圧調整器の目標電圧などを決定し、遠隔で設定する機能を有する。

4.1　電圧・電流分布推定機能

センサー内蔵自動開閉器で計測した高圧配電線の電圧値と電流値、およびスマートメーターの計量値を統合し、高圧配電線の電圧・電流分布を推定する。

4.2　電圧制御機能

電圧・電流分布推定結果をもとに需要家への供給電圧が適正範囲に収まるように、電圧調整器の目標電圧あるいはタップなどを決定し、遠隔で設定・制御する。

［アクティブ配電網の具体例

ここでは中部電力パワーグリッド（株）で構築しているアクティブ配電網（図7）の概要を説明する。

1．構成機器・システム

配電用変電所には、遠隔制御対応の LRT、配電線路には、遠隔制御対応の SVR・TVR に加え、センサー内蔵自動開閉器やスマートメーターといった計測・計量機器が設置されている。また、これらの機器を監視・制御するシステムで構成される。

2．電圧・電流分布の推定

センサー内蔵自動開閉器で計測した電圧値・電流値とスマートメーターの計量値は、監視・制御システムに収集される。監視・制御システムは、センサー内蔵自動開閉器で計測した電流値を基に自動開閉

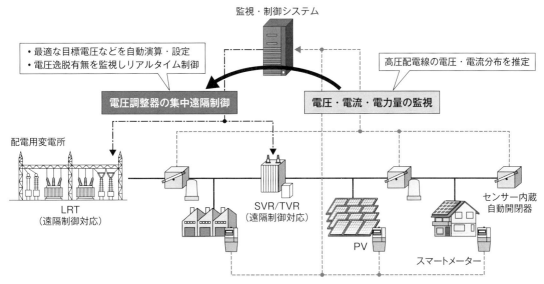

監視・制御システム

・最適な目標電圧などを自動演算・設定
・電圧逸脱有無を監視しリアルタイム制御

高圧配電線の電圧・電流分布を推定

電圧調整器の集中遠隔制御

電圧・電流・電力量の監視

配電用変電所

LRT
（遠隔制御対応）

SVR/TVR
（遠隔制御対応）

PV

スマートメーター

センサー内蔵
自動開閉器

図7　中部電力パワーグリッド（株）におけるアクティブ配電網

器で囲まれた区間電流を決定する。この区間電流をスマートメーターの計量値で按分し、区間内の詳細な電流分布を推定する。さらに、この電流分布に高圧配電線の線路インピーダンスを乗じて電圧分布を推定する。

3．電圧調整器の目標電圧の遠隔設定

3.1　目標電圧などの自動演算・設定

監視・制御システムは、1日を48断面（30分単位）に分けて、過去数日分の高圧配電線の電圧・電流分布を推定し、各断面で供給電圧が適正範囲を逸脱しないように目標電圧などを一定周期で自動演算する。この演算した目標電圧などを、通信ネットワークを介して電圧調整器に伝送し、遠隔設定する。

3.2　リアルタイム制御

センサー内蔵自動開閉器は、1分間隔で高圧配電線の電圧値をリアルタイムで監視しており、供給電圧が適正範囲を逸脱したことを検出した際には、電圧調整器の目標電圧などをすみやかに変更する。

このように供給電圧が適正範囲を逸脱した場合のみリアルタイム制御することで、通信ネットワークの負荷の軽減を図っている。

将来展望

現状のアクティブ配電網は、LRTやSVRなどの電圧調整器を協調制御することで配電線全体の電圧を適正範囲に維持している。

今後は、蓄電池の導入拡大が予想され、PVと蓄電池を統合的に制御し、配電線路の潮流や電圧を最適に調整する手法の開発に期待が集まっている。

1．蓄電池制御

近年、インバータや蓄電池の価格が低下し、配電線路への蓄電池の導入が期待されている。蓄電池は応答性に優れ、インバータの定格容量の範囲内で有効電力と無効電力を連続的に制御できる利点があることから、配電線路の潮流・電圧制御をさらに高度化できる可能性がある。

2．分散型エネルギー源の統合制御

需要家が設置するPVや蓄電池が持つ調整力の活用により、系統運転や設備形成の合理化を図る取り組みも進んでいる。

具体的には、配電事業者による分散型電源の出力制御や第三者（アグリゲーター）が統合制御するPVや蓄電池群の調整力を活用した系統混雑や設備拡充の回避などが考えられる。

以上で紹介したような技術革新や環境変化に合わせ、今後もアクティブ配電網のさらなる高度化が期待される。

◆参考文献◆
（1）電気学会：電気工学ハンドブック（第7版），オーム社，2013
（2）関根泰次：配電技術総合マニュアル，オーム社，1991
（3）欧州における再エネ大量導入化の配電系統設備形成の動向と課題，電力中央研究所，研究資料 NO.Y18508

〈中部電力パワーグリッド（株）　彦山 和久〉

非接触給電

ワイヤレス給電は電源ケーブルを不要にすることで多くの貢献を多方面に行える。本稿では最初にワイヤレス給電の分類を紹介した上で、電気自動車に着目して紹介する。技術的に求められる事柄は停車中と走行中では異なるので各々について紹介し、最後に再生可能エネルギーと電力系統との連系について紹介する。

ワイヤレス電力伝送の分類

2007年に発表された磁界共振結合（磁界共鳴）のインパクトは大きく、ワイヤレス電力伝送（WPT：Wireless Power Transfer）の分類もその時点で大きく見直された。直径60cmのコイルを使い、1mの距離で効率約90％であり、従来の電磁誘導型のコイルを使った特徴や性能とは著しく異なっており、現象解明に10年以上の年月が掛かることとな

図1　電磁誘導現象と共振現象を上手く利用した磁界共振結合方式による電球点灯実験

ワイヤレス電力伝送（2007年以前）		
電磁誘導	マイクロ波電力伝送	レーザー電力伝送

ワイヤレス電力伝送（2007年以降）			
電磁誘導	磁界共振結合（＝磁界共鳴）	マイクロ波電力伝送	レーザー電力伝送

ワイヤレス電力伝送（2015年頃より）			
磁界結合（＝電磁誘導）	電界結合（＝変位電流）	マイクロ波電力伝送	レーザー電力伝送
磁界共振結合（＝磁界共鳴）	電界共振結合（＝電界共鳴）		

図2　ワイヤレス電力伝送の分類の推移 [1]

った。従来の電磁誘導型のコイルはコイル直径の1/10くらいの距離の電力伝送しかできておらず、直径60cmのコイルであれば、6cm程度の距離までの電力伝送であった。図1は筆者が行った実験の様子である。この実験写真からも大きなエアギャップが見てとれる。

このような状況であったため、2007年当時の分類としては、電磁誘導、マイクロ波電力伝送、レーザー電力伝送の3種類に磁界共振結合が加わることになった（図2）。その後の研究で体系立った分類が可能となった。体系的に分類すると次のようになる。まず、ワイヤレス電力伝送は結合型と放射型に大きく分けられ、結合型に電磁誘導現象である磁界結合と、変位電流を利用した電界結合がある。さらに共振条件を上手く行うことで、大きなエアギャップで高効率かつ大電力を実現できる磁界共振結合や電界共振結合となる。そして、放射型としてはマイクロ波電力伝送とレーザー電力伝送となる（図3）。

磁界結合と電界結合は双対の関係にあり、ほぼ同等の特性を有するが磁界は渦電流損を発生し、電界は誘電体損を発生することや、磁界結合では大きなインダクタンスはつくりやすい一方、電界結合ではキャパシタンスは大きくできないなどの物理的かつ現実的な制約によって使い分けされる。また、動作周波数は磁界結合の方が容易に低くできることもあり、磁界結合の研究が進んでいる。ここでは磁界共振結合に注目して述べる。

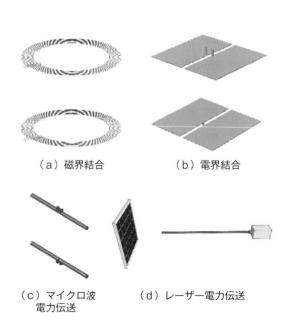

（a）磁界結合　　　　（b）電界結合

（c）マイクロ波電力伝送　　（d）レーザー電力伝送

図3　ワイヤレス電力伝送4方式

停車中ワイヤレス充電

停車中充電 EV の互換性

　EV へのワイヤレス充電は停車中向けとして、SAE、IEC、ISO で議論されている。その中でも先行している SAE について述べる。2020 年 10 月に SAE から J2954 の規格が発表された。周波数は 79 ～ 90 kHz である。電力に関しては WPT 1、2、3 というカテゴリーが記載されており、3.7 kVA、7.7 kVA、11.1 kVA である。高さ方向のカテゴリー Z1、2、3 も送電側と受電側各々規定されている。効率は位置ずれなし時に 85 % 以上、位置ずれ時には最低でも 80 % 以上である。規格化の一番の目的は、送電側と受電側装置がどのような組み合わせでもしっかり充電できることを担保することである。組み合わせを考えただけでも多数ある中で、送電側と受電側をつくる企業は沢山あり、それらの互換性を担保する必要がある。

　評価項目として、効率、電力、位置ずれ、位相、インバータ定格電圧、インバータ定格電流、定格コイル電流、周波数範囲、負荷の電圧の範囲、結合係数の変動も踏まえて評価するが、これらを可視化されたマップを使用し判別することが可能となる。

　図4では電力制約を示している。

走行中ワイヤレス充電

1．走行中充電は必要か

　Global EV Outlook 2019 では、EV が 2030 年には年間 2,300 ～ 4,300 万台、累計販売台数では 1 億

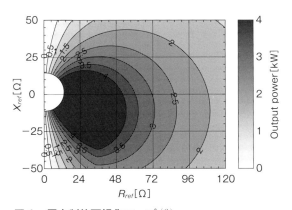

図4　電力制約可視化マップ[2]

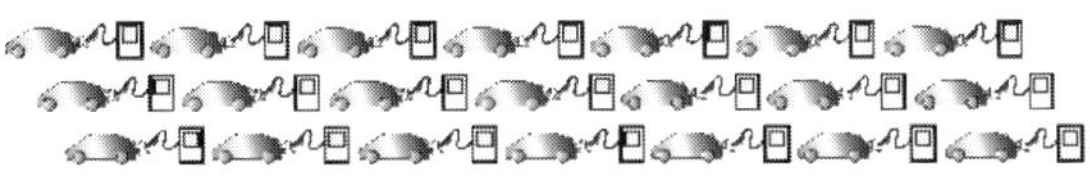

図5　急速充電であふれかえる EV

3,000 ～ 2 億 5,000 万台に達するとの予測が出されている。EV 30@30 の目標では、2030 年までに新車の販売の 30 % を EV にするというビジョンが打ち出されており、日本を含む 11 か国が参加している。これら EV 政策や予測通りに普及すると、どうなるであろうか。例えば、国民の所有する車の 10 % が EV になったとすると、サービスエリアでは平均すると 365 日 24 時間常時 30 台が 50 kW の急速充電をしないと賄いきれないという試算が出ている[3]（**図5**）。EV の普及率はさらに上を期待されている中で、このような問題は後回しにされている。

　短い航続距離の問題を解決するため、大型の電池を積むという道筋、リチウムイオン電池を超える革新的な大容量の電池の開発の道筋が示されている。しかし、バッテリは高価であり、これ以上 EV の価格を上げるのは普及の観点からすると好ましくない。電池に必要なコバルトを考えると全ての車が EV になると銅とニッケルの副産物として微量にとれるコバルトは年間生産量に追いつかない。

　そこで、走行中ワイヤレス充電（DWPT：Dynamic WPT）の出番ということになる。走行給電路のコスト試算もされているが、工事費やコイルなどの装置代で、走行給電路 1 km 当たり 1 億円程度掛かる。1 つ当たりのコイルの供給電力によるが、1 つの区間の 1/10 ～ 1/2 くらいに導入すれば、EV の走行中給電に必要な電力を賄える。1/10 くらいの区間に走行中給電システムを導入する場合、東京～大阪間 500 km の往復は 1,000 km なので、走行給電路の距離は 100 km となり、約 100 億円掛かる計算になる。高速道路は日本に 8,775.7 km あるが、往復 17,551.4 km の 1/10 の 1,755 km、つまり、1,755 億円になる。さらに、その中で長距離移動が必要な箇所に設ければさらにコストは下がる。また、徐々に延ばしていけば導入時のハードルは減る。2,000 億円弱で走行給電路の骨格ができあがることを考えると、社会全体のトータルコストとしては悪くないと思われる。ちなみに、送電コイル自体がセンサの役割を担うので、走行給電路では、センサレスで自動運転もできてしまう。IEC では走行中ワイヤレス給電の国際標準化の動きも始まっており、2019 年から議論が始まっている。

2．低コストコイル

　走行中給電システムの全コストの約 1/4 はコイル代なので、コイル 1 個当たりのコストをわずかでも安くできれば、そのインパクトは大きい。低コス

トコイルとしては、フェライトレスかつコンデンサレスコイルと呼ばれるオープン型コイルに注目が集まっている（**図6**）。送電パッドはコイルとフェライトとコンデンサで構成されるが、そのうちの2要素を削除することができる。コストは少なく見積もっても従来品の1/4になる。オープン型コイルはMHz帯では製作が容易である一方、ショート型では抵抗値が高くなる傾向があり、実現は無理とされていた。しかしながら、抵抗値を下げることに成功し、kHz帯と同様に高Qのオープン型コイルの開発に成功した。このコイルの電気的かつ機械的特性の評価を行い、効率95.4%、換算値として最大電力10.9kW、機械的特性としては、道路に埋めて約4年は耐えられるという結果を得られている（**図7**）。電気的特性を優先したつくりをしているので、機械的特性はそれほど期待できないにもかかわらず良い結果を得られている。実際には10～15年の耐久性を求められている。そのため、機械的特性を向上した上での電気的特性との両立が必要である。

3．走行中給電の技術

走行中給電ではあっという間に送電コイルの上を車が通過してしまう。この間にDWPTを行う際に、どのような技術が必要かについて述べる。給電時間は送電コイルサイズに依存するが、例えば、送電コイルサイズとして1mとする。走行中給電の場合、停車中給電と違い、無線通信をベースにした制御を行うことは現実的には難しい。例えば、時速

図6　フェライトレスかつコンデンサレスコイル

（a）コイル設置　　（b）アスファルト撒き
図7　コイル埋設工事

100kmで送電コイル1mの上を通過すると0.036秒しかない（**図8**）。この36msという時間において、送電側は検出をして電力を送る必要がある。そして、受電側は電力が来たことを判断し、最大効率になるように制御を行う。その後、車が過ぎ去った後に送電側は電力をOFFしないといけない。これらを無線通信ベースで行うと、制御が間に合わない。ETC通過時の速度が20km/hに抑えられていることを思い出していただけると難しさをご理解いただけると思う。よって、送電側と受電側では独立した制御が必要になる。

そこで、ここではDouble LCLという回路を用いる新しい方法を紹介する。送電側と受電側にコイルのLとコンデンサのCを加える回路である。これにより、車が存在しない時のインピーダンスが大きくなり大電流が流れない。この特性によってS-Sとは違い、Double LCLは複数のコイルを並列に繋ぐことができる（**図9**）。つまり、インバータ1台に対して複数のコイルを接続できる。また、車が来るとインピーダンスが小さくなり自然に大電流が流れワイヤレス電力伝送が開始されるので、追加の検知システムは不要にできる。モータ駆動実験装置での様子を**図10**に示す。

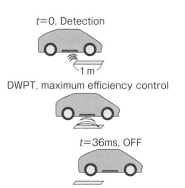

図8　送電コイル1mと通過時間36msの関係

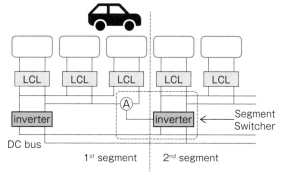

図9　Double LCLによるDWPTシステム

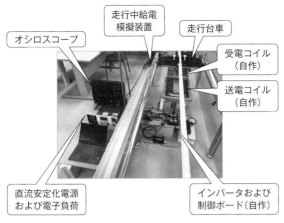

図10　Double LCL システムの駆動台車試験

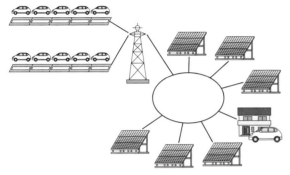

図11　DWPT ＋ PV

図12　DWPT と自動運転

走行中ワイヤレス充電と再生可能エネルギーとスマートグリッド

　DWPT の意義は、電気自動車の普及であると述べた。それ自体は間違いではない。しかし、それ以上の意義やビジョンがある。それが走行中給電と再生可能エネルギーと電力系統との融合である。

　負荷平準化のための大型蓄電池の低コスト化は難しい現実がある。そこで解決策として将来普及するはずの EV への強い期待が国内外問わずある。停車中 EV とグリッドを繋ぐ G2V（Grid to Vehicle）の取り組みである。しかし、停車中の EV を大型蓄電池の代わりに、分散化蓄電池として使う前提として、停車中の車に日中お腹を空かしておいてもらう必要がある。今後の EV の普及と日中使われない EV を活用というアイデアは良いので、ユーザーを納得させられるストーリーやインセンティブ次第ではあるが、筆者はもう 1 つの道について示したい。

PV の大量導入と走行中充電のシナリオ

　停車中給電よりも、親和性が高いと思われるのが、走行中給電と PV などの再生可能エネルギーを考慮

したスマートグリッドの融合である。停車中充電の電力は 3.3 kW か 7.7 kW であり、走行中給電は 20 〜 40 kW と考えると、電力比は約 5 〜 12 倍である。そのため、負荷平準化用の負荷として考えた場合、走行中給電がその一部として使用されると考えるのが自然である。DWPT による G2V である（図 11）。しかも日中の太陽光が一番元気な時間帯と車の走行量を考えても親和性が高い。停車中充電のようにわざわざ日中に電池を減らして待ってもらう必要もなく、心理的なマイナスはない。

　都市間は高速道路での走行中ワイヤレス給電を行い、同様に、街中でも交差点前で走行中ワイヤレス給電を行うと 400 km 走れるような 40 kWh の電池など不要で、下手すると 1 kWh の電池搭載で十分というような夢のような話も出てくる。そこまで言わなくても、十分に電池搭載量を減らすことが可能である。また、再生可能エネルギーである PV などと融合することで持続可能な社会をつくることができる。走行中給電や自動運転が可能になると、通勤時間はもはや移動のためだけの時間ではなくなり、作業や休息や身支度や趣味の時間になる（図 12）。駅を経由しなくなるので、駅集約型都市でなくインターチェンジ（IC）集約型都市の可能性もあり、IC もしくは、IC 機能のある SA 周辺を単位とした都市形成の可能性も秘めており、土地価格の見直しなども今後生じてくるはずである。そのような新しい街は走行中給電のインフラも街ぐるみで導入し、モデル都市のようなところも出てくるかもしれない。

◆参考文献◆
（1）居村岳広：磁界共鳴によるワイヤレス電力伝送，森北出版，2017
（2）武田広大ほか：実用的な制約を考慮した電気自動車向け非接触給電の電力伝送特性の可視化と互換性評価，自動車技術会 2020 年春季大会学術講演会講演予稿集，2020
（3）佐藤元久：高速道路ワイヤレス走行中給電への期待，OHM, Vol.102, No.5, オーム社，2015

〈東京理科大学　居村　岳広〉

LVDC

近年、民生・産業・運輸など幅広いセクターにおいて電化率が高まっており、従来の標準的な電力方式である交流に加え、LVDC の利活用が注目されている。LVDC とは、Low Voltage Direct Current の略号であり、日本語では、低電圧直流（もしくは低圧直流）を意味する。負荷への直流電力輸送の役割に加え、太陽光発電パネル、風力発電、燃料電池などの分散型電源と整流器や DC/DC コンバータ等の電力変換器、および蓄電池に代表される蓄エネ設備を系に含み、LVDC を直流給電システムの概念とする事例も近年増えつつある（**図1**）。

国内では、LVDC の電圧範囲を電気設備に関する技術基準を定める省令の第二条により、電圧の区分を低圧、高圧および特別高圧の3種とし、低圧は、直流にあっては 750 V 以下、交流にあっては 600 V 以下と定義している。なお、国際電気標準会議（IEC: International Electrotechnical Commission）では、直流を 1,500 V（交流を 1,000 V）以下と定義しており、電圧範囲に差異があり、注意を要する。

本稿では、LVDC の利活用の実事例として、Information and Communication Technology（情報通信技術）用インフラへの給電システムの導入技術、および ICT 用途以外の技術開発や事業化の状況、および外国の取り組み例について解説する。

LVDC の特徴と課題

近年、地球環境保護、温暖化防止、排出ガスの抑制等から、創エネ、蓄エネ、省エネの3要素が全て直流の特性・要素を持つため、直流給電システムとして統合利用することで効率的で運用しやすい電気エネルギーの利用が期待されている。この動向は、国内のみならず、諸外国においても同様であり、研究開発や一部で事業化が進んでいる。

LVDC について、特徴（●）と課題（○）をまとめると、以下のようになる。

●実効電圧の交流より最高電圧が小さく、絶縁が容易となり、同じ耐電圧の設備でもより大容量の電力輸送が可能となる。

●交流系統と同期が不要となり、周波数的・電圧的に分離、周波数動揺や電圧変動・停電等の影響を遮断でき、系統連系⇔自立運転への運用形態の変更・遷移もシームレスで容易に実現できる。

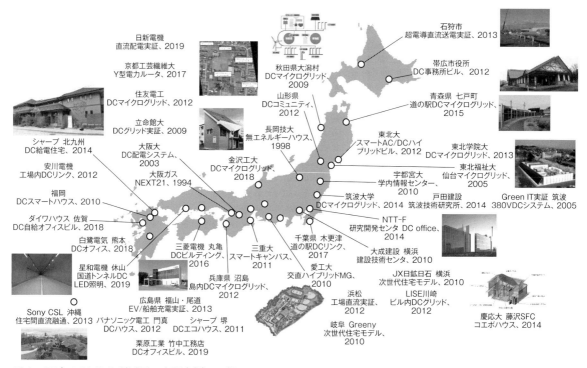

図1　国内の LVDC 利活用・実証事例の一部

● L、C 分がなく、無効電力補償が不要、リアクタンスによる電圧降下、静電容量による誘電損失が少なく、またフェランチ効果の影響も受けない。

● 直流連系・接続・運用する場合、電圧のみの制御となり、シンプルである。一方、交流の場合は、電圧、波形、位相、回転方向を全て一致させる必要があり複雑になる。また、三相交流のような相バランスや無効電力・力率の管理も不要となる。

● 電力変換器を主体とした給配電システムでは、電圧変動幅を大きく取ることができる。分散型電源を直流系統に接続・集約できれば、出力変動の大きい再エネの大量導入にも貢献できる。

● 2 条の導体で電力輸送できる（大地を帰路とした場合は 1 条でも可能であるが、電蝕や通信への影響があり、その対策が必要）。

● 電磁干渉が少なく、電磁誘導への対策が軽減でき、通信回路との干渉が、より影響を受けにくくなる。

● 給電システムを構成する場合、AC/DC もしくは DC/AC の電力変換段数が少なくなり、損失が削減でき、効率が高くなる。AC アダプタ不要等電力変換回路・段数が少なくなることで、機器・装置が小型軽量化、コスト減となる。

● 回路・部品点数が少なくなることで、装置の故障頻度が減り、信頼性が上がる。

○ 大容量の直流利用に際し、過電流や短絡が生じた場合、ゼロ点がないため直流遮断が困難となる。ただし、LVDC 分野の給配電利用においては、システムや電源自体の容量が小さくなり、既存の遮断器やヒューズで対応できる場合が多い。また、半導体を用いた遮断器や電源での過電流抑制などのシステムとしての保護も実績がある。

○ システムの電源容量が小さい場合、負荷変動時、直流電圧の維持が困難になるケースも生じる。

○ 市場が小さく、機器設備の価格が、既存の交流仕様に比べてコスト高になる。

○ 専門家が少なく、技術や知見が浸透していない（市場が小さく、導入事例が少ないことに起因）。

○ 法規類の体系も実績の多い交流方式の使用を前提としており、直流利活用にあたっては、開発や整備が必要である。

○ 特に、LVDC 分野は、既存の交流システムと比べて民生市場での事例が十分でなく、電気安全対策、およびその対策に伴う機器、器具、システムの開発等が不足している。具体的には、直流専用の漏電遮断器、アーク検出、腐食や常時単一方向

性の電磁界による絶縁物の劣化（老化）の評価、直流用のプラグ・コンセント、導体・電線・コードの色別や識別等の規定が必要とされる。

LVDC 活用事例

1. ICT 用インフラ給配電システム

　ICT 分野の近年の状況は、クラウド・サービスやモノのインターネット（IoT）や 5G の利用が拡大すると共に、多くのデジタル信号や情報を処理し、保存・蓄積を行うデータセンターの新規構築、投資が急速に拡大している。データセンター市場も右肩上がり（年平均 10%）で成長しており、国内 1 兆 3,000億円（2018 年）、世界 21 兆円（2018 年）の市場規模になっている。

　データセンターを含む ICT サービス運用のためには、安定した電力・エネルギー供給が必要である。世界的に見ても、ICT 分野の電力消費は、全電力の約 4 % 程度であり、その割合は、年々増加している。例えば、特に成長が著しい中華人民共和国（以下：中国）では、データセンター全体で 161 TWh（1,610 億 kWh）の電力を消費しており、同国最大水力発電設備を有する三峡ダムの年間発電電力量約 100 TWh（1,000 億 kWh）を上回るものである（参考：日本国内全電力需要 946 TWh（9,455 億 kWh）2018 年度）。

　中国のみならず、全世界で拡大傾向にある ICT分野のエネルギー消費対策として、効率的、かつ安定的に電力を供給・消費させる給電方式として LVDC が期待されており、導入が進んでいる。

　電気通信分野では従来から、電話交換機への無停電な給電と電話機への通信路の確保などインフラ設備の要求仕様、および省エネ性と信頼性の観点より、直流 48 V 給電方式が各国で採用されてきた。

　しかし、ICT システムが通話系から高発熱密度特性を有する情報系へ利用形態が移行し、かつ負荷容量が増大していくという課題に対して、各方面からの議論が 1990 年代後半から起こり、国内や欧州の通信業界から 300 V 程度の LVDC 給配電方式の概念が提唱され始めた。この LVDC 方式の開発は、日米欧で 2005 年頃から具体的な検討や実証がスタートし、近年、データセンターや通信事業者への導入と運用が開始された。

　IEEE の主催する International Communications Energy Conference（INTELEC）2003 横浜会議に併設された国際ワークショップで、各国の技術者に

より、従来の電気通信用電源方式である直流48V および情報・電算システムに用いられていた交流との給電効率と信頼性に関する比較議論がなされ、その結果、直流380V給配電システムは、効率改善と信頼性の維持向上のメリットを有することが確認された。図2に電源方式の比較を示す。直流48V電源と無停電電源装置（UPS）やDC/ACインバータから構成される交流電源などの複数の方式が同一施設内に混在することは、保守運用と設備管理の観点で好ましくない。各々の課題を克服する直流380V給配電システムの導入により、通信用施設電源を統合することは、ICT用電源インフラストラクチャーとしての理想である。

図3にICT機器用電源構成と各部の電圧についての一例を示す。交流入力条件は、国・エリア毎に異なるが、電源内部では、交流入力は、EMI（Electromagnetic Interference）フィルタによりノイズが除去された後、全波整流され、力率改善回路で安定化された直流380Vを出力し、PoL（Point of Load）用DC/DCコンバータに入力される。力率改善回路（PFC）の出力と同様な電圧である直流380VをPoL用DC/DCコンバータの一次側に直接入力することで、全波整流回路および力率改善回路を不要とし、効率を上げることが可能である。このことから、標準電圧として直流380Vが、IEC、ITU-T、ETSI等で、ICTインフラ向けの直流給配電方式として標準化されている。

なお、図3の電源回路は、ICTインフラに用いられている通信機器、サーバーやコンピューターの例であるが、LED照明器具や情報家電やACアダプタや電力変換回路を搭載した一般家電用器具も、内部の回路構成は類似しており、直流供給により損失低減や小型軽量化が可能になる。

LVDC方式のICTインフラが最も普及している国は中国であり、通信事業者やデータセンター事業者で導入が積極的に進められている。中国国内では、LVDC方式の給配電システムの導入数は、通信施設やデータセンターの総計で、7,800か所以上である（2018年時点）。

2．ICT用途以外のLVDC給配電システム

直流380V給配電システムは、その直流母線に様々な再生可能エネルギーや蓄電池を用いた分散型電源を接続し、運用管理することが容易であり、防災性を備えた自立運転やレジリエンスな運用も可能なことから、通信ビルやデータセンターなどのICT分野以外でも、直流マイクログリッドへの展開や活用の事例が多数報告されている。

前述した通り、LVDC給配電システムは、ICT機器以外にも、照明、冷暖房機器、インバータ制御による換気設備等、工業・商業ビル・家庭等における電気アプリケーションのほぼ全種類の機器設備に関して効率的に使用できる可能性を秘めている。例えば、欧州の研究開発プロジェクトコンソーシアムであるDC Components and Grid（DCC＋G）は、ドイツのFraunhofer Institute等で、LVDC給配電システムをオフィス環境で評価した。同所の実証サ

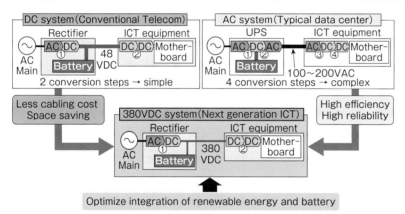

図2　直流380V給電方式と従来方式（直流48V、および交流給電方式）との比較

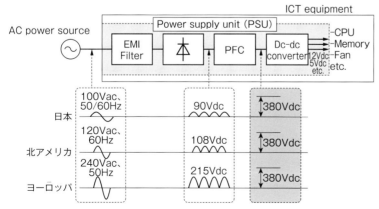

図3　ICT機器内部の電源回路構成例

イトで直流 380 V システムを適用したところ、既存の交流と比べ 5 ％、また、太陽光連系の場合では、7 ％の効率向上が見込めると分析、報告されている。

また、コミュニティや居住用および商業用の建物用途に重点を置いた直流システムの調査結果が、米国ローレンスバークレー国立研究所から 2017 年に報告されている。この報告では、直流給配電の効率、信頼性、制御の容易さは、ZNE（Zero Net Energy）建物を実現するためのアイテムとなり、カリフォルニア州が目指す地球規模の気候変動抑制の一助になると結んでいる。

海外の LVDC への取り組み状況

LVDC の利活用の事例、商用例は、日本以外に多数あるが、隣国である極東アジアを例に取り、中国と韓国の状況について紹介する。

1．中国

863 計画（国家プロジェクト）の一環として、既存の交流に直流を付加し、より柔軟な配電システムに進化させるための研究開発が 2015 年にスタートした。同時に、エネルギー革命戦略を推進し、直流技術の体系化・高度化のため、清華大学内に直流研究センターが設立された。ここでは、直流送配電に必要な技術（遮断・保護、制御、パワエレ、システム）と機器の開発を中心に、高圧、中圧、低圧の 3 つの直流電圧レベルのデバイス、機器、システムの理論研究、技術研究、エンジニアリング構築を行っている。直流電力系統の理論構築、主要技術者育成、標準や規格化と事業の実務者を養成し、新エネルギー革命の基盤を築くため、勢力的に活動中である。

前述した ICT 分野の利活用以外に、特定地域や大学、また工場、商用ビルを対象としたマイクログリッドや、住宅街、居住区への LVDC 利用や、家電大手メーカーであるハイアールによる直流家電の開発も進んでおり、国家政策と事業者、大学等の研究・教育機関による産学官の連携により LVDC に関連する事業を推進している。

2．韓国

韓国政府は、第 2 次エネルギー基本計画に、技術力強化、産業基盤の確立と雇用拡大、海外市場獲得等のため、HVDC（高圧直流）システムの国産化の目標を盛り込んだ。さらに、第 3 次エネルギー基本計画には、半導体、電池・自動車産業の融合、再エネ・EV の導入拡大、電力系統の柔軟性と信頼性向上のため、MVDC（中圧直流）、および LVDC の開発と一貫した事業の推進に言及している。

2019 年には、MVDC 特区事業を開始し、コア技術となるパワエレを軸に、強力な開発事業体制を敷いている。

その体制の中心となる韓国電力は、2009 年、直流配電技術の基本検討、経済性評価等に着手、以後、研究所や実証サイトでの運用を踏まえ、2016 年に商用配電区間への一部適用、2019 年 8 月には、100 名ほどの住民が暮らす離島の 100％直流配電システムを運開させる等、LVDC 事業化のための技術開発と実証を展開・推進してきた。2020 年時点の報告によると、この離島では、電力系統〜負荷需要機器までの直流利用により、システム効率が、交流に比べ 11％改善されている。

また、LG 電子は、直流家電の開発を韓国電力と共同で進めることも発表済みである。

韓国では、朝鮮電気工作物の規定（1933 年）や電気工作物の規定（1962 年）等、歴史的に日本の技術基準をもとに制定、運用してきたが、同国の電気事業法施行規則の改正により、電圧区分の見直しがなされた。電力システムや機器の規格仕様を国際標準と整合させるため、低圧範囲を拡大、直流 1,500 V・交流 1,000 V 以下とし、IEC 規定と同一になった。2011 年から 2015 年までに変更すべき規定内容の検討を経て、電圧システムの改正案が政府に提示され、韓国政府は 2017 年 8 月に立法予告を経て、低圧範囲の変更が確定した。改正された電圧システムは、3 年の猶予期間を経た 2021 年 1 月 1 日から施行されている。

◇　　　　◇　　　　◇

ICT サービス利用の拡大に伴い増大する電力消費を抑え、より効率的に運用できる通信施設やデータセンターへの直流給配電システムは、LVDC 利用の一例でしかない。近年、海外では、中国や韓国のように、技術開発や市場と法令や国の政策とも連動させ、LVDC を含む直流を再エネ主役化のための重要な技術として位置づけ、様々な研究開発に着手し、事業展開をスタートさせている国々もある。

今後も、分散型電源、蓄エネや EV、また直流（利用）消費型の負荷機器・設備が増え、この分野の利用や展開が益々期待できることから、LVDC は、注目すべき技術分野の 1 つと言える。

〈（国研）新エネルギー・産業技術総合開発機構　廣瀬　圭一〉

超電導

超電導応用機器開発の概要

1．超電導の特徴と実用機器

　超電導物質は電気抵抗ゼロを示し、材料によっては大電流通電、高磁界発生が可能である。この特徴を活かして、金属系超電導材料であるNbTiなどを使用した超電導機器が実用化されている。

　実用超電導機器の代表は医療用核磁気共鳴イメージング装置MRIであり、医療診断のために広く利用されている。磁界1.5Tの装置が主流であるが、高画質の画像が得られる3TのMRI装置も導入が進んでいる。物質の分子構造を原子レベルで解析するためのNMR装置や、シリコンウエハを製造するために必要なシリコン単結晶を製造する装置などにおいても、超電導コイルが広く使用されている。また、加速器やプラズマ磁気閉じ込め装置においても、超電導マグネットは重要な構成要素である。

　今、注目されている超電導応用システムが、超電導リニア技術に基づく中央新幹線である。1997年から山梨実験線で走行試験が行われ、現在、中央新幹線の建設も進められている。まず、東京と名古屋の間約286kmの営業運転を開始し、その後、大阪まで延伸の予定である（詳細は「超電導リニア」を参照）。

2．超電導材料

　超電導物質は極低温でなければ超電導状態にならないので、超電導状態に転移する温度である臨界温度は重要なパラメーターである（**表1**）。NbTiやNb₃Snなどの金属系超電導材料は、液体ヘリウム冷却などが必要で、冷却ペナルティが大きいが、性能要求とコスト要求を実用レベルで満足させること

が可能な上記の機器において使用されている。

　一方、高温超電導線材の高性能化も着実に進んできた（**図1**）。高特性で長尺のBi2223線材が既に容易に入手でき、REBCO線材（RE＝希土類、B＝Ba、C＝Cu）も機器応用に適用できる性能になっている。しかし、コスト面での課題はまだ大きく、長尺REBCO線材については安定供給面でも課題がある。金属系のMgB₂線材は丸線であるという特徴を有し、20K程度でもケーブル応用や低磁界応用が可能な低コスト超電導線材として期待されている。

3．超電導応用電力機器開発

　金属系超電導線材を適用した超電導応用電力機器開発として、1990年代に大きな成果を上げたのがSuper-GMプロジェクトであり、200MVA級超電導発電機の開発と70MVA級超電導発電機の実証試験が行われた。超電導エネルギー貯蔵装置SMESなどの研究開発も実施された。

　高温超電導物質の発見後は、電力機器開発では高温超電導技術の利用が中心になり、ケーブル、変圧器、限流器、フライホールエネルギー貯蔵、モータなどの研究開発が推進されてきた。超電導リニアについても、現在はNbTi超電導コイルが使用されるが、高温超電導コイルの開発も進められている。

超電導応用機器のニーズ

　超電導は大変魅力的な特徴を有するため、それを活かすことにより、応用機器・システムは、高効率、大出力、小型・軽量・コンパクト、高出力密度、高機能・新機能など、従来機器では達成が難しいレベルまでの高性能化の可能性がある（**図2**）。そして経済性が成立するとなれば、研究開発成果に基づいて実用化に繋がる可能性が高くなる。

表1　代表的な実用超電導材料

	超電導材料	臨界温度
合金系	NbTi	～10K
金属間化合物	Nb₃Sn	18K
	MgB₂	39K
酸化物系	YBa₂Cu₃O₇₋δ（YBCO）	90K
	Bi₂Sr₂Ca₂Cu₃O₁₀（Bi2223）	110K

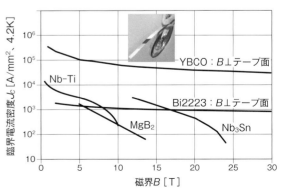

図1　超電導線材の臨界電流密度特性例（4.2K）

超電導の特徴

低損失
高密度
高磁場
高　速
高感度
など

超電導技術を応用した
機器・システムの特徴

・高効率化
・軽量・コンパクト化
・高機能・新機能の実現
など

革新的次世代素子・機器・システム

様々な課題を解決する技術として
・エネルギー・環境問題の解決
・先端科学研究設備
・経済発展、産業競争力強化
・強靭な社会インフラ構築への貢献
・高度医療技術、高齢化社会への対応

図2　超電導の特徴と応用機器ニーズ

（a）単心　　　（b）三心一括　　　（c）三相同軸

図3　超電導ケーブルの構造

図4　超電導ケーブルシステム構成

　そのような超電導応用機器システムは、現代の様々な重要課題の解決や科学技術の発展に資する革新的次世代機器・システムとして期待される。例えば、環境・エネルギー問題の解決、高密度エネルギー需要地域へのエネルギー供給、次世代電力・エネルギーシステムへの対応、強靭さ（レジリエンス）を持つ電力システムの実現、低炭素・脱炭素化の目標達成などがあり、さらに将来の水素社会を支える技術としても活用される可能性もある。

　電力分野、輸送分野、産業分野などを含む領域で利用される電力・エネルギー機器としては、ケーブル、コイル、回転機としての超電導応用があり、本稿では特に、超電導ケーブル、超電導限流器、回転機としての風力発電機、電動航空機を対象として取り上げ、以下に技術の概要を紹介する。

超電導機器システムの開発と実証の状況

1．超電導ケーブル

　超電導ケーブルは、高電流密度による大容量化やコンパクト化、高効率・低損失化などが基本的な利点であり、欧米や日本、韓国、中国などで超電導ケーブルの実用化を目指した研究開発プロジェクトおよび実証試験が進められてきた。同じ送電容量を考えた時、大電流化により送電電圧の低電圧化が可能となり、送電電圧階級の統合、変電所設備の削減、送電ルートの多様化などに繋がってくる。

　超電導ケーブルの構造には、単心ケーブル、三心一括ケーブル、三相同軸ケーブルなどがある（**図3**）。三相交流送配電用の場合は、比較的低電圧で三相同軸型が、超高圧のように電圧が高い場合は三本の単心ケーブルが主に使用され、三心一括型はその中間的な位置づけになる。また、典型的なケーブル構造は、銅フォーマー、超電導層、電気絶縁層、超電導シールド層、銅シールド層、断熱管などから構成され、ケーブル中を流れる液体窒素によって冷却される。超電導ケーブルシステムは、ケーブル、端末、冷却システム、中間接続部などから構成される（**図4**）。

　我が国では1990年代から超電導ケーブルの開発が進められてきた。最近では、2012年および2017年からそれぞれ1年余りにわたって、東京電力旭変電所（横浜市）に設置された66kV、200MVA、長さ240mの三心一括型超電導ケーブルの、実系統連系での実証試験が行われた。

　米国、欧州、韓国、中国、ロシアなどでも多くの実証試験が行われてきた。代表的なものとして、AmpaCityプロジェクトでは、ドイツのエッセンの中央駅に近い2つの変電所間約1kmを、10kV、40MVA三相同軸型超電導ケーブルで接続し、2014年から約2年間の実証試験が行われた。その後も運転が継続されていて、現在も運転中である。韓国では韓国電力公社がソウル近郊の22.9kV電力ネットワークに、50MVA、1kmの超電導ケーブルを導入し、2019年に商業運転を開始した。

　鉄道分野での超電導ケーブル利用の研究も行われ

ている。直流電気鉄道き電系に超電導ケーブルを導入することにより、き電系の電圧降下抑制、回生率向上、変電所負荷平準化などが期待されている。

2．超電導限流器

限流器は、電力系統のレジリエンスを向上させながらも、それによって増大する事故電流を安全に限流する機器として期待されている。代表的な超電導限流器は、超電導体に過電流が流れると超電導状態から常電導状態に転移して抵抗を発生するという、超電導体の持つ本質的な特性を用いて事故電流を限流する方式である（図5）。長尺の超電導線材をコイル形状に無誘導巻きにすることにより、限流時抵抗を大きく、インダクタンスを十分に小さくする。ま

た、限流素子に並列にシャントインピーダンスが入り、超電導限流器システムには遮断器が必要である。

超電導限流素子が常電導転移すると発熱し、温度が上昇するので、事故点をできるだけ速やかに切り離し、限流素子の焼損を防ぐことが必要である。そのため、遮断器は遮断速度が重要である。事故電流が遮断されると、超電導体は冷却されて超電導状態に戻り、限流器を系統に再投入できるようになる。復帰時間をいかに短くできるか、限流動作開始電流と最大電流の差をいかに小さくできるかなどは超電導限流器システムを設計する上での課題である。

超電導限流器は、欧州、米国、韓国、中国などで多くの実証試験が行われてきた。例えば、ドイツ・エッセンで運転中の超電導ケーブルシステムには超電導限流器が直列に挿入されていて、短絡事故などに対して超電導ケーブルおよび電力ネットワークを保護している。

3．風力発電機

世界で再生可能エネルギーの利用が進む中、洋上風力発電の拡大、風車の大型化、発電出力の増大が進んでいる。12MW風車が2019年にオランダで運開し、14MW風車が2024年に製造開始されることが発表されている（表2）。このクラスの風車の直径

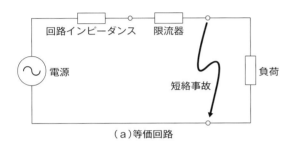

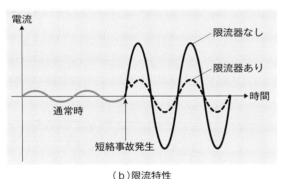

図5 超電導限流器の特性

表2 大型風力発電機基本諸元

出　力	12MW	14MW	20MW	3.6MW
メーカー・開発者	GE Renewable Energy 社	Siemens Gamesa 社	T-K Hoang L. Queval C. Berriaud L. Vido	EcoSwing EUプロジェクト
風車直径	220m	222m	≧250m	128m
製造・運転年	2019	2024	（設計研究）	2018
備　考	PM界磁 回転数7rpm	PM界磁	全超電導 重量167t 回転数 6.3rpm	超電導界磁 40%重量低減可能性 回転数 15rpm

図6 JAXA提案の未来の電動航空機

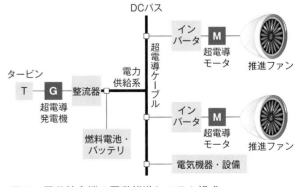

図7 電動航空機の電動推進システム構成

は 200 m 超と大変大型である。

超電導風力発電機は大幅な小型軽量化が期待されて、これまで研究開発が進められてきた。開発当初は 10 MW 級がターゲットになっていたが、最近は 15 〜 20 MW の超大型風車用を目指した研究開発が行われている。2015 〜 2019 年に実施された EU プロジェクトでは、3.6 MW 超電導風力発電機の設計、製作、そしてナセルに搭載しての実証試験が実施された。プロジェクトの中で、重量が従来機比 40 ％低減可能という結果も発表されている。しかし、超電導技術の適用においては経済性、すなわち発電機コストの課題は大きく、超電導線材や冷却システムのコスト低減が必須である。

4．電動航空機

21 世紀に入って低炭素化への要求が益々高まり、航空機分野でも電動推進技術が注目されている（図6）。米国 NASA が詳細な検討を行ったターボエレクトリック分散ファン推進システムは、大型旅客機の推進機構を複数の電動ファンで実現しようというものである。設計された N3-X 航空機は、機体と翼が一体式となり、両翼にはエンジンと超電導発電機を搭載し、機体後方には複数の推進ファン用超電導モータが搭載されている。

電動航空機の電動推進システムは、電源としてのタービン発電機、整流器、直流バスなどの電力供給系、インバータ、ファン駆動用モータ、推進ファン等で構成され、全体がエネルギーマネジメントシステムで制御される（図7）。これらの機器には小型軽量、すなわち高出力密度であることが強く求められ、超電導技術の導入が有力になっている。主な適用対象は、モータ、発電機、電力供給系のケーブルであり、さらに超電導限流器が導入される可能性もある。電源は、燃料電池やバッテリとのハイブリッド電源

とすることも考えられる。

冷却は超電導機器共通の課題である。回転機の超電導体の冷却には液体水素を使用することの検討が行われていて、機器冷却後の水素ガスはクリーンなタービン燃料になる。タービン燃料としては他の提案もある。整流器やインバータなどの電力変換器が全体の重力に占める割合は大きく、その軽量・コンパクト化も重要な開発課題である。

航空機の電気系統において、システム電圧の選択は重要な課題である。ボーイング 787 では約 1 MW の電力が利用され、交流 235 V、直流 ±270 V が使われているが、電動推進では数十 MW の電力が必要となり、電圧を上げることが必須と考えられる。しかし、10,000 m 上空では気圧が低く、部分放電が起こりやすいので、電気絶縁を安全に確保しつつ、どこまで電圧を上げることが可能かを検討し、実証していく必要がある。

要素技術の実証試験の段階では、試験機の 2 発あるいは 4 発のジェットエンジンの 1 つを電動ファンに置き換えるハイブリッド推進システムとすることも検討されている。

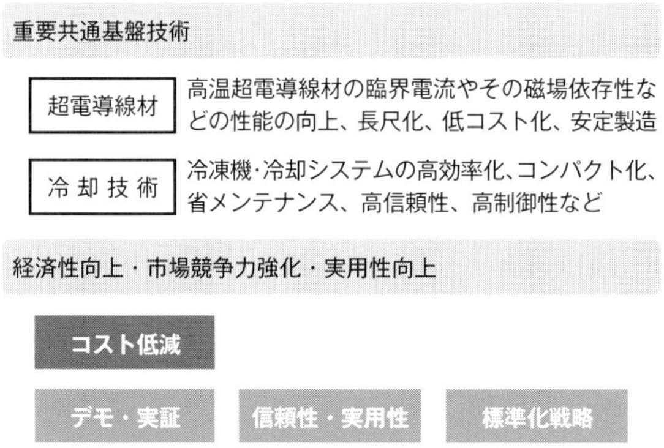

［将来展望］

競合技術も日々進歩し、システム性能などへの要求レベルも高くなってきているので、新しい超電導機器を実導入するのは容易ではなく、新機能の実現や、大幅な性能向上、高い価格競争力などが求められる。超電導機器・システムは、低炭素化・脱炭素化、強靱化（レジリエンスの向上）などへの大きな寄与が期待されているが、超電導線材や冷却技術などの共通基盤技術の高度化が超電導機器の競争力向上や実用化の鍵を握る（図8）。そして、実系統連系などの条件下で長期運転試験を行って、性能や運転制御性、信頼性、保守性などを実証し、十分な実用性を持つことを示す必要がある。

ここで紹介した超電導ケーブル、超電導限流器、超電導風力発電機、電動航空機の超電導電動推進システムについて、引き続き研究開発、実証試験などを進め、電力自由化、再生可能エネルギー導入、水素エネルギー利用促進などが進む電力・エネルギーシステムにおける次世代機器として、あるいは輸送システムの電動推進化のキーテクノロジーとして、その高いポテンシャルを示すことを期待したい。

〈東京大学　大崎　博之〉

重要共通基盤技術

| 超電導線材 | 高温超電導線材の臨界電流やその磁場依存性などの性能の向上、長尺化、低コスト化、安定製造 |
| 冷却技術 | 冷凍機・冷却システムの高効率化、コンパクト化、省メンテナンス、高信頼性、高制御性など |

経済性向上・市場競争力強化・実用性向上

コスト低減

デモ・実証　信頼性・実用性　標準化戦略

図8　超電導技術の実用化へ向けて

代替 SF₆ ガス

SF₆ガスは絶縁性能および電流開閉性能に極めて優れており、ガス絶縁開閉装置（GIS）用の絶縁・消弧媒体として広く利用されている。しかしながら、SF₆ガスの地球温暖化係数（GWP）は二酸化炭素（CO_2）の約23,500倍と非常に高く、1997年に京都で開催された気候変動枠組条約第3回締約国会議（COP3）において、規制対象ガスの1つに指定され、2005年2月に京都議定書が発行となった。その後、2015年11月にパリで開催されたCOP21では、京都議定書に代わり、先進国だけでなく開発途上国、新興国を含めた地球温暖化対策への自主的な取り組みが求められ、温室効果ガス排出に対して一層削減が強化されている。

この要求に対するSF₆ガス削減のソリューションとして、開閉装置については、大きく2つの方向性が挙げられる。先行しているのは乾燥空気＋VCB（真空遮断器）の組み合わせである。国内では84kVクラスまでがいち早く実用化され、多数の製品が稼働中である[1]、[2]。2つ目の方向としては近年、欧州メーカーから新たな代替SF₆ガスとしてフッ素系人工ガスを混合した絶縁ガスを適用した開閉器が開発され注目されている[3]、[4]。

本稿では、ここ数年、国内外で大きく進展しつつある代替SF₆ガス開発、および脱SF₆ガス開閉装置の開発・製品化の動向について解説する。

地球環境に優しい開閉装置へのニーズ

SF₆ガス管理の厳格化、また使用量削減が各国で進められていることから、SF₆ガスを使用しない開閉装置へのニーズ・期待は今後もいっそう高まると予想される。

まず、国内では1998年4月、電気事業連合会と日本電機工業会がSF₆ガスの大気への排出抑制とリサイクルを念頭に置き、「電気事業におけるSF₆ガス排出抑制に関する自主行動計画」を策定し、2005年までに機器点検時の排出割合を3％、機器廃棄時の排出割合を1％まで抑制するとの目標を掲げ、既に達成している[5]。

しかし、さらにSF₆ガスを使用しない機器のニーズは大きく、72/84kVクラスまでの開閉装置では代替SF₆ガス適用拡大が進んでいる。また、米国でも電力業界で自主的な削減努力が続けられているが、カリフォルニア州では、2012年より全てのGIS保有者に対して排出量の報告と、2020年までに段階的に排出量を1％以下にすることが義務づけられている。さらにCARB（カリフォルニア州大気資源局）が脱SF₆ガスを進めており、2030年までに超高圧までの新規開閉装置について完全にフィールドからSF₆ガス開閉装置を排除する方向で計画している。また、欧州では、2009年9月から欧州連合（EU）域内での「SF₆ガス取扱免許制度」が導入され、SF₆ガス封入機器取り扱いでは免許取得者以外の対応は不可となっている[6]。

こういった背景から脱SF₆ガス開閉装置へのニーズは近年非常に大きくなってきており、実用化も進んでいる。

代替ガスの開発状況

代替SF₆ガスの開発としていち早く適用されたのは乾燥空気絶縁＋VCB（真空遮断器）の組み合わせであり、国内では72/84kVクラスまでの開閉装置・遮断器が多数運用されている。また、最近では欧州も含めて145〜170kVクラスまでに製品の適用範囲は広がっている[7]。

絶縁は代替ガスとして高圧乾燥空気を適用するが、電流遮断はVCBで行う。絶縁媒体である空気は毒性、安全性に課題はなく、運転、保守、リサイクルを通して適用しやすい絶縁媒体である。

一方、2014年CIGREパリ大会以降、欧州の機器メーカーでは、2つ目のソリューションとして代替SF₆ガスとして米国3M社が開発したフッ素系人工ガスを採用している。この絶縁流体とO_2やCO_2の混合ガスを代替ガスとしてVCBと組み合わせる方式、あるいは混合ガス自体で電流遮断する方式であり、機器の開発、実証プラント検証が近年盛んに実施されている。

表1に欧州メーカーが採用している主な代替ガスである2種類について示す[8]。

Novec™4710は、GWPが約2,100とSF₆ガスに比べて低く、高い消弧性能とSF₆ガスの2倍の絶縁性能を持つ。ただし、沸点が−4.7℃と高く、混合ガスでの使用が検討されている。

次にNovec™5110は、報告されているGWPが1以下と大幅に低く、SF₆ガスの1.4倍の絶縁性能

表1　Novec™5110ガス、Novec™4710ガスおよびSF₆の主な物性値[9]

ガス	Novec™5110	Novec™4710	SF₆
化学式	$CF_3C(0)CF(CF_3)_2$	$(CF_3)_2CFCN$	SF_6
分子量 [g/mol]	266	195	146.06
沸点 [℃]	26.9	−4.7	−64
絶縁耐力※	1.4	2.0	1.0
地球温暖化係数（GWP）	< 1	2,100	23,500

※ SF₆の絶縁耐力を1.0とした場合の比率

を持つが、沸点が26.9℃と高く、Novec™4710と同様に混合ガスでの使用が検討されている。

代替ガス適用のスイッチギヤ実用化

1. 乾燥空気＋VCBの組み合わせ

1つ目のソリューションとして、欧州に先行して国内では絶縁ガスをSF₆ガスから代替ガスとして乾燥空気に置き換えた遮断器・開閉装置が開発された。2003年には72/84kV単体VCB、2006年には72kVのC-GIS、2020年までには145kVまでの単体VCBが製品化されている[9]。また、製品として国内、北米、豪州でいち早く空気絶縁の36〜72.5kVタンク形VCBが運用されている（**図1**）[10]。いずれも絶縁ガスは高圧乾燥空気である。

一方、欧州においても2000年代以降、72kVクラスのVCB開発が本格化し、現在では170kVまでの乾燥空気＋VCBでの開閉装置が製品化されている。145kVクラスのGISについては、既に2019年にフィールドに納入され、さらに420kVクラスのGISまでの高電圧化を2022年の完成を目指すと報告されている[8]。今後、SF₆ガスの代替ガスとして乾燥空気＋VCBの組み合わせは保守、運用、安全面からも最も期待されているソリューションの1つである。

2. フッ素系人工ガスの混合ガス

2つ目のソリューションとして、欧州メーカー中心にフッ素系人工ガスの混合ガスを適用した24〜36kVのC-GIS、また、145kVクラスのGISがフ

36kV

72/84kV

図1　エコ・タンク形VCB

ィールドテスト中である。

欧州の送電業者もSF₆ガス削減を目的に従来のSF₆ガスGISからフッ素系人工ガスの混合ガスを適用したGISへの切り替えに積極的であり、既に145kVクラスのGISが実際の変電所へ設置されている[4]。例えばNovec™5110の場合、CO_2やO_2の自然ガスに数％加えるだけでシナジー効果により空気単体に比較して大きく耐電圧が増加することが報告されている[11]。この絶縁特性は、特に低圧力で顕著であり、低圧で絶縁ガスを使用する中電圧の開閉装置への適用においてSF₆ガス絶縁の機器設計を大きく変えることなく代替ガスへ移行できる可能性があり大きな魅力である。

一方、混合ガスの毒性、取り扱い、安定性などの課題についても、最近では国内でも詳細な調査・報告が行われている[8]。

乾燥空気絶縁開閉装置の紹介

ここでは、1つ目のソリューションである代替

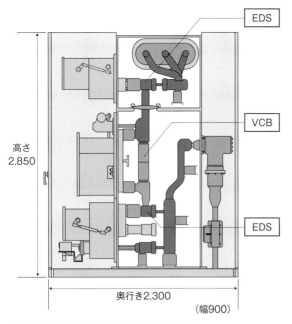

図2　72kV エコ C-GIS 内部構造図

高さ 2,850

奥行き2,300

（幅900）

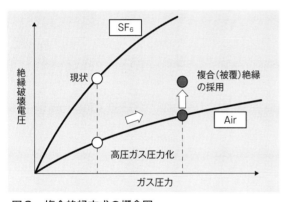

図3　複合絶縁方式の概念図

図4　145kV エコ・タンク形 VCB

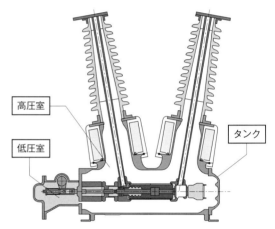

図5　72/84kV エコ・タンク形 VCB 内部構造図

ガスの開閉装置として国内外で多数の実績がある72kV キュービクル形乾燥空気絶縁開閉装置（エコ C-GIS）と 72/84 ～ 145kV 乾燥空気絶縁タンク形 VCB（エコ・タンク形 VCB）について概要を紹介する。

1. 72kV エコ C-GIS
1.1 構造
　図2に 72kV エコ C-GIS 内部構造図を示す。遮断部には真空インタラプタ（VI）を使用している。また、VI 部分と接地開閉器付断路器（EDS）部分には、乾燥空気絶縁とモールド被覆絶縁による複合絶縁方式を採用している。
1.2 特徴
　図3に乾燥空気、SF$_6$ ガスの絶縁耐力と複合絶縁

手法の概念図を示す。乾燥空気の絶縁耐力は SF$_6$ ガスの約1/3であり、一般に、同等の絶縁性能を得るには、ガス圧力を上げ、かつ複合絶縁により耐電圧弱点部位を被覆する方法が用いられる。
　本 C-GIS の設計では、ガス圧力増加は最小限に留めながら複合絶縁を効率的に適用し、従来の SF$_6$ ガス絶縁 C-GIS と同等の外形寸法を維持することに成功した。脱 SF$_6$ ガスのみならず、経済性や省スペース性にも配慮した機器となっている。

2. 72/84 ～ 145kV エコ・タンク形 VCB
2.1 構造
　145kV エコ・タンク形 VCB を図4に示す。また、図5に 72/84kV エコ・タンク形 VCB の内部構造図を示す[11]。遮断部に VI を用いて絶縁部に乾燥空気を使用している。また、本機は異なるガス圧力に設定された2つの圧力室を持ち、VI ベローズ部分を低圧力、その他の部分を高圧力とする構造を採用している。

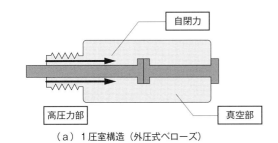

（a）1圧室構造（外圧式ベローズ）

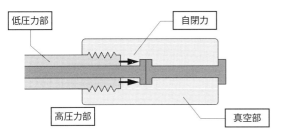

（b）2圧室構造（内圧式ベローズ）

図6　VIベローズ部と自閉力の概念図

2.2　特徴

エコ・タンク形VCBは、温室効果ガスの不使用のみならず、トータルライフサイクルコスト（LCC）の低減にも積極的に取り組んだ機器である。

（1）アルミタンクの採用

機器の軽量化、補修塗装（防錆材）不要、通電損失を低減できるという特徴がある。

（2）VI自閉力低減方式

本機では、ガス圧力の増加により絶縁性能を確保している。ガス圧力を増加させた場合、VI内外の差圧が大きくなる。この課題を解決するため、ベローズ部分は低圧力、その他の部分は高圧力とした2圧室構造を採用している。**図6**にベローズ部の構造と自閉力の概念図を示す[11]。

現在までに国内外で72/84～170kVクラスまでの代替ガスを適用した環境対応型の開閉装置が開発され、実際のフィールドにも数多く納入されている。このクラスについては、コスト的にも従来のSF₆ガスを適用した製品とほぼ競争できるまでになりつつある。今後は、さらに超高圧クラスのGISなどの代替ガス開閉装置の開発が計画されており、環境対応型の開閉装置の適用拡大により地球温暖化防止や環境負荷低減に寄与するものと考えられる。現状は「乾燥空気＋VCB」の組み合わせ、および「フッ素系人工ガスを混合した絶縁ガス」の2つの方式で並行して開閉装置が開発されており、当面はこの流れ

が続くものと考えられる。

また、最近SDGs（持続可能な開発目標）という言葉をよく耳にするが、その中の目標13「気候変動に具体的な対策を」の項目に代替ガス電気設備への移行は合致する。2020年、日本政府から「温室効果ガスの排出量を2050年までに実質ゼロにする」方針が世界に向け発表され、脱炭素化社会への挑戦がより具体的になってきた。2050年までに温室効果ガスゼロを実現する「カーボンニュートラル」のためには、その40％を占める発電による排出抑制が最重要ではあるが、SF₆ガスを使用したGIS、GCBなどの電気設備についても同様に代替ガスによる脱炭素化設備への移行がさらにクローズアップされてくるものと思われる。グリーン社会の実現に向けてSF₆ガスに代わる絶縁ガスを適用した開閉装置へのニーズは大きく、今後に期待したい。

◆参考文献◆
（1）斉藤仁ほか：72/84kV乾燥空気絶縁タンク形真空遮断器の開発，電気学会論文誌B，Vol.129, No.2, p.353, 2009年2月
（2）榊正幸ほか：72kVキュービクル形乾燥空気絶縁開閉装置の開発，AEパワーレビュー，3号，p.15, 2010年7月
（3）CIGRE A3.45WG Application of non-SF₆ gases or gas-mixture in medium voltage and high voltage gas insulated switchgear, pp.130-136, 2018
（4）N INVERSIN, et al："Alternative to SF₆: an on-site 145kV GIS pilot project from a TSO perspective", CIGRE Paris2020 B3-115
（5）電気事業連合会：電気事業における環境行動計画，p.25, 2011年9月
（6）Regulation（EC）No.305/2008
（7）M.KUSCHEL, et al："First 145kV/40kA gas-insulated switchgear with climate-neutral insulating gas and vacuum interrupter as an alternative to SF₆", CIGRE Paris2020 B3-107
（8）電力中央研究所報告，SF₆ガス代替ガスとしての3M™Novec™絶縁流体の基礎絶縁性能および分解生成物の毒性に関する検討，H17009, 2018年9月
（9）斉藤仁ほか：145kV碍子形1点切VCBの製品化，電気学会全国大会，6-251, 2010年3月
（10）勝又清仁ほか：36～84kVエコ・タンク形真空遮断器（VCB）の製品化，明電時報，340号，p.40, 2013年
（11）Ryul Hwang, et al："SF₆ Alternative Gas Lightning Impulse Insulation Breakdown Characteristic in Medium Voltage", 5th International Conference on Electric Power Equipment, B-2-2, September 2019

〈（株）明電舎　榊　正幸〉

アセットマネジメント

　アセットマネジメントとは、「設備の状態を客観的に把握・評価した計画的かつ効率的な設備管理・投資」と定義されている[1]。本稿では現在の取り組みを紹介し、アセットマネジメントによってどのような課題が解決されるのかについて述べる。

［ニーズ・目的］

　世界の送配電会社は、下記のような共通の課題に直面している。
　① 古い設備が増えていて、取替量が増大する。
　② 再エネが普及し、接続コストが増大する。
　③ 温暖化等による自然災害の脅威が増している。

　①に関して、図1は日本の典型的な設備の建設年度分布である。電力機器の減価償却期間は概ね20〜30年であり、現在、消費者に負担頂いている設備費用には、矢印の区間部分しか含まれていない。

　図1の色が濃い部分の古い設備を今後取り替えると、矢印区間の数量が増え、消費者の負担は上昇する。ここで日本の将来を予測する代わりに、近年の英国の状況を見てみたい。

　図2の棒グラフは、2012年のロンドンの配電会社の典型的な経年分布である（折線は後述）。日本より先んじて英国では1960年代に建設が一巡し、需要の伸びが鈍化した1970〜80年代にかけては、ほぼ工事が行われていない。その後、2000年前後より設備取替が開始され、図2の通り、日本より大きな比率の設備費が支払われ、上記②の再エネ接続費用も含めて送配電費用は近年上昇傾向にある。英国で起きたことは、今後日本でも起こると想定される。

　しかしながら、政府の資料（図3）[3]によれば、②再エネ接続の増加(色が最も薄い部分)を見据えながら、消費者の負担を抑えるため、既存のネットワークコストを今後下げていく方針としている（色が最も濃い部分）。古い設備の取替が増加するにもかかわらず、コストを下げることが可能かどうか。この問題を解決するため、同じ政府の資料では下記が必要とされている。
　• 長期的視野に立った計画的な資産管理（アセットマネジメント）およびそれに基づく計画的な設備更新を求めることが必要である。
　• 基本コンセプトは「『単価』の最大限の抑制」×「必要な投資『量』の確保」である。

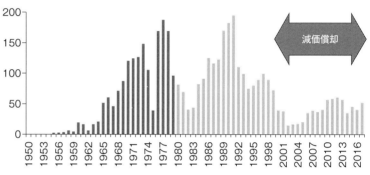

図1　典型的な設備の経年分布

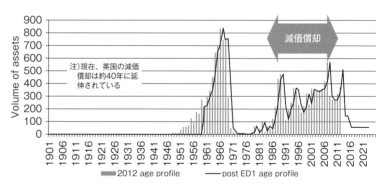

図2　ロンドンの配電会社の典型的な経年分布[2]

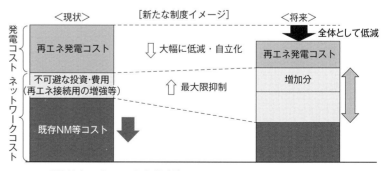

図3　託送料金見直しの方向性[3]

この①単価削減と②必要な投資のうち、後者について、これから述べていきたい。

取り組み内容

先にアセットマネジメントは「計画的かつ効率的な設備管理・投資」と述べたが、それは「1円あった時、何に使えば社会のリスクを最小にするか（価値を最大にするか）」と置き換えることができる。

リスクの量は一般的に、

　　　リスク量＝「故障する確率」×「故障時の影響」

で表される（図4）。図4の横軸が確率、縦軸が影響、掛け算したものがリスクとなる。

一般に設備が古くなると故障確率だけが大きくなる（BからC）。ある費用を使って何らかの対策をとると、対策の種類によって確率、影響、あるいは両方が小さくなる（それぞれA、D、E）。実際に行われる作業の詳細は、下記の通りとなる。

（1）設備を分類する

電線、電柱、変圧器などを分類する。

（2）故障を定義する

分類した設備それぞれについて、故障を定義する。同じ設備にも色々なタイプの故障があり、それぞれ確率や影響が異なる。故障する（影響が出る）前兆で設備を取り替える場合、その前兆を故障として扱うが、その設定は困難な作業である。

（3）故障確率を設定する

可能な限り実データを使って故障確率を設定する。そのデータの取得が、特にアセットマネジメント初期には困難な作業となる。また、将来の故障確率の予測も行う必要があり、これにも深い設備知識が必要で困難な作業となる。それには日常の点検や健全性診断技術が重要なことは言うまでもない。

（4）影響を設定する

組織の定めた価値に基づいて停電の影響、人身災

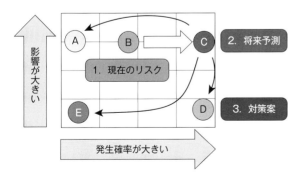

図4　故障の確率と故障時の影響

害の影響などを設定する。影響を通貨単位（円・ドルなど）で表す金銭化の方法と、1〜5点など点数で表す方法があるが、最近のトレンドは前者である。

また、設備の故障が直接停電や人身災害に繋がらない場合もある。例えば、並列した2つの設備で電気を送っている場合、片方の設備の故障では停電は発生しない。そのため「設備故障時に影響が発生する確率」を設定する必要があるが、これもネットワーク解析が必要で、困難な作業である。

（5）リスクの計算

「故障時に影響が発生する確率」を考慮すると、

　　リスク量＝故障確率×故障時の影響の発生確率
　　　　　　　　　　×影響

となる。

（6）複数の対策オプションの設定

一般的に、故障防止には複数の対策がある。図4の3種の対策は、下記のような例を表している。

- 設備を新品に取り替える。
    - （A）…故障確率が減る。
- 予備品を所有し、復旧時間を短縮する。
    - （D）…停電時間が減り、影響が減る。
- 環境負荷の小さな新品に取り替える。
    - （E）…確率も影響も減る。

その他、修理や部品取替で使い続けるオプションもある。

（7）予算の作成

オプション毎のリスク減を設定すれば、毎年何に幾らの予算を割り振れば最もリスクを低減できるかは、最適化計算によって導かれ得る（最適解）。最適解は年間変動の多い解となるので、これに2つの制約、サプライチェーン・予算・許容リスクなどの制約条件を考慮すると、現実的な予算が作成され得る（現実解）。図2の折線は、予算が実行された場合の8年後の予想経年分布である。

（8）DX

上記計算は膨大な作業となるので、上流の設備情報取得から下流の予算案作成までデジタル化することが望ましい。設備データを扱うシステム（EAM）、リスクを扱うシステム（APM）、予算最適化を行うシステム（AIP）などの市販品が、それぞれ複数の会社から提供されている。

（9）数値例

上記の説明のために非常に単純な例を1つ示す（数値自体はあくまで参考値）。

30kW（家庭約10軒分）の電気を送る設備があり、

- 故障時には8時間で復旧できる。逆に言うと8時間停電するとする。
- 今年1年間の故障確率は、実績から1%と推定。
- 統計ならびに技術評価から20年後には故障確率が1年当たり10%に上昇するとする。
- 停電時の損失は、需要家によって異なるが、1kWh当たり3,000円とする。

今年のリスクは、下記の通り。

30kW × 8時間 × 3,000円 × 1% = 7,200円

20年後は確率が10%になっているので、年間のリスクは72,000円となる。対策は2種類あるとする。

- 補修費用は10万円だが、故障確率の増加を5年遅らせるだけ。
- 新品への取替費用は100万円だが、故障確率はほぼ0%にできる。

安全など停電防止以外の価値や他の設備についてもこれらの数値設定を行い、制約条件を設定すれば、長期的な最適予算が計算可能となる。逆に言えば、上記のように1つの設備だけを考慮しても、最適な予算は計算できない。

現状の課題、解決策

1．課題

現状の課題は、前章で「困難な作業となる」と記載した事項となる。それに加えて、近年顕在化している課題を2点追記する。これらは既設設備対策ではないので、図4のように単純には表せないが、考え方は援用できる。

（1）激甚災害

近年話題になっている激甚災害への対策として、地域に発電機と蓄電池を設置するオフグリッド（あるいはセミオフグリッド）も対策オプションの1つとなりうる。

（2）再エネ接続との総合検討

前述の通り、再エネへの接続は今後の重要な課題であり、電力広域的運営推進機関（以下：広域機関）でも様々な検討が行われ、マスタープランの作成が検討されている[1]。再エネ適地から需要地へ送電線が建設される場合、近傍に既に古い既設送電線が存在する可能性が高い。その場合、新設送電線を大きめに建設し、既設送電線を廃止することも、対策オプションの1つとなり得る。

2．解決方法

（1）欧米先進事例の導入

幸いにして2000年前後に古い設備の問題が顕在

化していた欧米各国が、これらの課題に取り組んできた。例えば、英国配電会社のCNAIM[4]など、先進事例を導入し、日本の環境に合うよう修正しながら少しずつ適用が進められている状況である。

（2）独自の検討

オフグリッドや再エネ接続との総合検討については、欧米でも確立した手法はなく、独自に検討を実施している。

（3）まとめ

これまでの内容をまとめると、

- 設備の良し悪しだけではなく、影響や総予算を見て古い設備に対する意思決定を行う
- 既設設備と設備新設を総合的に考える

ことが今後必要となる。筆者の所属する会社では、これらの状況に鑑み、2019年4月に新たな組織を立ち上げ、設備計画、設備リスク、予算計画を一体的に検討する体制を構築した。さらに今後数年で、次章で述べる大きな転機が訪れるが、その対応に邁進しているところである。

国内外の規制の動き

1．海外の状況

先進国の規制の例として、英国の例について述べる。

図5は、1990年に送配電が分離されて以降の英国の規制を纏めたものである。当初はコスト効率化がメインで進められ、2000年代にコスト効率化がある程度達成されると、次の段階として2010年代には停電を減らす、再エネを接続するなど「アウトプット（達成すべき指標）」も含めた規制の枠組みが導入された。停電を減らすなどの一次指標とリスクを管理するなどの二次指標があり、前述したCNAIMも用いられている。このような規制のもと、2010年頃から送配電料金は上昇傾向にある。

2．日本の状況

2020年7月30日に開催された第1回料金制度専門会合の資料を使って簡単に述べる。

（1）電気事業法改正

電気事業法が改正され、国が定める指針に基づき送配電事業者が事業計画を作成し、国が計画を承認することとなった。

（2）アウトプット

目標の例として、安定供給、広域化、再エネ導入、サービス品質が挙げられた。

（3）アセットマネジメント

事業計画には「アセットマネジメント等の手法に

＊Revenue ＝ Incentives ＋ Innovation ＋ Outputs

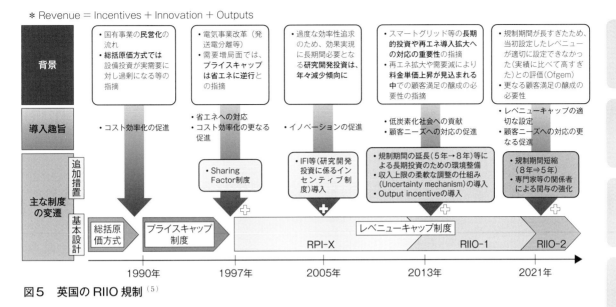

図5 英国の RIIO 規制[5]

基づく更新投資、修繕の方針、投資数量と金額」についても記載すべきではないかと提言されている。

（4）スケジュール

今後、2021年6月頃までに詳細な設計を実施し、省令改正後に各送配電会社が事業計画を作成し、2022年度に国の審査、2023年4月から新制度での運用開始を目指している。

将来展望、国際規格

1．まとめ、将来展望

古い設備への対策の必要性が高まっており、その対策を合理的に実施するためにアセットマネジメントの重要性が増している。2023年から始まる予定の新しい規制は、まさにタイムリーな動きであり、国の指導のもと、広域機関や送配電各社が協力しながら国際的にトップレベルの仕組みを作成中である。さらに、再エネの接続、災害に対する強靱化も合わせて達成すべく、さらなる高みを目指して鋭意努力中である。

2．国際規格

最後に少しだけ筆者が幹事を務める国際団体について述べたい。アセットマネジメントについてはISO 55000シリーズとして2014年に国際規格化され、JIS Q55000シリーズとして国内規格化されている。ISO 55000シリーズは業界を問わない規格であり、同じ内容の送配電業界向けのIEC規格をつくる動きが日本を中心として始まり、技術委員会No.123（TC123）として活動を開始した。2020年8

月時点では、まず用語を定義し、世界のベストプラクティスを集めている段階だが、今後ISO 55001のセクター規格として国際規格がつくられる予定である。

◆参考文献◆
（1）電力広域的運営推進機関，マスタープラン検討委員会における検討のスコープと進め方等について 2020年8月28日
https://www.occto.or.jp/iinkai/masutapuran/2020/masutapuran_01_shiryou.html.
（2）UKPN. Asset Category Distribution Transformers. LPN
https://library.ukpowernetworks.co.uk/library/en/RIIO/Asset_Management_Documents/Volume_Justification/LPN/UKPN_LPN_Asset_Plan_Distribution_Transformers.pdf
（3）経済産業省資源エネルギー庁，持続可能な電力システム構築小委員会中間取りまとめ，2020年2月
https://www.enecho.meti.go.jp/committee/council/basic_policy_subcommittee/system_kouchiku/pdf/report_002.pdf
（4）6-GB-DNOs. COMMON NETWORK ASSET INDICES METOLOGY, 2017
https://www.ofgem.gov.uk/system/files/docs/2017/05/dno_common_network_asset_indices_methodology_v1.1.pdf
（5）経済産業省資源エネルギー庁総合資源エネルギー調査会電力・ガス事業分科会，脱炭素化社会に向けた電力レジリエンス小委員会中間整理，2019年8月
https://www.meti.go.jp/shingikai/enecho/denryoku_gas/datsu_tansoka/20190730_report.html.

〈東京電力パワーグリッド（株）　重次 浩樹〉

災害レジリエンス

近年、台風に関連する災害が立て続けに発生しており、気候変動に伴う災害の激甚化が懸念されている。また、南海トラフ巨大地震や首都直下地震などの巨大地震の切迫性も日々高まっており、「実践的でレジリエントな社会の構築」について様々な分野で議論されてきている。ここでは、都市機能を維持する上で必要不可欠な電力システムを中心に、レジリエンスについて考えてみたい。レジリエンスは、災害後の「機能性」や「回復性」を表す指標であり、以下の4つのRで表現されることがある[1]～[3]。

① 「頑強性（Robustness）」：構造物やシステム系が設計上規定されている外力を上回る外力を受けた場合にも耐えるという性能を表す（電力システムを構成する発電所や送電線の一部が破壊されても停電を起こさずに消費者に電気を届けられる能力）。

② 「冗長性（Redundancy）」：システム全体で考えた場合に、一部の機能が停止した場合に、残値の部分で補い、全機能が停止することのない性能。電気を送るルートが複数存在するなど多重化されていることなど。

③ 「迅速性（Rapidity）」：機能を失った際にどれだけ早く復旧できるかを表す性能。停電発生時から復電（停電解消）するまでの時間。

④ 「豊富さ（Resourcefulness）」：災害後に必要となる資金や資材の量、ならびにその最適化を表す。これらを使用するための労働力や知識・技能を含む。局所的に電気を供給できる電源車の保有台数や他電

力会社等からの応援要員の人数など動員力。

図1は、レジリエンスの概念を端的に表した図である。頑強性や冗長性は主に抵抗力の上昇に、最適な豊富さは復旧活動の迅速化に寄与する。

電力システムの場合、供給支障の解消を目的とする活動は、大きく①災害情報の収集、②系統切り替え、および③物理的修復、というプロセスを辿る。系統切り替えや応急的な仮復旧により、比較的早期に供給支障を解消できる場合もあれば、災害の種類や想定する規模によっては復興までを見据えた中長期視点が必要となる場合もある。災害の種類・規模と設備特徴（数や立地条件の多様性）、時間スケールも勘案してレジリエンス指標を定義し、目標を定めた上で、それに向けた4つのRを合理的に高めることが適切なレジリエンス強化に繋がると考えられる。

以下、台風と地震に関する過去の大規模災害事例と課題を俯瞰すると共に、それらを踏まえたレジリエンス向上に向けた検討事例を、主として土木建築的な視点から紹介する。

電力設備の大規模災害の特徴

1．強風災害の特徴（2019年台風15号を例として）

2019年9月9日に関東地方に上陸した台風15号は、記録的な暴風となり、建物被害や崖崩れ等、甚大な被害が発生した。台風15号は、伊豆諸島と関東地方南部の6地点で最大風速30m/s以上の猛烈な風を記録し、関東地方を中心に19地点で最大風速観測史上1位の記録を更新した。また、千葉県を中心に最大停電戸数約93.5万件の大規模停電が発

表1　近年の配電設備被害概要[5]

	被災電力会社	台風	電柱被害箇所数（箇所）	最大停電戸数（万戸）
2018年	関西電力	21号	1,343	240
	中部電力	24号	206	180
2019年	東京電力	15号	1,996	93
	東京電力	19号	683	52

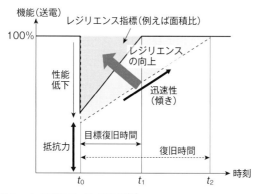

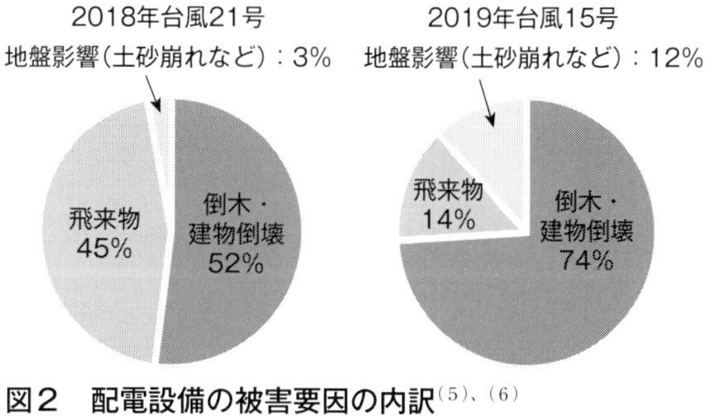

図1　レジリエンスの概念[3]

図2　配電設備の被害要因の内訳[5]、[6]

生し、全面復旧までに約2週間を要するなど、長期にわたる停電により国民生活や経済活動に甚大な影響を及ぼした。また、千葉県君津市の東京電力管内の東西方向に延びる66kV 6回線鉄塔2基の倒壊と1基の部材変形が発生した[4]。

表1は、2018年、2019年に多大な被害を発生させた台風による電柱被害と最大停電戸数を比較したものである。台風による電力設備被害のほとんどは、電柱などの配電設備に集中している。また、2019年台風15号による鉄塔被害による停電は約11万件、事故系統の仮復旧は事故翌日には完了していることからも、台風による長期にわたる電力供給支障の主な原因は架空配電設備の被害と言える。図2に、被害の発生した2018年台風21号と2019年台風15号における原因別の電柱被害の内訳を示す。風圧による直接被害はほとんど報告されておらず、飛来物や樹木倒壊による二次被害が大半を占めている。飛来物による被害は市街地ではトタン等の屋根材、郊外ではビニルハウスの飛来によるものが多い。また、森林地域などの山間部では、近接する損傷した樹木が電柱・電線等に接触したことなどが主原因となっている[4]。また、両台風の支配的な被害モードの違いから台風襲来地域の土地利用区分や地域性にも左右されることが分かる。

図3に台風別の停電戸数の時間推移を示す。2019年台風15号では図1の迅速性（傾き）に対応する停電戸数の減少率が他と比べて小さく、レジリエンス向上に向けた課題を浮き彫りにした。例えば、事前の復旧体制整備・被害状況の正確な情報把握、倒木処理・伐採等に対する自治体・他インフラ連携強化、ハード対策として地域の実情に応じた鉄塔の技術基準の整備や配電線の倒木対策などの課題が整理され

た[5]。

2．地震災害の特徴（東北地方太平洋沖地震）

2011年3月11日の東北地方太平洋沖地震は、我が国において観測史上最大となる巨大地震であった。この地震による巨大津波の発生を伴い、東北地方から関東地方にわたる広域が被災した。

設備被害としては、東北電力管内では送電用鉄塔46基（全28,205基）、変電75か所（全615か所）、東京電力管内では送電用鉄塔15基（全30,555基）、変電134か所（全1,592か所）で発生し、配電設備では、両管内とも膨大な数の被害が発生している[7]。地震動による主な被害では、相対的には変電設備に集中しており、送電設備では、がいしの破損、周辺地盤のすべり、液状化、沈下などの影響ならびに不同変位による部材変形、基礎についてはコンクリートの亀裂等の破損などが確認されている。配電柱においても液状化や周辺建物による被害を受けている。津波による被害は、沿岸域の変電所や送電線、配電柱が壊滅的な被害を受けている。変電所の浸水被害に加え、津波に伴う海洋浮遊物や陸上の損傷を受けた漂流物、車などの波力に付加された荷重による送配電設備への二次的被害の影響が大きかった。

東北地方太平洋沖地震で被害を受けた東京電力と東北電力および都市ガスの供給支障率の推移を図4に示す[8]。東北電力管内では地震直後に最大約466万戸の広域停電が発生したが、津波の影響により復旧作業できない区域を除いて3日後に被害全体の約80%を復旧した。東京電力では、最大405万戸の停電が発生したが、翌日には60万戸、4日後には7,300戸まで減少し、8日後には全ての停電が復旧した。都市ガスに比べて電力の回復が非常に早く、他のインフラ設備に対して高いレジリエンスを有していることが確認された。

一方で、地震による強い揺れと、その後の巨大津波により沿岸部に立地する複数の発電所が被災し、電源の大幅な喪失が発生した。これにより長期停止中発電所の再稼動、緊急電源の設置、需要抑制のための節電要請、計画停電の実施等、長期にわたり国民の生活

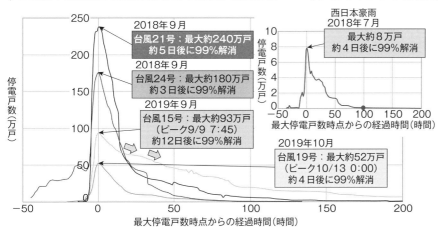

図3　台風別停電戸数の時間推移[5]

や産業活動に多大な影響を与えた。この事実は、巨大災害を考える上で重要な特徴であり、このような大規模災害に対して供給設備の増強という従来の防災対策のみで対応することの限界も明らかとなった。

大規模災害に対するレジリエンス 向上技術

電力システムの大規模災害に対するレジリエンス向上のためには、1.で述べた通り、抵抗力と復旧の迅速性の向上をバランス良く実現することが必要である。2.で示した大規模災害事例より、台風の場合には、架空送配電設備の設備損傷が中心で、特に送電設備に対しては適切な耐風設計・対風対策、配電設備に対しては復旧迅速化に寄与するソフト的な対応が重要である。

一方、地震被害について地震動による発電所、送配変電設備など電力システム全般にわたる設備損傷が想定され、さらに津波発生の場合には、さらなる供給力の喪失を伴う。個々の設備の耐震設計・耐震対策に加え、道路やガス・水道等、他のライフラインも同時被災することから、それらとの相互影響も踏まえた復旧戦略・連携が重要となる。ここでは、復旧迅速化に寄与する研究開発事例を紹介する。

1. 被害早期把握や復旧体制確保を支援する技術

情報の収集（被害状況の早期把握、すなわち巡視計画の最適化）と、物理的修復（復旧計画、復旧体制の最適化）を支援するため、「配電設備の災害復旧支援システムRAMP」（Risk Assessment and Management system for Power lifeline、台風版：RAMPT、地震版：RAMPEr）が開発されている。RAMPは、地震・津波・気象に関する予測値や現況値の最新情報をリアルタイムに受信し、それらの情報と設備情報等の電力固有情報に基づき、逐次被害予測や被害推定を行う共通プラットフォームである[9]。図5は、RAMPTの概要である。RAMPTでは、一般に入手可能な台風情報（進路、大きさ）に基づき、簡易かつ短時間で任意地点の風速・風向と被害数を評価することができる。

台風襲来時に営業所毎に予測される被害の程度を考慮して復旧に必要な人員・資材を事前に配備し、強風による電柱折損や倒壊およびそれらに起因する停電等の被害に備えることができる。同システムは、電力各社の復旧実務で実践的に活用されている。

また、2019年台風15号で明らかとなった現状把握の迅速化の必要性に対し、衛星画像やドローン撮影画像、センサー情報、国・自治体・インフラ事業者の保有する現状情報や、AI等の最新の解析技術による停電復旧見通しの算出・情報共有・発信手法の開発が進められている[10]。

2. 設備形成や復旧戦略策定を支援する技術

現在、発生が危惧されている南海トラフ巨大地震や首都直下地震を想定した場合、甚大な人的・物的被害による需要低下と共に、複数の基幹設備が同時多発的に被害を受けることが考えられる。このような巨大地震を考えた場合、災害時に求められる電力

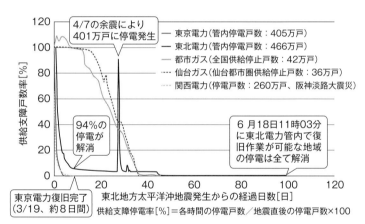

図4　供給支障率推移[8]

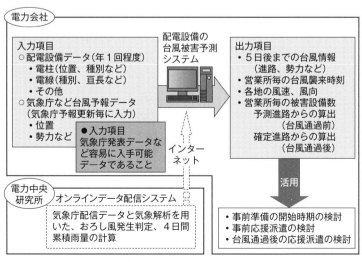

図5　RAMPTの概要[9]

需要に合わせた供給力を確保するといったアプローチも必要であり、さらに設備被害およびその復旧に伴う多くの不確実性を考慮して、発生し得る多様な被災シナリオやその頻度を評価することが重要となる。ここでは、このような評価に資する技術として、災害時の電力需給バランス評価法に関する基礎的な研究事例[11]、[12]を紹介する。

同研究の需給評価フレームを図6に示す。本手法は、シナリオ地震による地震動（震度）の面的な分布および、対象地域における電力系統ならびに需要家である世帯・事業所の分布を入力情報とし、設備被害や社会経済活動の低下およびその回復過程を評価する諸々のモデル群を適用することで、発災後の電力の供給力および需要の計算を行うものである。これにより、シナリオ地震に対する発災直後から数日、数週間、数か月の中長期にわたる供給力、需要の規模の推移、電力不足解消までの時間、発生地域（変電所単位）間のリスク比較、シナリオ地震に対する設備の被害像の推計やボトルネック設備の特定等、設備増強策の検討や災害対応体制の事前整備に資す

る情報を得ることができる。

　　◇　　　　　◇　　　　　◇

本稿では、自然災害に対するレジリエンスの捉え方の一般的概念を示すと共に、電力システムに対する近年の台風や地震被害を整理し、その特徴とレジリエンスを高めるための課題を述べた。また、レジリエンス向上に向けた取り組み事例を紹介した。紙面の都合上、電力システムとしての信頼度向上や系統運用については触れていない。

事象の巨大化、複合化（豪雨と地震といった災害の重畳）、気候変動や設備の老朽化、再エネ導入など、経験知のない多様で不確定な要素がある中で、今一度想像力を豊かに、多面的な視点で災害に向きあっていく必要がある。

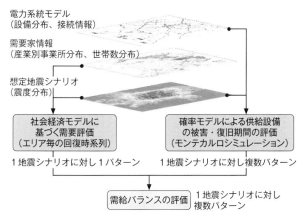

電力系統モデル
（設備分布、接続情報）

需要家情報
（産業別事業所分布、世帯数分布）

想定地震シナリオ
（震度分布）

社会経済モデルに基づく需要評価
（エリア毎の回復時系列）
1地震シナリオに対し1パターン

確率モデルによる供給設備の被害・復旧期間の評価
（モンテカルロシミュレーション）
1地震シナリオに対し複数パターン

需給バランスの評価
1地震シナリオに対し複数パターン

図6　電力需給評価フレーム[11]

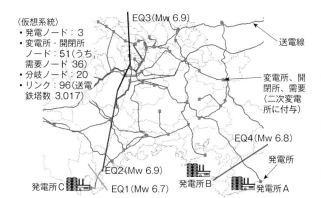

〈仮想系統〉
・発電ノード：3
・変電所・開閉所
　ノード：51（うち
　需要ノード36）
・分岐ノード：20
・リンク：96（送電
　鉄塔数 3,017）

EQ3（Mw 6.9）
送電線
変電所、開閉所、需要（二次変電所に付与）
EQ4（Mw 6.8）
発電所
EQ2（Mw 6.9）
EQ1（Mw 6.7）
発電所C
発電所B
発電所A

図7　系統モデル（仮想）とシナリオ地震の例（断層仮定
　　　EQ1～EQ4）[12]

◆参考文献◆
（1）秋山充良，石橋寛樹：南海トラフ地震 その防災と減災を考える，東京安全研究所・都市の安全と環境シリーズ5，早稲田大学出版部，2019
（2）特集：01 レジリエント建築社会の到来，建築雑誌，2020年1月号，日本建築学会，2020
（3）電気学会，安全・安心社会の電気エネルギーセキュリティ，2018
（4）経済産業省電力安全課，令和元年台風15号における鉄塔及び電柱の損壊事故調査検討ワーキンググループ＜中間報告書＞，2020年1月
（5）経済産業省資源エネルギー庁総合資源エネルギー調査会電力・ガス事業分科会電力・ガス基本政策小委員会/産業構造審議会 保安・消費生活用製品安全分科会電力安全小委員会 合同電力レジリエンスワーキンググループ，台風15号の停電復旧対応等に係る検証結果取りまとめ，2020年1月
（6）関西電力，台風21号対応検証委員会報告（平成30年12月13日）
（7）佐藤清隆，朱牟田善治，石川智巳：電力流通設備（送配電設備）の被害と対策，基礎工，Vol.40，No.12，2012
（8）特集：災害に強い電力システム，OHM，Vol.106，No.5，オーム社，2019
（9）石川智巳，朱牟田善治，増川一幸：配電設備の台風被害予測手法の提案とシステム化，電力土木，Vol.357，pp.17-26，2012
（10）経済産業省資源エネルギー庁，公募，高圧ガス等技術基準策定研究開発事業（停電復旧見通しの精緻化・情報共有システム等整備事業），2020年2月
（11）高畠大輔，梶谷義男，湯山安由美，石川智巳：大規模災害時の電力需給シミュレーションに関する基礎的検討，JCOSSAR2019，OS16-1A，2019
（12）湯山安由美，高畠大輔，石川智巳：大規模災害時の電力需給バランス評価に関する研究開発，エネルギーと動力，2020春季号，No.294，2020

〈（一財）電力中央研究所　石川　智巳〉

大規模停電防止

概要

電力システムの大規模化に伴い、システム内で生じた不具合が波及して発生する大規模停電が世界各地で繰り返し引き起こされている。電力システムの歴史は、大規模停電の発生と、その後の防止技術の進歩のイタチごっこであったとも言える。

多くの需要家に影響を与える大規模停電を発生メカニズムで分類すると、以下の2種類が存在する。

① システム内の特定箇所に生じた不具合の影響が電力システム内に波及・拡大し、最終的に広範囲な停電やブラックアウトに至るケース。

② 広範囲に多数の電力設備が被害を受け、当該設備から供給しているエリアが停電するケース。

本稿は、前者の大規模停電の防止技術を取り上げ、大規模停電発生のメカニズムと防止技術のニーズ・目的を概説する。次に、特に我が国の事例を中心に、大規模停電をどのように防止しているかという取り組みと今後の課題を解説する。

ニーズ・目的

1. 21世紀に入っても繰り返される大規模停電

情報化社会の進展に伴い、安定な電力供給が不可欠となっているが、世界各国を見渡すと21世紀に入ってからも大規模な停電が続発している(**表1**)。

これらは全て単一設備あるいは限られた数の設備に生じた不具合が拡大したものであり、背後要因も含めて、幾つかの要因が複合している。このため、大規模停電防止のためには、その複合的なメカニズムを明らかにした上で、設備投資・設計の段階から設備の保守・運用に至る一連のバリューチェーンでの取り組みが必要となる。

2. 我が国の大規模停電防止技術に大きな影響を与えた大規模停電[1]

我が国も幾つかの大規模停電を経験し、その経験を糧に停電防止技術を開発してきたが、特に大きな影響を与えた2つの大規模停電について説明する。

2.1 御母衣事故(1965年)

岐阜県内の御母衣発電所構内の275kV送電鉄塔

表1　21世紀に発生した主な大規模停電

停電	概要
米国北東部 6,180万kW (2001年8月14日)[1]	樹木接触による送電線停止をきっかけに系統状態の把握と対応が遅れ、カスケード的に影響が米国北東部全体に拡大。
イタリア全土 2,770万kW (2003年9月28日)[2]	樹木接触によるスイスとの国際連系線停止をきっかけに全ての国際連系線が過負荷で停止。イタリア国内の需給バランスが維持できずにブラックアウト。
欧州 1,700万kW (2006年11月4日)[3]	ドイツ国内の地域間連系線の停止をきっかけに残りの送電線に過負荷が発生。欧州系統が3分割され、その1つで需給バランスが保てずにブラックアウト。
北海道全土 308万kW (2018年9月6日)[4]	地震による大容量発電機(複数)の停止をきっかけに周波数低下。風力発電停止、水力・火力発電所の出力低下、地域間連系線の停止等によりブラックアウト。

への落石事故を発端として、京阪神地域で生じた大規模停電(約300万kW)である。

現在の電力系統で発電の大半を担っているのは交流同期発電機である。全ての同期発電機の回転状態が、時計の時刻が一致しているように維持されている状態を同期状態と呼ぶ。同期状態が保たれていれば、全ての発電機の回転数が同調して動き、系統内の周波数はどこでも同じとなる。

同期機の特性により、通常の運転状態では自然に同期状態が保たれ、系統に新たな発電機を並列したり、多少の擾乱があっても、発電機群が速やかに同期状態に復帰する。これを同期化力と呼び、これによりシステムが受動的に安定となる。

また、発電機群が同期状態にある時、系統内の需要が発電量を上回ると周波数が低下するが、その際に発電機の回転速度の減速に伴って、発電機・タービンからなる回転体から慣性エネルギーが電気エネルギーとして系統に放出される。このことで需給バランスのギャップが小さくなるため、周波数低下が抑制されることになる。これを交流系統の慣性力と呼ぶ。

御母衣事故では、事故を検出する保護リレーの盲点となったため、バックアップ装置が動作するまでの時間が長くなり、かつその際にループが開放されることになった。この擾乱により、発電所の同期状態が維持できなくなり(「同期外れ」あるいは「脱調」という)、さらに北陸系統の発電機群の脱調を招いた。その後、残った系統の中での需要が増加したため、供給が追いつかずに周波数が低下し、中国系との分離や、関西火力の停止が進み、京阪神地域の広域停電に至った。

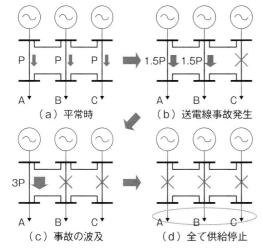

図1　過負荷の連鎖による事故波及

（a）平常時　（b）送電線事故発生
（c）事故の波及　（d）全て供給停止

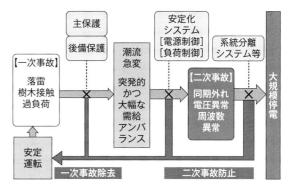

図2　大規模停電のメカニズム

2.2　電圧不安定による首都圏大規模停電（1987年）

　夏のフェーン現象により首都圏のエアコンなどの需要が昼休み後に急増した結果、電力系統の電圧維持能力が損なわれて、新富士、新秦野、北東京という3つの電源変電所が停止に至り、合計約800万kWという我が国でも最大規模の停電が生じた。事故後の詳細な解析により、この停電の原因が電圧不安定現象であることが明らかにされた。

3．大規模停電の発生メカニズム

　図1に示した通り、平常時に3回線で電力を送っている場合（a）、そのうちの1回線が停止すると、残り2ルートを流れる電力が1.5倍になる（b）。この結果として1.5倍に増加した電流が、送電線を流せる許容電流を上回って過負荷が生じると、送電線を保護するために、健全回線が次々と遮断されてしまい（c）、大規模停電に至る（d）。

　この単純なモデルから、平常時に流す電力を一定の範囲（「運用容量」と呼ぶ）に適切に抑え、万一、送電線の過負荷が生じた際には、発電や需要を抑制するなどして、残りの送電線に影響を波及させないこと（事故波及防止）が必要であることが分かる。

　系統内に発生する不具合は、前述の通り、過負荷だけではない。系統内に落雷・樹木接触・過負荷などの一次事故が生じると、当該設備は主保護もしくは後備保護によって遮断されるが、その際の状態の変化（擾乱）が大きい場合、発電機の同期運転が損なわれる「同期外れ」、電圧安定性が損なわれることによる「電圧異常」、需給バランスが崩れることによる「周波数異常」などが引き起こされる（二次事故）。

　二次事故が生じると、系統の分離などに至るが、分離された系統内で需給バランスが崩れることで周波数維持ができなくなり、運転を継続していた発電機が連鎖的に停止し、分離した系統のブラックアウトが生じて広範囲の停電に至るのである（図2）。

取り組み内容

1．信頼度確保の枠組み

　具体的な大規模停電防止技術を述べる前に、電力システムの信頼度を維持する上で重要な2つの概念であるセキュリティ（security）とアデカシー（adequacy）について解説する。

　セキュリティとは、短期的に生じる大規模な不測の事態のリスクに耐える電力システムの能力である。一方、アデカシーとは、長期的に需要を満たすための電力系統の能力を指す。セキュリティが主に電力系統の運用に焦点を当てた概念であるのに対し、アデカシーは計画や設備投資に焦点を当てた概念である。

　アデカシーの検討では、需給の不確実性や系統制約（運用容量）を考慮したモンテカルロ・シミュレーションを行い、発電設備量やデマンドレスポンス確保量が適切であることを確認する。また、同時に送電系統の容量が十分であることも確認する。

　セキュリティの検討では、系統内に大小の擾乱が発生した際に、過負荷、周波数異常、電圧異常、脱調などが生じないかを膨大な回数の事故ケースのシミュレーションにより、あらかじめチェックしている。これらの各種セキュリティ制約を満たした送電可能な能力、すなわち運用容量をあらかじめ定めて、運用容量を超えないように系統運用を行う。

　図3に電力システムの計画から運用・復旧に至る一連の信頼度確保の枠組みを示した[5]。アデカシー確保の観点から発電・送電設備一体での信頼度評

価を行い、必要な送電容量の拡大を検討する必要が
あるが、電気事業の自由化によって、発電計画はそ
れぞれの発電事業者の投資判断に委ねられるため、
これらを適切に考慮しつつ、発電・送電の全体でコ
ストが最小となるような全体最適の視点で計画を行
うことが課題となっている。

また、系統運用の段階では、発電設備と送電系統
の点検や補修のための停止を調整し、運用容量が下
がる停止期間中には、発電所の運転にあらかじめ制
約を設けたり、この際の系統制約を考慮しても需要
を満たすだけの発電力が系統内に維持されるように
調整を行う必要がある。

また、実運用段階では、①大規模停電を予防するた
めの予防制御、②系統内に発生した一次事故の波及
を防ぐ緊急制御、③停電からの復旧が順次行われる。

2．モニタリングと予防制御

系統運用を行う準備として、想定事故が起きても
系統が安定を保てる範囲で系統を運転するように、
系統のモニタリングと予防制御が行われる。

このため、事前に膨大な数のシミュレーションを
行ってセキュリティを評価し、送電系統毎の運用容
量を定めている。運用容量は、発電設備や流通設備
の停止によって変わってくるので、系統を変更する
度に検討が必要である。

事前のシミュレーションによって運用容量を定め
た後は、リアルタイムで系統の状況をモニタリング
しながら、運用容量の範囲で、最経済となるよう
に発電所を運転する。この方式をSCED（Security
Constrained Economic Dispatch）と呼んでいる。

3．緊急制御

一次事故が発生した際に二次事故への波及や、そ
れ以上の拡大を防止するために緊急制御が行われ
る。

3.1 周波数異常防止システム

系統内で発電所が停止すると需給バランスのずれ

により系統内の周波数が低下するが、この周波数低
下によって別の発電所が停止し、周波数低下が連鎖
してブラックアウトに至る恐れがある。

これを避けるために、系統内の周波数低下を検出
して、早期に系統内の需要を制限する（負荷遮断す
る）システムが導入されている。

2011年の東日本大震災時の動作例を**図4**に示す。
地震発生直後に、福島第一原子力発電所2号機、3
号機、東北電力（株）女川原子力発電所3号機や相
馬共同火力発電（株）新地発電所2号機など700万
kWが自動停止したことにより、東日本の周波数は
49.99Hzから48.44Hzまで急低下した[6]。この低
下に伴い、周波数異常防止システム（UFR）が動作
し、合計約570万kWの需要抑制を行うことで系
統周波数が復帰し、ブラックアウトが回避された。

3.2 脱調防止システム[7]

系統事故が発生した後の発電所の同期外れ（脱調）
は事故後数秒程度で生じるため、事故直後に高速に
動作して脱調を未然に防止するシステムが適用され
ている。系統状況を把握しながら、必要な最適制御
量を演算して、発電所への電源制限を指令するため
高度な演算能力を必要とする。

オンライン事前演算型のシステムでは、事前演算
部で系統状況を把握しセキュリティ解析を30秒周
期で行って最適な制御量を演算することで、様々な
系統状況への適用を可能としている。一次事故発
生後の動作条件をトリガーに、制御対象の発電所
150ms以内に最適制御量が送られる。

また、万一幾つかの発電所で脱調が生じた場合に
状況を放置すると、次々に健全な発電所が脱調に至
る。このため脱調が生じたことを検出して、電力系
統を適切な箇所で分離する脱調分離システムが導入

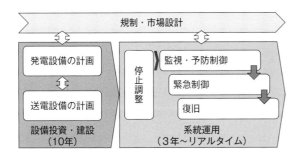

図3 信頼度確保の枠組み

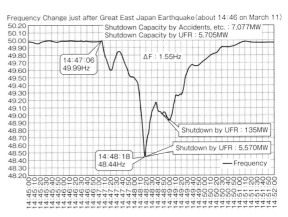

図4 周波数異常防止システムの動作例（東日本大震災時）

されている。

3.3 電圧安定性維持のための制御システム

1987年の電圧不安定現象による大規模停電を契機に、電圧不安定現象を検出し、必要最小限の需要抑制（負荷遮断）を行うシステムが適用されている。電圧不安定は分オーダーで起きる現象であるため、周波数異常や脱調に比べると波及防止のために時間的に余裕がある。

このため、電圧の低下や低下速度から電圧不安定現象を検出した場合、電圧が回復するまで負荷遮断を逐次的に行う方式が用いられることが多い。

3.4 過負荷防止システム[8]

系統内の過負荷を検出して、電源制限などの過負荷解消制御を緊急で行うシステムである。過負荷を検出するために、事前に定めた電流をオーバーしていないかを確認する過電流型に加えて、送電線などの許容温度上昇を予測して、許容温度を超える前に過負荷解消制御を行うシステムなどがある。

また、再生可能エネルギーなど電源の旺盛な連系に対して、送電線等の1回線故障を検出して、電源制限を速やかに行うことで、連系可能量を増加させる N-1電源制限システムなども過負荷防止システムの一種である。

以上のようなシステムのほか、事故後に生じる単独系統内での需給バランスを保つような制御を行うことでブラックアウトを回避する、アイランディング制御なども開発・適用されている。

3.5 復旧対策

基幹系統では、送電鉄塔への落雷などによって大気中を流れる事故電流を、遮断器によって遮断した後、大気の電離によって損なわれた箇所の絶縁耐力の復帰後に速やかに自動的再送電が行われる。これを高速度再閉路方式と呼んでいる。また、事故波及により一旦分離した系統を、一定の条件が満たされれば自動的に並列する装置など、復旧の自動化・高速化をはかるためのシステムが導入されている。

また、停電が波及して系統がブラックアウト状態に至った場合のその復旧訓練も行われている。

課題と解決の方向性

系統事故時には周波数や電圧が変動するが、インバータで連系する再生可能エネルギーなどの分散型電源では、従来はこれらの変動に対して停止しやすい設計が行われていた。再生可能エネルギーなどの導入量が飛躍的に拡大する中で、系統擾乱時に大量

の分散型電源が運転を停止すると、周波数低下の連鎖に繋がるため、一定の擾乱に対して運転を継続する機能（FRT：Fault Ride Through）の具備を要件化するなどのグリッドコードの制定が進められている。

また、風力・太陽光・蓄電池などはインバータを介して連系しているため、同期機が有する慣性力や同期化力がない。このため再エネの大量導入により系統内の同期機比率が下がることで系統の慣性が小さくなり、周波数が不安定になりやすくなる（慣性が半分になると、周波数低下速度が倍になる）という課題がある。

そこで我が国を含めた各国で、インバータ電源に疑似的な慣性力を持たせるための検討が行われており、特にインバータの制御によって、分散型電源にあたかも同期機と同様の振る舞いをさせる仮想同期機制御の技術開発が進んでいる。

将来展望と期待

再生可能エネルギーの導入に伴い、短期間で局所集中的な連系が進んだり、これらの運転が気象状況によって変動することから、電力システム内の不確実性が増大しつつある。そのような不確実性の増大する電力システムを運用する上でも、大規模停電防止技術の一層の高度化が欠かせない。

また、今後増加する電気自動車のバッテリなども、上手く活用できれば電力システムの安定化に繋がると考えられる。これらも含めた多数の分散型電源を大規模停電防止技術に組み込むことも必要となる。

今後のさらなる技術開発に期待したい。

◆参考文献◆

（1）横山明彦, 太田宏次：電力系統安定化システム工学, 電気学会, オーム社, 2014

（2）FINAL REPORT of the Investigation on the 28 September Blackout in Italy, UCTE, 2004

（3）FINAL REPORT-SYSTEM DISTURBANCE ON 4 NOVEMBER 2006, UCTE

（4）電力広域的運営推進機関, 平成30年北海道胆振東部地震に伴う大規模停電に関する検証委員会最終報告, 2018年12月

（5）関根泰次：電力系統工学（改訂版）, 電気書院, 1976

（6）東京電力（株）, 東北地方太平洋沖地震に伴う電気設備の停電復旧記録, 2013

（7）電気学会技術報告, 801号, 系統脱調・自己波及防止リレー技術, 2000

（8）電気学会技術報告, 1069号, 過負荷保護技術, 2006

〈東京電力パワーグリッド（株） 岡本 浩〉

廃炉（福島第一）

事故の経緯と廃炉作業の目的

2011年3月11日の東北地方太平洋沖地震からまもなく10年になる。発生時、福島第一原子力発電所では、6基の原子炉・タービン建屋中、1～3号機が運転中であり、発生直後に安全に運転を停止した。しかし、約50分後に襲った津波によって発電所は全電源喪失の状態に陥った。原子炉は冷却機能を失って燃料の溶融（メルトダウン）が発生、その過程で発生した水素によって1、3号機および3号機と排気管が繋がっていた4号機で爆発が起こった。内部の温度や圧力の上昇に伴い、密閉性を失った格納容器から放射性物質が周辺地域に拡散し、多くの方々の避難を招く結果となった。

その後、2011年12月に政府によって「冷温停止状態」が宣言されて以降、各号機は、燃料デブリ、使用済燃料の崩壊熱が減少したこともあり、安定し

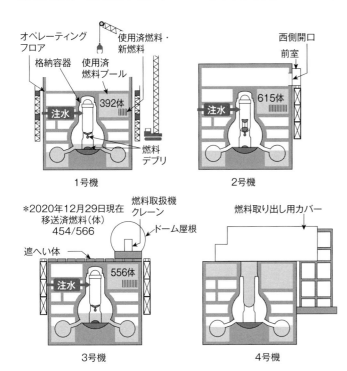

図1　1～4号機の現状

1号機 / 2号機 / 3号機 / 4号機

オペレーティングフロア / 使用済燃料・新燃料 / 西側開口 / 前室 / 格納容器 / 使用済燃料プール / 注水 / 392体 / 615体 / 燃料デブリ

*2020年12月29日現在 移送済燃料（体） 454/566 / 燃料取扱機クレーン / ドーム屋根 / 遮へい体 / 注水 / 556体 / 燃料取り出し用カバー

圧力容器、格納容器、使用済燃料プール内温度は年間を通して、15～35℃程度の範囲で安定

た冷却状態を維持している（図1）。国や自治体による除染の実施、インフラの復旧により避難区域は漸次縮小、福島第一の地元の自治体でも、住民の方々の帰還が始まった。

福島第一の廃炉の目的は、今後も帰還が円滑に進むよう、また、帰還された方々が安心して生活し事業を営めるよう、放射性物質によるリスクを継続的に低減し、人と環境を守っていくことである。

廃炉作業の概要と計画

1．中長期ロードマップ

東京電力は、国により2011年12月に取り纏められた「東京電力（株）福島第一原子力発電所1～4号機の廃止措置等に向けた中長期ロードマップ」（以下：中長期ロードマップ）に基づき廃炉作業を進めている。

廃炉作業の核心は使用済燃料プールからの燃料取り出し、および燃料デブリの取り出しであるが、その他の課題も多い。

例えば、事故以降、原子炉建屋等に日々発生するようになった汚染水は放射性物質を含んでいることから人および環境に対するリスクとなっている。

また、サイト内で発生する様々な廃棄物の処理や安定的な保管も中長期的に重要な課題である。そのため、中長期ロードマップにおいて、向こう10年程度の目標を管理するために設けられたマイルストーンでは、燃料取り出しと燃料デブリ取り出しに加え、汚染水対策と廃棄物対策の2031年までの目標も示されている。

主な内容を表1に示す。

2．廃炉中長期実行プラン

中長期ロードマップのマイルストーンや福島第一の廃炉作業を規制する原子力規制庁のリスクマップに掲げられた目標を達成するべく、「2031年までの廃炉全体の主要な作業プロセス」を示すことを目的に東京電力が作成した。例えば、燃料デブリ取り出しについては、2号機を取り出し初号機に決定、2021年内に試験的取り出しに着手して、段階的に取り出し規模の拡大を進めることや2号機での知見を踏まえ、1、3号機におけるさらなる取り出し規模の拡大に向けた取り組みに反映することなどが示されている（詳細は https://www.tepco.co.jp/decommission/

表1　中長期ロードマップにおけるマイルストーン　　出典：経済産業省ホームページより一部抜粋

分野	内容	時期
1．汚染水対策		
汚染水発生量	汚染水発生量を150m³/日程度に抑制	2020年内
	汚染水発生量を100m³/日以下に抑制	2025年内
2．使用済燃料プールからの燃料取り出し		
1～6号機燃料取り出しの完了		2031年内
1号機燃料取り出しの開始		2027年度～2028年度
2号機燃料取り出しの開始		2024年度～2026年度
3．燃料デブリ取り出し		
初号機の燃料デブリ取り出しの開始		2021年内
4．廃棄物対策		
ガレキ等の屋外一時保管解消		2028年度内

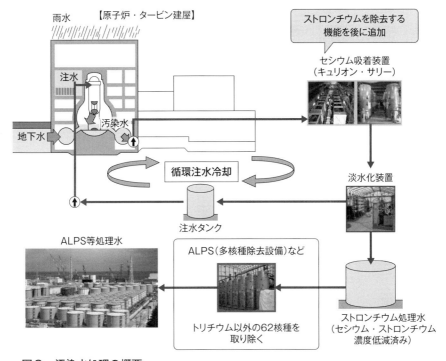

図2　汚染水処理の概要

progress/plan/2020-j.html を参照）。

廃炉汚染水対策の現状

1．汚染水対策

　図2に示すように原子炉内にある燃料デブリを冷やすための水が燃料デブリに触れ、高濃度の放射性物質を含んだ汚染水になる。この汚染水と建屋内に流入する地下水と雨水が混ざり合うことで、新たな汚染水が発生し続けている。これに対処するため、東京電力は、①汚染源を取り除く、②汚染源に水を近づけない、③汚染水を漏らさない、の3つの基本方針に基づき対応を進めてきた。

　「②汚染源に水を近づけない」の代表例が陸側遮水壁（凍土壁）である。汚染水の発生源である原子炉・タービン建屋1～4号機周辺（総延長約1,500m）に凍結管を約1mおきに地下30mの深さまで配置し、その周囲の地盤を凍結させることで、地下水の建屋への流入を抑制することを狙いとしている。冷熱源は30台、合計6,900kWの冷凍機である。ここから−30℃のブラインを各凍結管に循環させる運転を

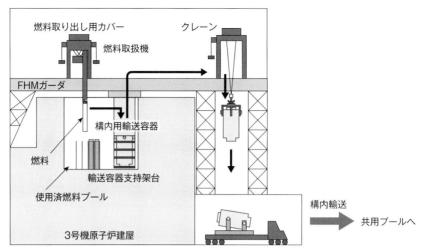

図3　3号機原子炉建屋における燃料取り出し

2016年3月に開始、順次、範囲を拡大して、2018年9月に全範囲が0℃以下に到達したことを確認した。その他の取り組みも相俟って、1日当たり汚染水発生量平均値は対策前の約540m³/日（2014年5月）に対し、約130m³/日（2020年1～11月の平均）まで低減している。

しかし、発生量は低減したものの、依然として汚染水が発生し続けていることは事実である。東京電力は貯水タンクの設置を進め、2020年12月に計画通り137万m³まで確保した。しかし、貯水タンクのスペースには限りがあり、現在のペースで処理水が増え続けると2022年夏頃には計画した貯水量に達する見込みである。

処理水の今後の取り扱いについては、国の小委員会が2016年以降17回にわたって議論を行い、2020年2月に報告書を纏めた。同報告書では、「技術的には、実績のある水蒸気放出及び海洋放出が現実的な選択肢であり、より確実なのは、海洋放出」との提言がなされた。東京電力では、これを踏まえて、水蒸気放出・海洋放出について、関係者や国民の参考となるよう、同年3月に概念検討を纏め、

- 一度に大量に放出せず、廃止措置完了までの時間を有効に活用
- トリチウム以外の放射性物質の量を可能な限り低減（二次処理の実施）

等を骨子とする検討素案を公表した（処理水を巡るこれまでの経緯については「処理水ポータルサイト」 https://www.tepco.co.jp/decommission/progress/ watertreatment を参照）。

今後、国から基本的な方針が示されると認識して

おり、それを踏まえ、丁寧なプロセスを踏みながら、適切に対応する。

2．使用済燃料プールからの燃料取り出し

一般の原子力発電所の廃炉でも燃料取り出しが行われるが、福島第一がそれらと異なるのは、事故炉であり、水素爆発とメルトダウンの影響が取り出し作業のための準備の大きな妨げになっていることである。

このため、燃料の取り出しは、オペレーティングフロア（以下：オペフロ）における、①瓦礫撤去（水素爆発のなかった2号機を除く）、②除染・遮へい、③燃料取扱設備の設置、④燃料取り出し、⑤構内の共用プール等での保管、の順に実施している。

2014年12月に取り出しが完了した4号機を別として、燃料の溶融を起こした1～3号機のオペフロはいずれも線量が高く、作業員の被ばくには特に留意する必要があることから、これらの作業はほとんどを遠隔操作で実施する。

3号機を例にとると、瓦礫撤去はクレーンを遠隔で操作することにより実施した。また、撤去した瓦礫自体も線量が高いため、構内保管庫への運搬も自律走行システムが担った。

現在、実施中の燃料取り出しも作業現場は無人化されている。図3に示す操作は全て遠隔操作室から行われている。

3号機は2020年度中に取り出し作業を終える予定であり、今後は1、2号機の取り出しが2020年代中頃以降に始まる。放射性物質を含んだダストの飛散を抑制するため、各作業は、2号機は既存建屋の中で、1号機は3号機同様、新規に取り付けるカ

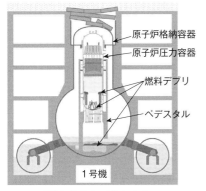
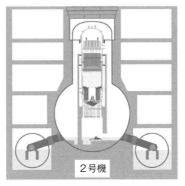
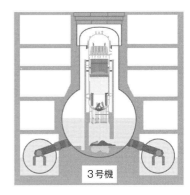

図4　燃料デブリの推定分布

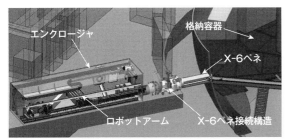

※技術研究組合国際廃炉研究開発機構（IRID）の成果を活用

図5　試験的取り出し装置（イメージ）

バーの中で、遠隔操作により行う予定である。

3．燃料デブリ取り出しに向けて

　1～3号機からの燃料デブリの取り出しは、これまで世界のどの国も経験したことのない取り組みである。取り出し作業は、①原子炉格納容器内部調査、②燃料デブリ取り出し、③保管、というステップで進めていくが、極めて高線量の環境下での作業となるため、ほとんどの作業を遠隔で実施することになる。

　取り出し方法を決定し、具体的な取り出し機器の開発を進めるためには、まずその位置や性状を把握する必要があり、これまでに格納容器内部の状況をロボット等の遠隔調査機器、ミュオン透過法などにより調査している。

　燃料デブリの分布の状況は、以上のような調査の結果や事故進展解析結果等から下記の通り推定している（図4）。

　1号機：燃料デブリの大部分が格納容器底部に存
　　　　　在
　2号機：圧力容器底部に多くが残存し格納容器底
　　　　　部にも一定の量が存在
　3号機：1号機と2号機の中間

　先述の通り、この中で取り出し初号機に決まったのは2号機である。他号機に比べて現場の線量が低いことや、内部調査によりより多くの情報が得られていること、燃料取り出し作業との干渉がないことなどが主な理由である。

　試験的取り出しに用いる装置（図5）は、英国で開発中であり、モックアップ施設での試験・訓練を経て、実運用に移行する予定である。長さ最大約22mのロボットアームが格納容器内にアクセスする。伸ばしてもたわまないように高強度のステンレス鋼となっている。

　先端部に金ブラシや真空容器型回収装置を取り付け、粉状の燃料デブリを回収する予定である。

　なお、2021年内の取り出し開始を目指していたが、英国内の新型コロナ感染拡大の影響で、これらの装置の開発が遅れている。工程遅延を1年程度に留められるよう、引き続き安全最優先で取り組んでいきたい。

地域の発展を担う人財の育成に向けて

　東京電力は、2020年3月に「復興と廃炉の両立に向けた福島の皆さまへのお約束」を発表、地元経済の活性化、基盤創造に加えて、地域の人財育成に今後、積極的に関わっていくことを宣言した。

　その一環として、福島大をはじめとする4大学と廃炉に関わる共同研究を開始している。世界に前例のない福島第一の廃炉を貫徹するためには、革新的技術の創出、将来を担うリーダー人財の輩出が必要であり、廃炉の現場を若手研究者や技術者の研究フィールドとして是非、提供していきたい。

　こうした取り組みが産学連携の新たなモデルとなるとともに、世界に誇る様々な技術と人財がここから生まれていくことを願っている。

　　　　　　※当原稿は2020年12月時点のものである。
　　　　〈東京電力ホールディングス（株）　松本　純一〉

需給調整市場

調整力とは

電気には「貯められない」という特徴があり、かつての電力会社は自社の発電設備を制御し、時々刻々と変わりゆく需要(消費)に対して供給(発電)を瞬時瞬時で合わせていた。ライセンス制の導入以降、電気事業に関わる事業者は発電事業者、一般送配電事業者、小売電気事業者等に分かれており、発電事業者、小売電気事業者は30分単位で需要や供給を計画値に合わせ(計画値同時同量制度)、一般送配電事業者は、30分単位の計画値と実績値の差や、30分以内のさらに細かい変動など、瞬時瞬時の需要と供給を合わせている。一般送配電事業者が最後に需要と供給を合わせることにより、周波数を維持し安定供給を果たしているわけだが、このために使う供給力が調整力と呼ばれるものである。この周波数を維持し安定供給を果たすために極めて重要となる調整力を取引する場が需給調整市場である。

従前、電力会社は発送電一貫体制の下で必要とする調整力を電力会社自身が保有していた。一方で、欧州の一部や米国では既に発送電分離が行われているので、調整力は異なる会社間で取引され、その調達手段として需給調整市場が導入されている。日本でも2020年度から発送電分離が行われており、一般送配電事業者が必要とする調整力を調達する手段として需給調整市場の導入が進められている(図1)。

需給調整市場の創設について

一般送配電事業者は、調整力(発電機等の出力を調整することができる能力)をあらかじめ調達し、実需給断面(実際に電力の受け渡しが行われる時点)で調整力を運用することにより、周波数調整や需給バランス調整を行っている。需給調整市場が導入されていない現在は、一般送配電事業者は調整力を年に1度の公募により調達している。

需給調整市場が創設されると、調達する期間が公募の1年よりも短い期間(例えば1週間)となり、調整力はその機能に応じて細分化された商品として日々必要な量を調達・運用されることになる。

調整力で対応する事象

日本は計画値同時同量の仕組みを採用しており、

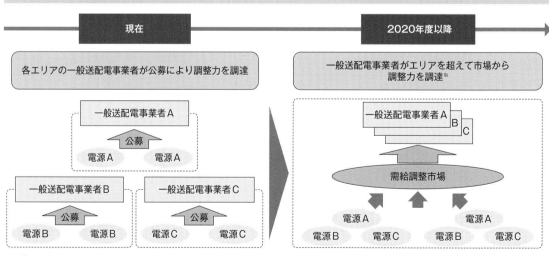

※「電源」は旧一電電源、新電力電源、DRなど
広域調達・運用にあたっては連系線運用の変更やシステム改修が必要となるため、2020年度においては、一部の調整力のみを対象として広域的な調達・運用を実施

図1　需給調整市場の概要
出典:経済産業省資源エネルギー庁、電力・ガス基本政策小委員会制度検討作業部会、中間とりまとめをもとに作成

実需給時点の1時間前に設けられるゲートクローズ（以下：GC）までは小売電気事業者が策定した計画値と同量の供給力を自ら調達し、GC以降は一般送配電事業者が小売電気事業者等の策定した計画値と実績値の差や、さらに細かい変動等に対して、あらかじめ調達した調整力を発動して周波数調整や需給バランス調整を行う。そのため、調整力とは下記の3つの要素に対応する能力と言える。

（1）予測誤差

周波数調整や需給バランス調整を行うためには、需要を予測し、それに相当する供給を行うことが必要である。しかし、予測と実績には必ず差が生じる。この予測誤差に対応して、発電機等の出力の増減を行い、需要と供給を合わせるために調整力を用いる。

なお、従来、予測誤差は需要の誤差が大半を占めていたが、近年の再生可能エネルギー（以下：再エネ）の大量導入により、供給の誤差である再エネの出力予測誤差も予測誤差の大きな要因となっている。

（2）時間内変動

前述の予測誤差は30分毎の「平均値」についての誤差である。しかし、実際の需要や再エネの出力は常に変動している。すなわち、30分平均値としては予測と実績が合っていたとしても、瞬間的には需要が上下することや、再エネ出力が変動することで予測値（30分の平均値）より高い値も低い値も実際には存在する。これを「時間内変動」と呼び、これに対応するためにも調整力を用いる。

（3）電源脱落

電力系統は多くの電源で構成されているが、電源が予期せぬトラブル等で停止することがあり、このような状況に対しても調整力で対応する必要がある（図2）。

需給調整市場で取り扱うもの

需給調整市場は、以下の2つの側面を持つ。1つは、GCまでの間に実需給時点で出力を調整できる状態の電源等を商品毎にそれぞれの時間に必要な量を確保する「調整力の調達」の側面。もう1つは、GC後に実際に発生した誤差に対して調整力を発動して対応する「調整力の運用」の側面である。

需給調整市場では、前述したようなGC後に発生する「予測できない」事象に対応するため、実需給時点で使用する調整力を取引することとなる。したがって、調整力は実需給時点になるまで、どの程度使用されるかは分からない。よって、需給調整市場では、実需給時点で、その時々に必要な調整力を持った電源等を、出力を調整できる状態であらかじめ確保することになり、これを「ΔkW」として取引することとなる。発電事業者は卸電力取引市場等において、買い手がつかない発電機は停止させることになるが、発電機は一旦停止してしまうと起動までには数時間以上を要する場合がある。このため、「ΔkW」の取引には、発電機を起動し、出力を調整できる状態であらかじめ確保するという側面も持ち合わせている。

また、GC後の「調整力の運用」において、実際に発動された調整力の電力量（kWh）については、実需給後に電力量の実績に対してあらかじめ取り決め

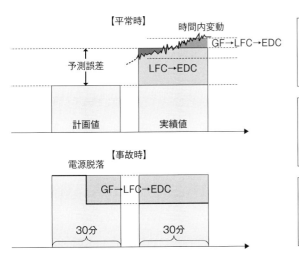

図2　調整力で対応する事象
出典：経済産業省資源エネルギー庁、電力・ガス基本政策小委員会、第11回制度検討作業部会、資料4をもとに作成

- 需給調整市場に関しては、ゲートクローズ(GC)までの間に需給調整市場における△kWの確保という側面と、実運用において調達した調整力を運用する(実際に運用した調整力に対しkWh価値を支払う)側面が存在する。

- 調整力の調達フェーズおよび運用フェーズにおいて、確実性・透明性や効率性、柔軟性を高めていくことが可能な枠組みを構築していくことが重要になるのではないか。

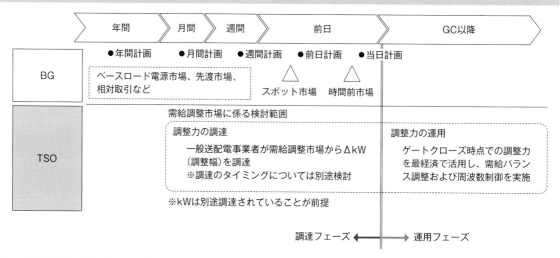

図3　需給調整市場に係る検討範囲について
出典：経済産業省資源エネルギー庁、電力・ガス基本政策小委員会第11回制度検討作業部会、資料4をもとに作成

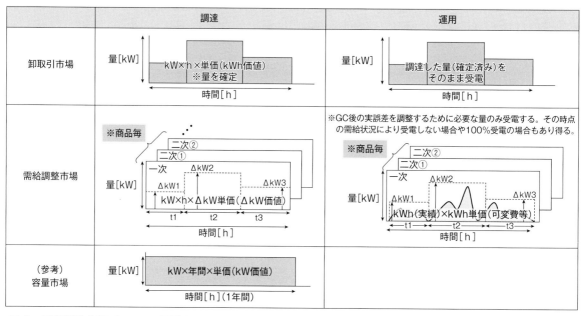

図4　需給調整市場での△kW調達と運用について
出典：広域機関、第2回需給調整市場検討小委員会、資料2をもとに作成

た単価で精算することとなる。これは調整すべき誤差の量(＝必要な調整力の量)が事前には分からないため、卸取引市場のように、取引する電力量をあらかじめ契約しておくことができないためである（**図3、4**）。

需給調整市場の商品設計

　需給調整市場の商品は次のように細分化し、商品毎に要件を明確化する予定である。

	一次調整力	二次調整力①	二次調整力②	三次調整力①	三次調整力②
英呼称	Frequency Containment Reserve (FCR)	Synchronized Frequency Restoration Reserve (S-FRR)	Frequency Restoration Reserve (FRR)	Replacement Reserve (RR)	Replacement Reserve-for FIT (RR-FIT)
指令・制御	オフライン（自端制御）	オンライン（LFC 制御）	オンライン（EDC 信号）	オンライン（EDC 信号）	オンライン
監視	オンライン（一部オフラインも可[2]）	オンライン			
回線	専用線[1]（監視がオフラインの場合は不要）	専用線[1]		専用線または簡易指令システム	
応動時間	10秒以内	5分以内		15分以内[3]	45分以内
継続時間	5分以上[3]	30分以上		商品ブロック時間（3時間）	
並列要否	必須		任意		
指令間隔	—（自端制御）	0.5〜数十秒[4]	数秒〜数分[4]	専用線：数秒〜数分 簡易指令システム：5分[6]	30分
監視間隔	1〜数秒[2]	1〜5秒程度[4]		専用線：1〜5秒程度 簡易指令システム：1分	1〜30分[5]
供出可能量（入札量上限）	10秒以内に出力変化可能な量（機器性能上のGF幅を上限）	5分以内に出力変化可能な量（機器性能上のLFC幅を上限）	5分以内に出力変化可能な量（オンラインで調整可能な幅を上限）	15分以内に出力変化可能な量（オンラインで調整可能な幅を上限）	45分以内に出力変化可能な量（オンライン（簡易指令システムも含む）で調整可能な幅を上限）
最低入札量	5MW（監視がオフラインの場合は1MW）	5MW[1,4]		専用線：5MW 簡易指令システム：1MW	
刻み幅（入札単位）	1kW				
上げ下げ区分	上げ／下げ				

※1 簡易指令システムと中給システムの接続可否について、サイバーセキュリティの観点から国で検討中のため、これを踏まえて改めて検討
 2 事後に数値データを提供する必要有り（データの取得方法、提供方法等については今後検討）
 3 沖縄エリアはエリア固有事情を踏まえて個別に設定
 4 中給システムと簡易指令システムの接続が可能となった場合においても、監視の通信プロトコルや監視間隔等については、別途検討が必要
 5 30分を最大として、事業者が収集している周期と合わせることも許容
 6 簡易指令システムの指令間隔は広域需給調整システムの計算周期となるため当面は15分

図5 需給調整市場の商品
出典：広域機関、第19回需給調整市場検討小委員会、資料4をもとに作成

（1）一次調整力
　周波数の変動に応じて数秒程度で変化する調整力。発電機のガバナーフリー（GF）機能に相当する。
（2）二次調整力
　一般送配電事業者からの指令により数分程度で応答できる調整力。
（3）三次調整力
　一般送配電事業者からの指令により数十分程度で応答できる調整力（**図5**）。

需給調整市場導入により期待される効果

　需給調整市場の導入により期待される効果は、下記の通りである。
（1）商品を細分化することで幅広いリソースの市場参加が可能となり、競争が進展することによるコストダウン
　前述のように応答速度・継続時間などの要件で分類して商品を細分化することにより、一部の応答速度・継続時間にしか対応できない設備、例えば、従来の発電機以外の蓄電池、自家用発電設備などの小型設備やディマンドリスポンス（DR）なども応札できる可能性を広げている。
（2）広域調達・広域運用によるコストダウン
　需給調整市場では、調整力を各一般送配電事業者の自エリアからのみでなく、地域間連系線を通じて他の一般送配電事業者のエリアからも調達できるようになる。これにより、エリア間で競争が進むこと、エリアを超えてより安価な調整力を調達、運用（広域メリットオーダー）できることとなり、調整力のコストダウンが期待できる。

〈電力広域的運営推進機関〉

非化石価値取引市場

非化石価値の概要

１．非化石価値の創出

非化石価値取引市場を解説する前段として、その対象物である非化石価値について説明する。

非化石価値とは、発電した電気に付帯する環境価値の一部を切り出したものである（**図１**）。

電気が発電所から需要家まで紐づく場合、電気とそれに付帯する価値（発電種別、発電場所、二酸化酸素排出係数など）は一体として需要家に届けられる。この紐づけを実現するには、発電と需要が個々に契約する必要がある。

一方、効率的な取引（メリットオーダーによる発電）の実現のためには、取引を集約して処理することが必要である。そのため、日本卸電力取引所では、2005年4月より電気の1日前市場（スポット市場）を提供している。2020年9月時点では、国内電気の約4割がこの1日前市場を通じて発電から需要に届けられている。

この1日前市場は、欧米の先進事例に倣いシングルプライスオークションというマッチング方式を採用している。この方式では、売りと買いを集約し、そのバランス点を求める。この集約に際して、対象物たる電気は標準化する必要がある。電気を例えば再生可能エネルギー由来、石炭由来、天然ガス由来などと細分化すれば、付帯する価値の一部は具現化できるが、それだけ市場が細分化され、市場が分散し、市場活性化を阻害することになる。日本卸電力取引所では、市場の活性化を目標に、取引の対象を電気のみとして、他の付帯する価値を考慮しないこととした。よって、日本卸電力取引所では太陽光によって発電された電気も、石炭の燃焼により発電された電気も同等に扱われる。電気価値を日本全体で効率良く取引するための方策ではあるものの、これでは環境価値が埋没してしまい、二酸化炭素排出量削減という地球規模の政策と相反することになる。正しく環境価値が認められるよう、付帯する価値の一部を電気から切り離し、非化石価値として定義することとした。

２．非化石価値の種類

非化石価値は、まずFIT（Feed-in Tariff：固定価格買取制度）対象の発電機から発電された電気由来の「FIT非化石価値」、FIT対象外の再生可能エネルギー由来の発電機から発電された電気（FIT買取期間終了後の発電、ダム式水力発電など）由来の「非FIT非化石価値（再エネ指定あり）」、FIT対象外で、かつ実質的に発電時に二酸化炭素を排出しない方法で発電された電気（原子力発電、廃プラスチックを

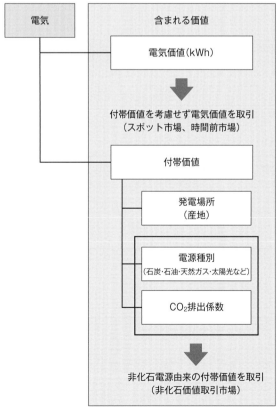

図１　電気の環境価値の整理

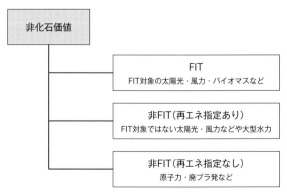

図２　非化石価値の整理

原料とした発電など）に由来する「非 FIT 非化石価値（再エネ指定なし）」の 3 種類を用意する（**図 2**）。

非化石価値の種類は、細分化（例：FIT 太陽光、FIT 風力などに分けること）すればよりその環境価値を正確に反映できるようになり、需要家のニーズに正確に応えられるようになるが、多種となると取引の流動性が下がり、その価値の正確な価格付けが難しくなる。当面の間はこのバランスに配慮しつつ、二酸化炭素排出量削減に向けた政策と整合をとり、用意することになる。

非化石価値取引市場創設の目的

1．市場創設の目的

非化石価値取引市場は、概要の項で説明した非化石価値の流動性向上、流動性が高まることによる正しい値付けを実現することを目的とする。

2．市場の方式

市場創設の目的から、値付け方式は、オークション方式とし、複数回実施することとした。オークション方式では、シングルプライス方式（約定価格が各参加者の入札価格に関わらず同一の価格となる方式）とマルチプライス方式（pay as bit：約定価格が各参加者の入札価格となる方式。通常シングルプライス方式よりも総約定代金が大きくなる）があるが、FIT 非化石価値の取引では、マルチプライス方式とした。これは FIT 非化石取引では売り手が費用負担調整機関のみであること、また市場開設当初、売り量に対し、買い量が極端に少ないことが予想され、少しでも FIT 非化石価値の売却収入を増やすという目的で設定した（FIT 非化石価値の売却収入は、費用負担調整機関の収入となり、FIT の国民負担を減少させる効果がある）。

しかし、FIT 非化石取引では、取引開始の直前に下限を 1.3 円/kWh、上限を 4 円/kWh に制限することが望ましい旨の提言が国よりあり、上下限を設定することとした。この下限価格 1.3 円/kWh は、FIT の環境価値が 2.64 円/kWh 程度であるとの国の試算から、その 1/2 の値という設定であるが、この最低価格により、FIT 非化石価値は多くの売れ残りを生じることになった。売れ残りを生じさせる下限価格設定下では、少しでも FIT 非化石価値の売却収入を増やすというマルチプライス方式とした当初の目的は失われている。この状況下では、電力の取引でも採用し、多くの事業者が慣れているシングルプライス方式に変更するべきである。

後発であり、2020 年 11 月より取引を開始する非 FIT 非化石価値（再エネ指定あり）、非 FIT 非化石価値（再エネ指定なし）ではシングルプライス方式としている。

オークションの実施回数については、効率性に配慮し年 4 回と定めた。非化石価値は年度（4 月から翌年 3 月まで）毎に有効な価値であり（○年 1 月から○年 12 月に発現した価値が○年度分として有効）、次年度への持越しなどはできない。そのため、年度終了後に各小売電気事業者は、それぞれの電気供給量に見合った非化石価値を調達しなければならない。また、調達した非化石価値は、翌年度の 6 月末から 7 月に国に報告しなければならない。この最終調整として、5 月上旬に前年度の最後の取引を実施する。他 3 回は、それぞれ 3 か月毎に 8 月、11 月、2 月に実施している。

非化石価値取引市場の状況

非化石価値取引は、FIT 非化石価値については 2017 年度分より取引を実施している。先にも述べた通り、下限価格 1.3 円/kWh の設定により大量の売れ残りが生じている。2017 年度では 99.99％、2018 年度では 99.95％、2019 年度では 99.50％が売れ残っている。価格はいずれの年度でも 1.3 円/kWh である。小売事業者からすれば、売れ残り分は自社の販売電力量に応じた量が無償で配布されるため（ただし、無償で配布された FIT 非化石価値は自社の CO_2 排出係数算定にしか利用できず、エネルギー供給構造高度化法上の非化石価値割合には算入できない）、積極的に取引参加するより取引状況を静観する方が得策との判断と考える。

もともと国民負担分 2.64 円相応のものを下限価格なしに売却してよいものかという考え方も理解できるものの、価格制限がなければ多数の取引参加者が取引に参加し、競争的な入札を行うことで総約定代金が増加する、いわばマルチプライス方式の市場メカニズムを利用して FIT 非化石価値の売却収入を増やすという考え方もあろう。結果的には、1％に満たない量が 1.3 円で引き取られ、99％は従来通り無償で配布されることとなった。

その後、2020 年度よりエネルギー供給構造高度化法の中間目標設定に伴い、各小売電気事業者に達成目標が割り当てられたことによって、非化石価値獲得のニーズは大幅に高まった。ただし、この中間目標の総量は、発行可能な非化石価値の量とのバラ

ンスをとって設定されており、買い競争による価格上昇を見込めるものではない。

非FIT非化石価値については、2020年度より制度として開始され、2020年11月に取引を開始する。非FIT非化石価値取引は、価格の上下限の設定はない。売り手はFIT非化石価値のように費用負担調整機関の1社ではなく、非FIT非化石価値を持つ発電事業者複数者が売り手となり、売り手は売りたい量と価格を決める。

非FIT非化石価値取引の価格は、FIT非化石価値の価格以下となることが予想される。なぜなら小売電気事業者にFIT非化石価値以上の価格で非FIT非化石価値を購入する合理的な理由はないからである。すなわちFIT非化石価値が各小売電気事業者の必要量以上に供給されることからFIT非化石価値の価格は下限価格1.3円/kWhで十分購入可能と考えられる。そうだとすると、非FIT非化石価値を1.3円/kWhよりも高値で買う小売電気事業者は存在しない。

また、非FIT非化石価値については市場外の取引も可能である。すなわち非FIT非化石価値を有する発電を行う発電事業者は、国が定めた認定機関から設備登録と電力量認定を受ければ、発電した電気に付帯する非化石価値について、小売電気事業者と個別相対の取引が行える。なお事業者が保有する非FIT非化石価値の量については、日本卸電力取引所が事業者毎の口座を用意し管理する。発電事業者は相対取引だけ行う場合は日本卸電力取引所の会員になる必要はない。

［非化石価値取引の今後］

1．非化石価値取引市場の将来

非化石価値は、電気に付帯する環境価値の一部を取り出したものである。この非化石価値が正しく評価され、その価値により、さらなる再生可能エネルギーの導入促進が期待される。

非化石価値が正しく評価されるためには、非化石価値取引の流動性の向上が必要である。流動性の向上には買いニーズの創出が必要である（FIT非化石価値の販売では99％以上が売れ残り）。買いニーズの創出の1つは、エネルギー供給構造高度化法上の小売電気事業者への義務づけである。もう1つは需要家の環境意識の向上による環境価値付き電気の供給へのニーズである。これまでは、需要家のニーズというボランタリーベースにのみ依っていたが、ボ

ランタリーベースではやはり限界があり、それが99％以上の売れ残りを招いた。

エネルギー供給構造高度化法による義務づけは、非化石価値の購入の動機づけとしては非常に有効であるが、その義務づけ量次第では、価格の下落（下限価格・売れ残り）・高騰（上限価格・不足）を招く可能性がある。また、小売電気事業者の目標達成のために購入する非化石価値と、需要家ニーズに応える環境価値付き電気の供給のために購入する非化石価値が混同し、負担の明確な区分が困難となることにより、不当な需要家負担を求める事業者が増えることが想定される。

非化石価値は、利用目的（エネルギー供給構造高度化法上の達成義務履行、環境価値付き電力供給による需要家への提供）別に管理されるようにしなければならない。

この義務量とボランタリーな量の組み合わせにより、市場価格形成に余裕を持たせることが可能となる。市場価格が安値＝余る・高値＝足りないの二面以外の余裕が生じることによって、売り手・買い手の間で市場価格が形成されていくことになり、その時点でやっと正常な市場取引の開始となるのである。

早期に市場メカニズムによる非化石価値の値付けを実現しなければならない。

2．電気と環境価値の関係の将来

電気と環境価値を分けて認識し、取引していくことの必要性を前述した。非化石燃料の発電によって生じる環境価値として、非化石価値は定義することができた。しかしながら、化石燃料による発電の環境負荷の評価は未だ実現できていない。

例えば、石炭火力発電と天然ガス火力発電とでは差を設けることができていない。また、天然ガス火力発電においても効率に応じた差は、掛かる発電コストの差としてのみ認められ、取引において差はない。これらの差をどう実現させていくかが課題となる。

現在、二酸化炭素排出量や非化石電源比率は、需要家および小売電気事業者に課せられた目標となっている。また、全ての需要家ではなく、いわゆる大口需要家と呼ばれる事業者にのみ課せられている。一様な設定ではない場合、目標設定事業者には二酸化炭素排出係数0の電気を寄せ、それ以外に全ての排出係数を負担させるなど、問題となる行為が行われる可能性がある。また、需要家には二酸化炭素排出量0の電気と言いながら、十分な非化石価値を用

意しない小売電気事業者が出てくる可能性もある。このような小売電気事業者が需要家に約束通りの電気を供給しているかどうかは現時点では検証する機関はない。

このような問題の解決としては、発電側にある程度の規制を設けることが必要と考える。例えば発電事業者には、排出係数を0.4kg/kWhに合わせることを義務づける。これは0.7kg/kWhで発電した事業者は、0.3kg/kWh分を他社から購入しなければならないということである。一方、再生可能エネルギー0kg/kWhで発電した事業者は、0.4kg/kWh分を他社に売ることができる。このような取引によって環境負荷の多い事業者から少ない事業者への資金の流れをつくる。

この取引の値付けでは、発電事業者内で閉じた状態とすると価格が上下に大きく動くことが想定される。よって、この取引には需要家の参加を認め、平均二酸化炭素排出係数で供給された電気（例では0.4kg/kWh）を自ら取引することで二酸化炭素排出量0を実現することができる制度とすることが必要である。

本邦の電気事業における環境問題への対応は、多くの法律や規制によって複雑なものとなっている。これは歴史的にそれぞれ発展させてきたため、仕方のないところである。

二酸化炭素排出に代表される地球温暖化問題は継続して取り組まなければならない事項であり、そのためには分かりやすい制度とすべきである。

そのことを踏まえると、環境価値の規制は、その排出者である発電事業者の規制に改めるべきであると考える。また、需要家の直接の参加をどう実現させるかもポイントとなる。

これまでの組み立て（電気事業者義務づけ）とは大きく異なることになるが、早い改定が望まれる。

本稿を記述している間、本邦では初めてとなる非FITの非化石価値の取引が行われた。

また、この間に非化石価値取引のみならず電気事業全体に大きく影響を及ぼすであろう2つの政策的判断が国によって発表された。

まず、非FITの非化石価値取引の結果について紹介する。

先に述べた通り、非FITの非化石価値は、再エネ関連の発電機から発電された電気由来の「再エネ指定」と、原子力など再エネではない発電機から発

表1　2020年度第2回非化石価値取引市場結果

2020年度分 第2回取引	約定量 （kWh）	約定価格 （円/kWh）	入札者数 約定者数
非FIT （再エネ指定なし）	1,246,802,451	1.10	32社 14社
非FIT （再エネ指定）	630,735,457	1.20	34社 18社
FIT	508,815,437	1.30 ※	59社 59社

※FITの約定価格は約定量加重平均価格

電された電気由来の「再エネ指定なし」の2種類が存在し、「再エネ指定なし」が2020年11月11日、「再エネ指定」が同12日に取引された。双方とも30社程度の取引会員が入札を行い、約半数が約定した。非FIT非化石価値の価格は、「再エネ指定」が1.20円/kWh、「再エネ指定なし」が1.10円/kWhとなり、想定通りFIT非化石価値の価格以下の約定価格となった。

もう1つの国による政策的判断についてであるが、2020年7月3日に経済産業大臣より、2030年に向け「非効率な石炭火力発電のフェードアウト」に向けたより実効性のある新たな仕組みを導入すべく指示があった。石炭火力発電のフェードアウトであれば、本稿記述の取り組み（経済活動による淘汰）に、ある程度の廃止に対するインセンティブを加えることで実現可能と考える。

その後、2020年10月26日の臨時国会における所信表明演説において、内閣総理大臣が「2050年までに、温室効果ガスの排出を全体としてゼロにする、すなわち2050年カーボンニュートラル、脱炭素社会の実現を目指すこと」を宣言した。この実現に向けては、さらなる再生可能エネルギーの導入が不可欠である。再生可能エネルギーの大量導入と共に必要となるのが、蓄電、バックアップ電源の運転を含む制御であり、天候、時刻に応じた最適な発電方法の選択である。これらの実現は、経済活動による最適化で行えるものではないと考える。経済活動による最適化により、可能な限り再生可能エネルギーの導入を促進し、その後適当な時期をもって、国によるコントロールの必要があるであろう。

〈（一社）日本卸電力取引所　國松　亮一〉

ダイナミックプライシング

ダイナミックプライシングとは

1．ダイナミックプライシングとは

　ダイナミックプライシングとは、時々刻々変化する需給状況と他社の価格情報に応じて価格を動的に変化させる価格設定方式を指す。電力需要は、短期・長期の景気変動、季節、週間、日々、時々刻々とあらゆる周期で大きく変動する。さらに近年は、太陽光発電（PV）のように気象条件次第で出力が大きく変動し、予測外れが生じる電源の割合が急速に増えていて、安定的な系統運用を困難にしている。電力の供給力は、供給エリア全体の発電能力および需要家に供給するネットワークの容量制約に依存し、時間軸上も空間分布上も電力供給の限界費用が大きく変動する特性を持つ。したがって、電力のダイナミックプライシングは、需要依存型、容量依存型の双方の性質を持つ。

　電気事業や都市ガス事業は、長らく典型的な規制産業であったため、原則として総括原価主義で料金設定され、収支均衡する平均的な供給コスト（平均費用）を反映したプライシング（average cost pricing、平均費用価格設定）がなされてきた。現在、我が国をはじめ欧米諸国では家庭用需要を含めて完全に小売自由化されており、競争的プライシングの下で消費者は供給先（小売電気事業者）と料金メニューを選択できる。また、低圧スマートメーターの普及が進みつつある状況で、価格は顧客にとっての価値を基準に設定することが求められている。消費者は価格というシグナル（信号）でサービス・財を選択するため、プライシングはあらゆる産業において企業経営の根幹に関わる最も重要な戦略であることは弁を待たない。

　電力・都市ガスなどの二次エネルギー産業は一般に送配電網・導管網などネットワークで供給される設備産業であり、固定費の割合が高い。したがって、電気料金はこの固定費を回収するパート、すなわち、基本料金として契約電力や最大電力に依存する部分がある。残りの燃料費等の可変費を回収するため、従量（電力量）料金部分と合わせて2部料金（two-

part tariff）を構成する。小規模な需要家に配慮して、固定費の一部を従量料金として課金するため、原価の主要な部分は結局従量料金となる。主にこの従量部分の料金単価（円/kWh）をPVの出力や空調電力需要変動など時々刻々と変化する需給状態を反映して、動的に（可変に）設定するのがダイナミックプライシング（ダイナミック料金）である。最も実時間性の高いダイナミックプライシングをリアルタイムプライシング（RTP）[1]と称し、1980年代からスポット価格理論として研究が続いている。

2．ピークロードプライシング理論

　現在、多くの国や地域で電力市場が運用され、前日・当日スポット価格が時々刻々と提示されている。この市場価格は多くは、生産コスト（production cost）、すなわち、発電コストを反映しているが、送配電コスト（託送料金）等を加算して、ダイナミックプライシングを設定することが可能である。自由化以前の規制されていた時代においては、電気事業者が電力供給の限界費用と需要の価格弾力性を反映したピークロードプライシング（peak-load pricing）を設定することがダイナミックプライシングの理論的根拠とされてきた。ピークロードプライシングは総余剰を最大化し、理論的に効率性が保証される。1980年代後半、米国の大手電力会社 Pacific Gas&Electric（PG&E）は、大口需要家向けに毎日、毎時可変とするダイナミック料金（RTP）単価を電子メール等で通知する実証試験を行った[2]。このように、ダイナミックプライシングは長い歴史を持っているが、長年多くの需要家に適用されてこなかったのは、メータリングコストが高く、費用効果性の面で課題があったためである。しかし、1990年代以降ICT（情報通信技術）の急速な技術進歩によって、インターバルメーター（スマートメーター）のコスト、メーターと電気事業者間の通信コスト、AMI（Advanced Metering Infrastructure）と呼ばれるスマートメーター管理システムなどピークロードプライシング、ダイナミックプライシングの実施コストが大幅に下がったことが導入機運を高めてきた。

料金設計の歴史的経緯と適用上の挑戦

1．料金設計の進展

　ダイナミックプライシングのもととなるのは、ピーク時間帯とオフピーク時間帯の価格に差をつける季節別時間帯別料金（季時別料金、time-of-use rate：TOU）[3]である。これは年間あるいは日間

の需要の大きいピーク時間帯（主に夏季平日の昼間時間帯）にピーク電源の限界費用を反映して、年間平均単価よりも高めに設定し、中間季や深夜、休日などオフピーク時間帯に料金を低めに設定する。年間のうち、限られた時間のピーク需要を抑制し、供給支障リスクを下げ、ピーク電源の設備投資を繰り延べできる。

　1980年代から大口需要家向けの需給調整契約の中で、季時別料金や負荷曲線別契約などきめ細かく料金単価を事前に可変にする料金メニューが適用されてきた。製鉄所や化学プラント工場は、エネルギーマネジメントシステム導入などの需給調整コストを掛けても生産コストに占めるエネルギーコストシェアが高いため、自家発やエネルギー貯蔵、共同火力を含め弾力的に工場全体の運用を最適化し、コスト削減を図ってきた。

　ダイナミックプライシングを導入する目的は、電力需給運用の不確実性に対応し、運用効率を高め、長期的には稼働率の低い無駄なピーク電源などの設備を保有しないことである。固定価格買取制度（FIT）の下、PV設置容量の急増により、変動電源割合の高い電力系統の安定的な運用には、ダイナミック負荷柔軟性（dynamic load flexibility）の活用が不可欠になりつつある[4]。電気自動車（EV）やヒートポンプ給湯機などの調整力の資源になりうる需要側資源（demand-side resource）[5]をダイナミックに上げデマンドレスポンス（DR）、下げDRに活用するには、ダイナミックプライシングの適用が基本となる。

2．太陽光発電の急増とダイナミックプライシングの必要性

　永年ダイナミックプライシングを研究しているAhmad Faruquiは、2045年までに再生可能エネルギー電源比率100％を目指すカリフォルニア州（Senate Bill 100で制度化）においては、2030年までに全需要家がダイナミックプライシングに転換すべきと提唱している。

　時間帯別需要の交差価格弾力性が小さければ、毎時の電力需要曲線と電力供給の供給曲線（限界費用曲線）の交点で最適な毎時（スポット）価格は決まり、総余剰は最大化されるはずである（**図1**）。この2つの需給曲線は、天候、時間帯、供給支障、エリア間電力融通などに依存する。

　しかし、ピークロードプライシング理論では、予期せぬ需要変動や変動電源の出力予測誤差など需

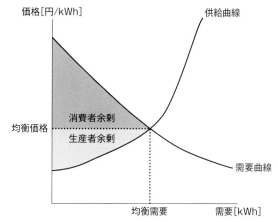

図1　毎時需要曲線・供給曲線

給両面の不確実性を十分考慮できていない。現在、北米の一部の独立系統運用者（ISO）・地方送電機関（RTO）が採用しているノーダルプライシング[6]には、風力など変動電源の出力や大需要地から離れた電源地域からの電力潮流による混雑の発生状況、(例えば5分毎など）短時間の需要変動を反映し、送電制約下で経済負荷配分（給電指令）を最適化した限界費用が反映される。いわば、究極のダイナミックプライシングと言えるが、あくまでも卸レベルのシグナルであり、ほとんどの小売需要家には（小売レベルで）直接このシグナルは伝わっていない。米国では、我が国で普及してきた季時別料金制でさえ、普及率が低かったという実態もある。米国では家庭用需要家向けにデマンド料金(基本料金)さえ課金してこなかった。

　我が国で、日本卸電力取引所（JEPX）システムプライスや地域別送電制約を反映する地点別費用が推定計測されれば、PVなど変動電源を無駄なく利用できるダイナミックプライシングが最大限効果を上げるはずである。

3．動的に反応するためのエネルギーマネジメントシステム

　一方、メータリングの課題と並んで、需要家の受容性やリスクマネジメント能力も普及のボトルネックとなっている。スマートメーターと同時にPV、蓄電池、EV充電装置などの分散型エネルギー資源（DER）、すなわち、建物内の全ての機器運用を最適制御するエネルギーマネジメントシステム、自動化デマンドレスポンスシステムが普及していないため、頻繁に変動するダイナミックプライシングに適応できないリスクにさらされていることである。

　図2に電力消費量の変動にもかかわらず毎月の電

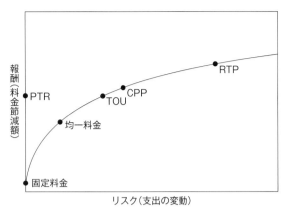

TOU：季時別料金　PTR：ピークタイムリベート　CPP：緊急時ピーク料金
RTP：実時間料金

図2　効率的プライシングフロンティア

力支出を一定にする guaranteed bill から RTP まで
料金支出変動のリスクと料金支出節減ポテンシャル
（リターン）のトレードオフ関係を示す[7]。この料
金支出節減―リスク空間に各料金オプションをプロ
ットした曲線を効率的プライシングフロンティア
（efficient pricing frontier）と称する。リスク回避的
な消費者は、価格変動や負荷曲線による料金支出の
ボラティリティを嫌い、原点に近いオプションを選
択する。一方、リスクテークする消費者は平均的な
単価が下がる可能性のある RTP を選好する。すな
わち、料金オプションがダイナミックプライシング
に向かって高度に進化すると、賢い（スマートな）消
費者は、リスク（料金支出ボラティリティ）をエネル
ギーマネジメントシステム（EMS）・蓄エネルギー
装置などにより上手くコントロールして、総支出を
抑えられる能力を有するが、そうでない消費者は自
らのリスク管理能力を高めることなく、時間をかけ
て電気料金メニュー選択について十分検討すること
を厭い、HEMS（家庭用エネルギーマネジメントシ
ステム）、BEMS（ビルエネルギーマネジメントシ
ステム）など管理コストも支出しない傾向がある。

　現在、CPP（緊急時ピーク料金）など電気料金型
デマンドレスポンスと呼ばれるものが、ダイナミッ
クプライシングの1つの形態である。今後、PV 余
剰電力が増加し、分散型電力貯蔵装置の価格が低下
するにつれて、効率的な電気料金、すなわち、ダイ
ナミックプライシング的なものに移行していくであ
ろう。あるいは将来、規制当局により opt-out 方式
のような制度が導入され、過去のスマートメーター
データ分析により潜在的な利得を消費者が容易に分
かるようになれば、動的な料金メニューの加入率が

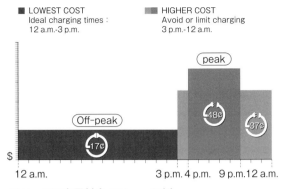

図3　EV 充電料金メニューの例
出典：PG&E

高くなるかもしれない。

事例と展望

1．電気自動車充電料金メニューの事例

　米国で既にダックカーブを反映した EV の充電電
力プライシングが使われている（**図3**）。ダックカ
ーブ問題とは、昼間電力需要の過半を PV 出力で占
め、系統の正味負荷カーブがアヒル（ダック）型にな
り、PV 普及前は空調需要の多い午後早い時間帯（我
が国では 13 ～ 16 時）に最大電力が発生していたが、
支配的な PV 出力により日の入前後（図3の例では
16 ～ 21 時）に最大電力が移行したことを指す。実際、
夕方の帰宅時間帯以降に EV 充電が集中しがちなた
め、0 時以降の深夜から PV 出力の大きい 15 時ま
でに安価な充電料金が設定されている。

　我が国では、このような固定的な季時別料金制よ
りさらに進めて、毎日料金を可変にするダイナミ
ックプライシングによる EV 充電シフト実験を経済
産業省資源エネルギー庁補助事業「VPP 構築実証事
業」で行われている。この充電量をもとに、ダイナ
ミック料金を適用した場合の EV 普及時における配
電系統への影響を評価できる。

　我が国の新電力の一部には、JEPX システムプラ
イスに連動するダイナミックプライシング（30 分単
位で電力量料金単価が変動する市場連動型料金プラ
ン）を家庭用・法人向けに提供している。上記補助
事業の中の「令和2年度 ダイナミックプライシング
による電動車の充電シフト実証事業」に採択された
ダイナミックプライシング（アークエルテクノロジ
ーズ（株））の料金構造はシンプルで分かりやすい。
ダックカーブ問題が最も深刻な九州地方で実験的に
適用されたダイナミックプライシングは、**図4**に示
す JEPX のエリアプライスに託送料金、再生可能エ

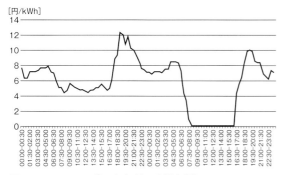

図4　JEPX スポット価格の例（九州）
出典：https://aakel-energy.com/poc-dp

ネルギー賦課金、サービス料を加算した価格に設定している。2020 年度の例では、託送料金、再生可能エネルギー賦課金、サービス料の合計額が 13.89 円/kWh であるので、PV が余剰となる時間帯では、最安値 13.90 円/kWh で充電できる。最適な充電タイミングを前日に需要家に通知する仕組みである。

　消費者の視点からダイナミックプライシングはどう見えるであろうか。一般の消費者が確率論的に需給の不確実性要因を熟考し、自らの最適消費計画を意思決定することに長けているであろうか。電力供給のコストや価値は、時系列的に変動するだけではなく、電源の位置や地点別需要の分布など空間的にも大きく変動する。究極のプライシングは単に時間的に変動することに加えて、どこで発電した PV の買取価格は幾らになるか、どこの充電ステーションで EV 充電するかによって当然変わる。これまでの情報管理システムでは十分対応できなかっただけであり、近い将来、技術的には適用できるであろう。

　情報取得に機敏である、あるいはグリーン電力への選好が強い、情報技術により需要反応を自動制御できて、価格弾力性が高いなどの特性を持つ消費者なら複雑なプライシングを使いこなすかもしれない。これまでの CPP などダイナミックプライシングの実証試験では、需要家の大半は、電力価格比率の増加に大きくは反応してこなかった[8]。需要家の受容性や対応能力、システム実装や自動化 DR システム適用などの総コストを考慮した上で、需要家・供給者双方の費用効果性を総合的に勘案して、大口産業用・業務用需要家から家庭用需要家まで漸次適用できる需要家層を増やしていくことになるであろう。

2．今後の展望

　近い将来、プロシューマー間 P2P 取引やローカル電力市場が設立され、小口需要家も需要側入札できるようになり、取引価格はサービスプロバイダー

ではなく、顧客自身が決める時代がくるかもしれない。この時、現在主流の均一料金ではなく、当然、ある種のダイナミックプライシングが使われるであろう。従来、あまりに需要家間の公平性重視に偏り、効率性を犠牲にしてきたが、現在のデジタル化された社会でスマートな顧客と供給者は、瞬時に最大効率を追求できるシステムが可能になってきた。

　電気料金制度（tariff）の進化・変革は間違いなく、電力・エネルギー産業に大変革を起こす技術・制度の 1 つである。ダイナミックプライシングは、需給マネジメントの観点から効率性をもたらすことは間違いない。スマートメーターが普及し、そのデータが収集、蓄積され、他のセンサー情報、気象、移動など多くのデータと組み合わせて AI で分析し、需要行動を予測して、最適な給電指令に基づいて無駄な発電機運用と環境負荷排出を避けられる。ダイナミックプライシングの本格的な普及には、データ駆動型エネルギーデバイスの浸透、顧客への情報提供と対話、アグリゲーターや TSO 間の協調が必要である。

◆参考文献◆

（1）Hiroshi Asano："Demand-Side Management by Real-Time Pricing for Electric Power Service", Proceedings of IFAC/IFORS/IAEE International Symposium on Energy System, Management and Economics, ed. by Y.Nishikawa et al., IFAC Symposia Series, No.14, pp.287-292, Pergamon Press, 1990

（2）浅野浩志：米国電気事業における実時間料金制の現状と研究課題，電力中央研究所調査報告，Y90001, 1990

（3）茅陽一，浅野浩志：多種電源からなる電力システムに対する季時別料金の理論，電気学会論文誌，Vol.108-B, No.9, pp.399-406, 1988

（4）浅野浩志：電力系統の柔軟性（調整力）と需要側資源，エネルギーと動力，Vol.66, No.286, pp.110-114, 2016

（5）浅野浩志：電力システム運用における需要側資源の活用，電気学会誌，Vol.135, No.11, pp.766-771, 2015

（6）浅野浩志，矢島正之（八田達夫，田中誠編著）：米国における電力自由化の動向，電力自由化の経済学，東洋経済新報社，2004

（7）Ahmad Faruqui, Cecile Bourbonnais：The Tariffs of Tomorrow：Innovations in Rate Designs, IEEE Power and Energy Magazine, Vo.18, Issue 3, May-June 2020

（8）経済産業省資源エネルギー庁，次世代エネルギー・社会システム実証事業～進捗状況と成果等～，2014 https://www.meti.go.jp/committee/summary/0004633/pdf/016_01_00.pdf

〈（一財）電力中央研究所　浅野　浩志〉

容量市場

容量市場導入の必要性

電力システム改革が進められ、同時に太陽光発電、風力発電を中心とした再生可能エネルギーの導入が進み、電力システムの構造が大きく変わりつつある。そうした中、電力量（kWh）の価値を取り引きする卸電力市場の価格は低下する傾向にある。そのような新たな状況の下でも、従来と同様の電力供給信頼度を維持することが必要であり、そのために全国で十分な発電能力（kW）を確保することが求められる（**図1**）。

発電事業者の投資回収の観点からすると、電力システム改革以前の総括原価方式（安定した供給が求められる公共性の高いサービスに適用される原価算定方式）においては、発電所を建設する設備の投資回収の予見性（何年で投資回収ができるかの見通し）が相対的に高かったのに対し、電力システム改革後は、相対的に投資予見性は低下していくと言える。また、再生可能エネルギーの導入拡大により、卸電力市場の相場低下が予想され、発電所の投資予見性がさらに低下することが想定されている。

そのような背景を受け、発電所の新設やリプレースに対する投資が停滞することが予想される。この

ような状況から電力の供給力が不足すると、新たな発電所が建設されるまでの長期間にわたる電力価格の高止まり、また系統運用に必要な周波数の調整力の不足を来す可能性がある。

容量市場は、このような状態を回避し、発電能力（kW）に価値をつけ、十分な発電能力を確保するための施策である（**図2**）。

容量市場による供給力確保の概要

容量市場とは、将来にわたる日本全体の供給力（kW）を効率的に確保する市場であり、容量市場によって以下を目指している。

① 発電所の建設が適切なタイミングで行われることで、日本における将来の供給力（kW）をあらかじめ確実に確保すること。

② 供給力（kW）の確保によって電力（kWh）取引価格の安定化を実現し、電気事業者の安定した事業運営や電気料金の安定化などの消費者メリットをもたらすこと（**図3**）。

1．各事業者の容量市場への関わり方

発電事業者等（ネガワット事業者も含む）は、実際に供給力（kW）を提供する年度（以下：実需給年度）の4年前にオークションに参加し、容量市場ではオークションによって落札電源と約定価格を決定する。落札電源は実需給年度に供給力（kW）を提供することで、約定価格と落札電源の容量および後述するリクワイアメント達成状況に応じた容量確保契約金額を容量市場より受け取る。その容量確保契約金額は、小売電気事業者等が支払う容量拠出金によっ

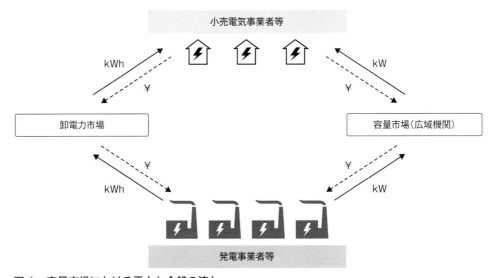

図1　容量市場における電力と金銭の流れ

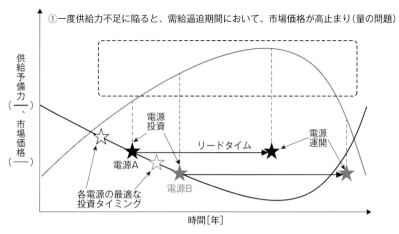

図2　供給予備力および市場価格の推移（イメージ）
出典：経済産業省資源エネルギー庁、第2回電力システム改革貫徹のための政策小委員会資料

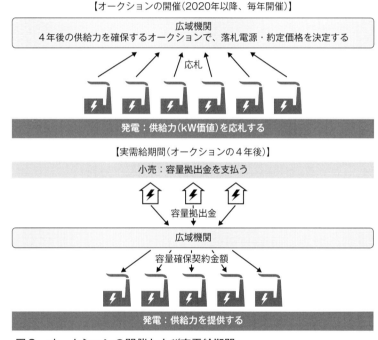

図3　オークションの開催および実需給期間

て賄われる（図4）。

2．FIT電源、DR、自家発の容量市場への参加について

2.1　FIT電源の扱い

実需給期間にFIT（固定価格買取制度）の適用を受けて、FIT制度において固定費を含めた費用回収が行われている電源は、容量市場に参加することができない。

2.2　DR（ディマンドリスポンス）の扱い

DRは、アグリゲート等により1,000kW以上の供給力を提供できる場合、容量市場に参加することができる。

2.3　自家発の扱い

自家発は逆潮流がある場合にのみ参加可能。この場合、逆潮流分について他の電源と同様に扱う。

発電事業者等が容量市場へ参加する仕組み

1．発電事業者等の容量市場参加の考え方

容量市場は基本的に、供給力を提供できる全ての

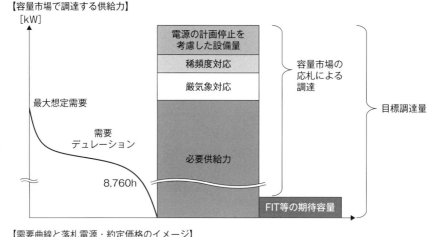

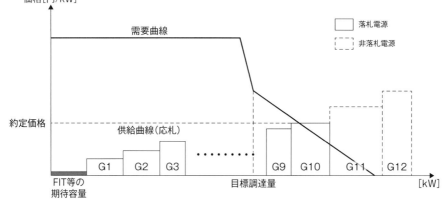

図4　容量市場で調達する供給力および需要曲線と落札電源・約定価格のイメージ

電源等が参加できるが、それは義務ではなく参加は任意である。すなわち、発電事業者等は、リクワイアメントとペナルティの想定等を踏まえて、容量市場への参加を選択することができる。

また、容量市場に参加して落札した電源等であっても、別の価値を扱う市場（卸電力市場や需給調整市場）に参加することができ、小売電気事業者との間に相対契約を結ぶこともできる。

2．容量市場のリクワイアメント

発電事業者等は、オークションで落札された電源等毎に容量確保契約を電力広域的運営推進機関（以下：広域機関）との間に締結し、容量確保契約では、実需給期間における供給力提供の具体的な方法（リクワイアメント）を取り決める。

リクワイアメントは、需給状況によって、下記の平常時および需給ひっ迫の恐れがある時の要件を設定している。

① 実需給前：実効性テスト、停止調整
② 平常時：主に、年間で一定時期や一定時間以

上の稼働可能な計画を要件とする。
③ 需給ひっ迫の恐れがある時：主に、電気の供給や卸電力市場等への応札を要件とする。

3．容量市場のペナルティ、容量確保契約金額の支払い

広域機関は、落札した電源等に対して、リクワイアメントの達成状況に応じて、容量確保契約金額を支払うが、リクワイアメント未達成の場合、広域機関が発電事業者等へ支払う容量確保契約金額の減額や、ペナルティの徴収を行う。

なお、ペナルティの徴収は、容量確保契約金額の10％を上限とする。

小売電気事業者と容量拠出金の関係

全ての小売電気事業者は、電気事業法によって、供給能力の確保が求められており、供給能力の確保には、供給電力量（kWh）の確保だけでなく、中長期的な供給能力（kW）の確保を含む。容量市場は、中長期的な供給力（kW）の確保を達成するための手

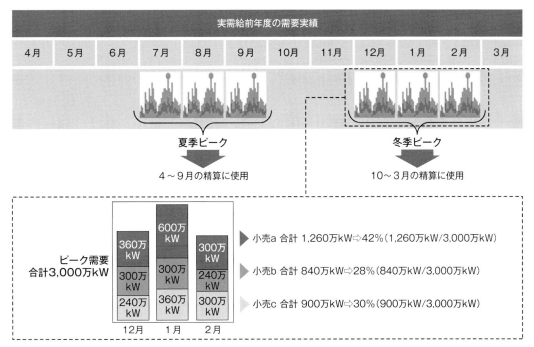

図5 小売電気事業者の配分比率の算定イメージ

表1 経過措置の控除率（実需給期間）

	2024 年度	2025 年度	2026 年度	2027 年度	2028 年度	2029 年度	2030 年度
控除率	42%	35%	28%	21%	14%	7 %	0 %

段として位置づけられている。

容量市場では、国全体で必要な供給力（kW 価値）を市場管理者（広域機関）がオークションによって一括して確保する。国全体で必要な供給力の算定は、小売電気事業者をはじめ、全ての電気事業者が毎年提出する供給計画などに基づいて行われる。

国全体で確保した必要な供給力（kW 価値）への対価（容量確保契約金額）は、供給能力の確保が求められている小売電気事業者と一般送配電事業者が費用負担することとなり、この費用を容量拠出金という。容量拠出金の負担額は、小売電気事業者については、需要シェアの比率に応じた金額となる（**図5**）。

その他

1．経過措置

容量市場の導入直後の小売電気事業者の急激な負担を緩和する観点から、経過措置を講ずる。

経過措置は、2010 年度末以前に建設された電源の容量確保契約金額に対して、一定の控除率を設定して、支払額を減額するものである。

経過措置による容量確保契約金額の減額により、小売電気事業者が支払う容量拠出金を減額することとなる。

経過措置の控除率は段階的に減少し、実需給期間が 2030 年度以降については、経過措置はない（**表1**）。

2．発電設備等の情報掲示板

容量市場の導入に向けて、事業者の多様な電源調達・販売が可能となる環境整備を重要と考え、

① 容量市場の導入による事業環境の変化に対して、事業者が多様な電源調達手段を取り得る環境をつくること

② 相対契約のない販売先未定電源等（廃止・休止予定電源を含む）の電源を持つ事業者と相対契約を希望する事業者との間で、発電設備等に関する情報提供を可能とすること

を目的とし、広域機関では発電設備等の情報掲示板の提供を行っている。

〈電力広域的運営推進機関〉

広域運用

概要

電気事業が誕生して以来、電化や経済発展による電力需要の増大と軌を一にして、送配電のための電力ネットワークも大容量化と広域化の道を歩んできた。現在、我が国には10の一般送配電事業者があり、それぞれの地域の送配電ネットワークを所有・運用しているが、沖縄を除く9社のネットワークは相互に接続され、地域をまたいで電力を融通できるように広域運用されており、緊急時の電力融通や、全国大での電力取引の基盤など、電力システムの信頼性と経済性向上を同時達成する手段として発達を遂げてきた。最近では、大量導入が進む再生可能エネルギーの導入量を拡大するなど、エネルギーの脱炭素化の基盤としての役割にも期待が集まっている。

そこで本稿では、まず電力システムの広域運用が進んできた目的・経緯について述べ、2015年の電力広域的運営推進機関（広域機関）の設立から現在に至る最近の取り組み状況を解説する。

次に広域運用に関わる様々な電力システムの課題とその解決の方向性や、現在、広域機関を中心に検討が行われている広域系統のマスタープランについて述べる。

ニーズ・目的

1882年にエジソンによって電気事業が誕生して以来、電気を消費者に送り届けるための電力ネットワークは一貫して広域化の歴史を歩んできた。

これは発電設備・需要家設備・送配電ネットワークからなる電力システムが、以下のような特徴を有しているためである[1]。

① 連系して拡大するほど信頼度が高くなる。
② 連系して拡大するほど経済性が向上する。

このことは**図1**の簡単なモデルで理解できる。図1（a）のように、発電所G1、G2と需要家L1、L2が、相互に連系されていない状態で送電されている場合、発電所G1のトラブルや発電所G1と需要家L1を結ぶ送電線にトラブルがあれば、需要家L1が全部停電してしまう。他方、図1（b）のように系

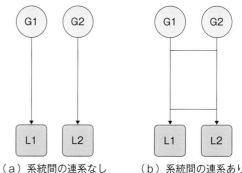

（a）系統間の連系なし　　（b）系統間の連系あり
図1　系統連系の概念

統が相互に連系されている場合、仮に発電所G1が停止しても、発電所G2の余力で需要家L1への供給が可能となる。このように系統間を連系すれば、発電所やネットワークにトラブルがあっても、相互に電力を融通したり、迂回ルートで送電することで、信頼度の向上が可能である。

また、系統が相互に連系されている場合、大規模な発電所を建設して広域的な需要家に電気を供給することが可能となるため、スケールメリットを活かした発電所（広域電源）建設によりコストを低減することができる。さらに系統連系のない場合には、発電所G1、G2それぞれの発電機トラブルに備えて、系統毎にバックアップ発電機を持つ必要があるが、系統が連系されていれば、これらのバックアップ機も全体でシェアすることができるため、電力システム全体で持つべき余力（予備力）を低減することもできる。他地域にまたがって、多様な発電所（発電特性や燃料費がそれぞれに異なる）を組み合わせ、それぞれの時点で最経済性となるよう発電所を活用できるようにもなる。

ここで述べたように広域運用によって、信頼度とコストの両面のメリットがあることから、現在まで系統連系が進んできた。

他方、連系容量を拡大するためには、連系線や関連する送電系統の新設・増強が必要でコストも掛かるため、連系線の整備にあたっては費用対便益の評価が重要となる。また、系統連系を進めるほど、系統事故の影響が波及して大規模停電を発生させる恐れがあるため、適切な系統監視と保護制御が責任体制と共に具備されることも重要である。

広域連系系統と広域運用

1．我が国の広域連系

図2に現在の広域連系系統図を示す。北海道から

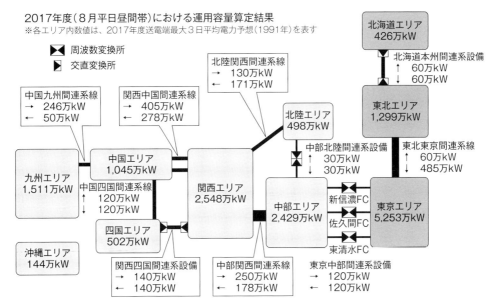

2017年度（8月平日昼間帯）における運用容量算定結果
※各エリア内数値は、2017年度送電端最大3日平均電力予想（1991年）を表す

▶◀　周波数変換所
▶　交直変換所

図2　我が国の広域連系図（2017年度）

九州までの電力系統が1か所もしくは2～3か所の連系設備を通じて相互に接続されており、全国をまたいだ電気の融通が可能となっている。これらの連系設備のうち、北海道本州間連系設備、50Hz系統と60Hz系統を連系する新信濃・佐久間・東清水3か所の周波数変換設備（FC）、中部北陸間連系設備、関西四国間連系設備は直流による連系設備であり（さらに2021年には飛騨信濃直流幹線が運転開始）、残りは超高圧交流送電線による連系となっている。

2．広域連系整備と運用体制の経緯

戦後の9電力体制の発足以来、日本の超高圧送電系統は、各電力会社により自らの供給区域内の需要を賄うことを主眼として整備が進められてきた。

一方、高度経済成長での電力需要の急激な増大、電源開発に伴う設備拡充に対して、需給安定と発電原価高騰の抑制を図るため、1959年には東北東京間275kV連系、1960年には中部関西間275kV連系など超高圧送電による大容量の地域間連系線の整備が始められ、広域運用による補完が行われるようになった。また、1958年に中央給電連絡指令所が設置され、あるエリア内の需給逼迫時に他のエリアから緊急的に応援融通を行う緊急時応援融通や、他エリアにある安価な発電余力を相互に有効活用するための経済融通の斡旋が行われるようになった[2]、[3]。

1980年代以降は、その後の需要の拡大に対応するための大規模火力・原子力と、これに大規模揚水発電を組み合わせた大容量電源開発が推進されると共に500kVの地域間連系線が建設され、現在の広

融通電力合計 $P(f) = G(f) - L(f)$

隣接エリア　｜　エリア内発電 $G(f)$　エリア内需要 $L(f)$　｜　隣接エリア

エリア内需給誤差＝
$G(f) - L(f) - (P(f) - P_0) \fallingdotseq (P(f) - P_0) - K\Delta f$

図3　融通電力の調整方法

域連系の骨格ができ上がった。

我が国の系統間連系の多くが交流連系であるが、欧米など諸外国と同様に、エリア間の交流送電による電力融通は、**図3**に記載した融通電力制御方式（TBC方式）によって行うことが一般的である。TBCでは、あるエリアの融通電力合計の設定値 P_0 と実融通電力合計の差分と周波数偏差 Δf から、エリア内の需給調整のズレ分を算出し、この誤差がゼロとなるようにエリア内の発電力を調整する。この制御によって周波数が定格周波数に、融通電力合計値が設置値 P_0 に一致するようになる。

なお、日本の場合には、交流連系系統は放射状であるため、各エリアの融通電力合計値を矛盾なく指定すれば、連系線を流れる潮流（融通電力）はあらかじめ定めた指令値に一意に定まる。

また、直流変換設備では、融通電力を交直変換器に指令すれば、送電される直流電力量が制御できる。

その後、中央給電連絡指令所は電力市場の部分自由化に伴って創設された電力系統利用協議会に引き

継がれ、日本卸電力取引所(JEPX)と連携しながら、全国大の電力取引を支えた。

2011年3月の東日本大震災後に起きた計画停電や需要制限を契機として、それまでの電力システムに対する見直し機運が高まった。特に2011年に各地で原子力発電所が停止した際に生じた大規模な需給ギャップに対して、地域間の電力融通が円滑に進まなかったことから、地域毎に需給バランスを取る仕組みの見直しが提言され、2015年に広域機関が設立され[4]、電力系統利用協議会の給電連絡所も、広域機関の広域運用センターとして発展的に引き継がれた。

広域機関の役割は、主に以下の3つである。
① 電力系統の公平な利用環境の整備
② 全国規模での平常時・緊急時の需給調整機能の強化
③ 中長期的な電力の安定供給確保

特に東日本大震災後に課題となった需給逼迫時の需給調整のため、図4に示した通り、広域機関が全国の需給状況を俯瞰しつつ、各地域に融通を指示する権限と機能を有している。この機能は広域機関の広域運用センターが、各一般送配電事業者の中央給電指令所とシステム連携することで実現されている。

また、各電気事業者から提出される今後10年間にわたる発電と需要、送電に関わる「供給計画」を取り纏めて中長期的な電力の安定供給の確保状況を評価すると共に、電力を送電する広域送電系統についても中長期的な検討を行い、地域間連系線などに関する広域系統長期方針を策定している。

広域機関では、地域間連系線を通じた「広域メリットオーダー」(エリア毎ではなく、全国大で見て、より安価な発電所から順番に発電することで燃料費の削減を図る方法)の実現のため、連系線利用ルールの見直しも行われた。

具体的には、電力自由化の初期に整備された連系線利用の先着優先(First Come First Served)ルールを見直し、連系線の送電容量の割当てにはJEPXの市場を活用することにしたことで、より経済性の高い発電から順に連系線を利用できるようになった。

現状の課題、解決策

1．課題
1.1 レジリエンスの向上
2018年9月に発生した北海道胆振東部地震による北海道全域の停電、「ブラックアウト」は社会に大きな影響を与えた。政府・広域機関でも原因究明が行われ、再発防止に向けた取り組みが進められているが、自然災害に対して電力システムをいかに合理的な方法で強靭化するかという「電力レジリエンス」の重要性がクローズアップされ、ブラックアウトの防止や、停電からの早期復旧のための地域間連系線の意義が改めて確認されることになった。

1.2 発電・需要のずれの調整コストの低減
電力市場が全面自由化される中で、発電事業者・小売事業者は至近の需要想定などをもとに需給計画を策定して計画通りに発電所の運転を行うが、実際には想定誤差や制御誤差によって、計画値との乖離が生じてくる。このため、一般送配電事業者が調達

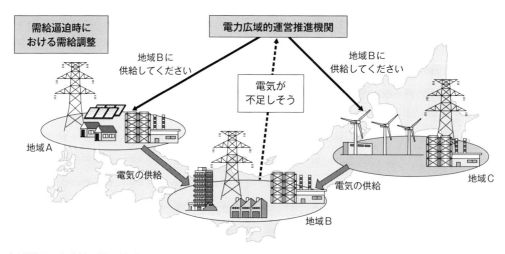

図4　広域機関の役割(需給逼迫時における調整)

した調整力（主に発電機の出力調整であるが、デマンドレスポンスも活用されている）でエリア毎の需給を一致させている。再生可能エネルギーの増加と共に、必要となる調整力は増加しており、地域間の調整力の融通などによって、調整コストを低減することが重要な課題となっている。

1.3　長期的な脱炭素化を支える基盤整備

政府が掲げる 2050 年までの温室効果ガスのネットゼロ・エミッションの達成に向けては、エネルギー利用技術の転換、非化石エネルギーによる発電への転換が求められ、需給双方での変革が必要となる。特に大規模な拡大が必要となる再生可能エネルギーなどの導入を可能とする広域系統整備が重要となる。

2．検討が進む解決策

2.1　広域運用による必要供給力の最小化

災害による需給逼迫などに備えた適切な供給予備力については、レジリエンス向上の観点から拡大ニーズがある反面、調達量を増加させればコストが上昇するため、予備力も含めた供給力を広域的に共有して最大限活用することが求められる。

このため広域機関で運営が始まった容量市場においても、従来のエリア優先の考え方を見直し、連系線制約の範囲内において全エリアを 1 つのエリアとみなし、エリア間融通後の各エリアの需要 1 kW 当たりの供給信頼度（どの程度の期待値で供給されるか）を一律とすることで必要供給力の最小化が図られている。

2.2　広域需給調整による調整コストの低減

各電力会社のエリア毎に需給を一致させようとする場合、エリアによって余剰と不足が同時に発生して、それぞれで発電機の下げ調整と上げ調整が行われるケースが生じうる。このような場合、連系線の余力を活用して、エリア毎の余剰と不足を相殺した合計のずれのみを調整することにすれば、必要となる調整力を節約できる（インバランスネッティングと呼ぶ）。また、インバランスネッティングで最小化した必要調整力に対して、各エリアで集約した調整力の広域メリットオーダーリスト（安価な順に並べたもの）により広域的調整を行えば、調整単価を下げることも可能となる。

中部電力、北陸電力、関西電力のイニシアチブでこの広域需給調整の検討が進められ[5]、他の一般送配電事業者も順次参加して、沖縄を除く全国大での広域需給調整が 2021 年に可能となる見通しである。

2.3　広域系統マスタープラン

2020 年 6 月に成立した「エネルギー供給強靭化法」では、広域機関に将来を見据えた広域系統整備計画の策定を行うよう業務を追加した。再エネ発電コストと系統コストの合計コストを引き下げるようコスト効率的に系統整備を進める観点から、発電側の個別要請に対応する「プル型」から、広域機関や一般送配電事業者による「プッシュ型」の系統形成に転換する仕組みが整備されると期待されており、同年 8 月より広域機関でマスタープラン策定の検討が開始されている。

将来展望と今後の期待

電力システムの広域運用については、広域系統整備と並行して着実な取り組みが進められてきた。今後もレジリエンス向上と脱炭素化をより効率的に達成する手段として、広域運用の役割がさらに高まっていくものと想定される[6]。

今後に向けては、分散型エネルギーが連系される地域系統・配電系統との適切な役割分担・情報連携のあり方や、さらに脱炭素化を進める上での 1 つのオプションとしての国際連系の可能性も含めた議論が進むことが期待される。

◆参考文献◆
（1）関根泰次：電力系統工学，電気書院，1985
（2）電力安定供給を支えた全国電力融通，電気学会，第 12 回でんきの礎
https://www.iee.jp/file/foundation/data02/ishi-12/ishi-0809.pdf
（3）電力広域的運営推進機関広域系統整備委員会，参考資料 2，別紙 2，2017
https://www.occto.or.jp/iinkai/kouikikeitouseibi/2016/files/seibi_22_02_03.pdf
（4）経済産業省資源エネルギー庁総合資源エネルギー調査会総合部会，電力システム改革専門委員会報告書，2013 年 2 月
https://www.meti.go.jp/shingikai/enecho/kihon_seisaku/denryoku_system/seido_sekkei/pdf/01_s01_00.pdf
（5）中部電力，北陸電力，関西電力，広域需給調整の概要について，2020 年 3 月 12 日
https://www.kepco.co.jp/corporate/pr/souhaiden/2020/pdf/0312_1j_01.pdf
（6）経済産業省総合資源エネルギー調査会 電力・ガス事業分科会，脱炭素化社会に向けた電力レジリエンス小委員会，中間整理，2019 年 8 月
https://www.meti.go.jp/shingikai/enecho/denryoku_gas/datsu_tansoka/pdf/20190730_report.pdf

〈電力 50 編集委員会〉

[50の技術の俯瞰図]

脱炭素化※

※2050年の目標的位置づけ

新サービス・市場層

ブロックチェーン
V2G
P2P
系統柔軟性   VPP
        アセットマネジメント
需給調整市場

容量市場
                        ダイナミックプライシング
非化石価値取引市場

サイバー層

デジタルツイン
AI
デジタル変電所
ダイナミックレーティング
IEC61850   スマートグリッド
気象予測   IoT   EMS
コネクト&マネージ   災害レジリエンス
大規模停電防止
サイバーセキュリティ   アクティブ配電網
マイクログリッド
出力制御 広域運用   スマートメーター

核融合

物理・インフラ層

新型原子炉
                                            2050年
超電導
グリッドフォーミングインバータ 超電導リニア
次世代パワーエレクトロニクス
廃炉(福島第一)   電動化
CCS 水素エネルギー
アンモニア混焼   非接触給電

燃料電池   蓄電池   LVDC

高効率火力発電 太陽光発電 代替SF$_6$ガス   2020年
                                ヒートポンプ
風力発電   HVDC

大規模電源	再エネ 水素	TSO 基幹系統	DSO 需要地系統	需要サイド プロシューマー

注) 本図は厳格な位置づけを示すものではなく、大まかなイメージです。例えば、燃料電池や蓄電池等は需要サイドでも重要な
　　役割が期待されますが、本書記載内容の主たる分野を参考に位置づけています。

電力・エネルギー産業を変革する 50 の技術

2021 年 2 月 18 日　　第 1 版第 1 刷発行
2021 年 11 月 30 日　　第 1 版第 3 刷発行

監 修 者　電力 50 編集委員会
編　　者　オ ー ム 社
発 行 者　村 上 和 夫
発 行 所　株式会社 オ ー ム 社
　　　　　郵便番号　101-8460
　　　　　東京都千代田区神田錦町 3-1
　　　　　電話　03(3233)0641(代表)
　　　　　URL　https://www.ohmsha.co.jp/

© 電力 50 編集委員会・オーム社 2021

組版　アトリエ渋谷　　印刷・製本　三美印刷
ISBN978-4-274-22681-6　　Printed in Japan

本書の感想募集　https://www.ohmsha.co.jp/kansou/
本書をお読みになった感想を上記サイトまでお寄せください。
お寄せいただいた方には、抽選でプレゼントを差し上げます。